TEUBNER-TEXTE zur Informatik   Band 12

Claudia Popien

Dienstvermittlung in Verteilten Systemen

TEUBNER-TEXTE zur Informatik

Herausgegeben von
Prof. Dr. Johannes Buchmann, Saarbrücken
Prof. Dr. Udo Lipeck, Hannover
Prof. Dr. Franz J. Rammig, Paderborn
Prof. Dr. Gerd Wechsung, Jena

Als relativ junge Wissenschaft lebt die Informatik ganz wesentlich von aktuellen Beiträgen. Viele Ideen und Konzepte werden in Originalarbeiten, Vorlesungsskripten und Konferenzberichten behandelt und sind damit nur einem eingeschränkten Leserkreis zugänglich. Lehrbücher stehen zwar zur Verfügung, können aber wegen der schnellen Entwicklung der Wissenschaft oft nicht den neuesten Stand wiedergeben.

Die Reihe „TEUBNER-TEXTE zur Informatik" soll ein Forum für Einzel- und Sammelbeiträge zu aktuellen Themen aus dem gesamten Bereich der Informatik sein. Gedacht ist dabei insbesondere an herausragende Dissertationen und Habilitationsschriften, spezielle Vorlesungsskripten sowie wissenschaftlich aufbereitete Abschlußberichte bedeutender Forschungsprojekte. Auf eine verständliche Darstellung der theoretischen Fundierung und der Perspektiven für Anwendungen wird besonderer Wert gelegt. Das Programm der Reihe reicht von klassischen Themen aus neuen Blickwinkeln bis hin zur Beschreibung neuartiger, noch nicht etablierter Verfahrensansätze. Dabei werden bewußt eine gewisse Vorläufigkeit und Unvollständigkeit der Stoffauswahl und Darstellung in Kauf genommen, weil so die Lebendigkeit und Originalität von Vorlesungen und Forschungsseminaren beibehalten und weitergehende Studien angeregt und erleichtert werden können.

TEUBNER-TEXTE erscheinen in deutscher oder englischer Sprache.

Dienstvermittlung in Verteilten Systemen

Dienstalgebra, Dienstmanagement und Dienstanfrageanalyse

Von Dr. Claudia Popien

Rheinisch-Westfälische Technische
Hochschule Aachen

Springer Fachmedien Wiesbaden GmbH 1995

Dr. Claudia Popien

Geboren 1966 in Magdeburg. Von 1984 bis 1989 Studium der Mathematik mit Vertiefungsrichtung Informatik an der Universität in Leipzig, Diplom 1989. Von 1989 bis 1990 Lehr- und Forschungstätigkeit am Institut für Rechnerverbund und Betriebssysteme der Technischen Universität „Otto von Guericke", Magdeburg.

Seit 1991 wissenschaftliche Mitarbeiterin am Lehrstuhl für Informatik IV der RWTH Aachen bei Professor O. Spaniol. Promotion an der RWTH Aachen 1994.

Mitarbeit in GI, IEEE, DIN und ISO. Organisation und Mitglied des Programmkomitees verschiedener Fachtagungen. Lehrauftrag „Verteilte Systeme" an der Universität GH Essen.

Arbeitsschwerpunkte: Client/Server-Systeme, Offene Verteilte Verarbeitung, Dienstvermittlung, Modellierung und Bewertung von Kommunikationssystemen, algebraische Spezifikationen, Netzmanagement.

Von der Mathematisch-Naturwissenschaftlichen Fakultät der Rheinisch-Westfälischen Technischen Hochschule Aachen genehmigte Dissertation.
D 82 (Diss. RWTH Aachen)

Die Deutsche Bibliothek – CIP-Einheitsaufnahme

Popien, Claudia:
Dienstvermittlung in Verteilten Systemen : Dienstalgebra,
Dienstmanagement und Dienstanfrageanalyse /
von Claudia Popien.
  (Teubner-Texte zur Informatik ; Bd. 12)
  Zugl. : Aachen, Techn. Hochsch., Diss., 1994
  ISBN 978-3-8154-2062-1   ISBN 978-3-663-09796-9 (eBook)
  DOI 10.1007/978-3-663-09796-9

NE: GT

© Springer Fachmedien Wiesbaden 1995
Ursprünglich erschienen bei B. G. Teubner Verlagsgesellschaft Leipzig 1995

Umschlaggestaltung: E. Kretschmer, Leipzig

Meinem lieben Opa
zum 90. Geburtstag

22. März 1995

Vorwort

Unter grünen Bäumen, beim Konferenzdinner der COMNET'90 in Budapest wurde der Grundstein für dieses und einige andere Werke gelegt. Nie hätte ich gedacht, gut vier Jahre später am Lehrstuhl für Informatik IV der RWTH Aachen promoviert zu haben.

Zunächst brauchte ich - mathematisch durch algebraische Spezifikationen geprägt - ein Forschungsthema, mit dem ich in einer Datenkommunikationshochburg bestehen konnte. Und ziemlich schnell tat sich eine Möglichkeit im Open Distributed Processing auf. Während die Kritiker noch dabei waren, mit Vorurteilen gegen diese Thematik anzugehen, wurde 1991 eine erste Veröffentlichung dazu in der Zeitschrift PIK gewagt, und eine Vielzahl studentischer Mitarbeiter ließ sich bald für diese Forschungsrichtung motivieren. Damit wurden die ersten Voraussetzungen für das vorliegende Buch als ein Beitrag im Kontext des Open Distributed Processing geschaffen.

Da das Open Distributed Processing ein sehr umfangreiches Gebiet ist, schien es günstiger, einen kleinen Teil dieses breiten Spektrums zu sondieren und genauer zu betrachten. Aus der Vielzahl der vorgeschlagenen Funktionen wurde das Trading - frei übersetzt auch als Dienstvermittlung bezeichnet - ausgewählt. Die Relevanz dieses Ansatzes läßt sich heute nicht mehr leugnen. Praktische Realisierungen in vielen Industrieprojekten und Forschungsprototypen sprechen für sich. CORBA ist mindestens so bekannt wie ANSAware, daneben existieren MELODY, DRYAD und der TRADE-Trader. Auch wenn die zugrundeliegenden Systemarchitekturen sich grundlegend unterscheiden, so weisen die unterschiedlichen Komponenten doch Gemeinsamkeiten hinsichtlich Funktionalität und Einbettung in ihre Umgebung auf. Genau diese Zusammenhänge stehen im Mittelpunkt des vorliegenden Buchs.

Da der Begriff der Dienstvermittlung im Laufe der Zeit selbstverständlich geworden ist, soll auf die zugrundeliegenden Konzepte nicht näher eingegangen werden. Neben einem Standard existieren auf dem deutschen Buchmarkt Lehrbücher und Tutorien, die ausführlich und anschaulich auf die Grundlagen eingehen. Jedoch bietet diese Thematik darüber hinaus sehr viele Ansätze.

Drei verschiedene Aspekte des Tradings werden als besonders interessant angesehen: die Kombination von existierenden Diensten zu solchen mit höherer Funktionalität, die Zusammenhänge zwischen Dienstvermittlung und Management sowie die Anwendung von bestehenden bzw. die Entwicklung von neuen Verfahren zur Analyse von Tradingszenarien. Diese Schwerpunkte werden im folgenden detailliert untersucht und so anschaulich wie möglich vorgestellt.

Bedanken möchte ich mich zunächst bei meinem Doktorvater, Herrn Prof. Dr. Otto Spaniol, der mir neben allen Lehrstuhltätigkeiten immer den notwendigen Freiraum für Forschungsarbeiten gab, mich als Kollegiatin im Graduiertenkolleg 'Informatik und Technik' förderte und zahlreiche Vortrags- und Weiterbildungsreisen u.a. in die USA, Schweiz, Niederlande, nach Schweden, England und Bulgarien unterstützte.

Dem Korreferenten meiner Arbeit, Herrn Prof. Dr. Alexander Schill, danke ich für das mühevolle Durcharbeiten meines Manuskriptes und die Verbesserungshinweise.

Schließlich wäre das Werk in der vorliegenden Form nicht zustande gekommen, hätte ich nicht die Unterstützung zahlreicher Mitarbeiter des Lehrstuhls für Informatik IV gehabt. Namentlich möchte ich mich bei meinen Kollegen, Herrn Dipl.-Inform. Bernd Meyer und Herrn Dr. Ulrich Quernheim, sowie den Studenten, Herrn Axel Küpper, Herrn Frank Sassenscheidt und Frau Anita Wagner, bedanken.

Ein wissenschaftliches Werk kostet einen Teil des Lebens, doch das Leben besteht nicht nur aus Wissenschaft. Und neben meinen Eltern, unserer Familie und einem großen Freundeskreis gibt es insbesondere zwei Menschen, die ich abschließend besonders erwähnen möchte: meinen Bruder Thomas, der mich gleichermaßen ärgert ☺, mir (im Haushalt) hilft und mich aufbaut, und meinen Freund, Markus Linnhoff, dessen Vertrauen, Verständnis und große Liebe mich stets begleiten.

Aachen, März 1995   **Claudia Popien**

Inhalt

KAPITEL 1

Einleitung

*„Die Größe des Flusses wird an seiner Mündung begriffen,
nicht an seiner Quelle."*
Pierre Teilhard de Chardin

Das vorliegende Buch betrachtet verschiedene Konzepte zur Dienstvermittlung
in Verteilten Systemen, einem recht jungen Ansatz, der sich in seiner Grund-
form auf den *Directory Service* zurückführen läßt, in seiner Komplexität jedoch
deutlich anspruchsvoller ist. Ausgehend von der Idee, durch Verknüpfung von
Diensten eine höhere Funktionalität zu erhalten, wird das Modell einer Dienstalgebra vorgestellt. Diese gestattet es, Anfragen höherer Funktionalität zu beantworten. Die Verwaltung von Diensten wird in ein dreistufiges Konzept
Diensttyp - Dienst - Dienstangebot eingebettet, welches das Management von
Diensten im Kontext ihrer heterogenen Umgebung gestattet. Zur Formulierung
einer Anfragesprache für einen Trader wurde eine sogenannte *Service Request
Description Language* entwickelt. Schließlich wird eine qualitative Gegenüberstellung verschiedener Architekturen von Tradingszenarien vorgenommen. Die
Modellierung dieser Aufgabenstellung führt auf eine Architektur vermaschter
Fork-Join-Netze, für die noch keine Analysemöglichkeiten bekannt waren. Aus
diesem Grund ist eine Methode entwickelt worden, welche die Berechnung der
mittleren Antwortzeit einer Anfrage in einem Tradingsystem gestattet und
verschiedene Systeme miteinander vergleichbar macht.

Infolge der enormen technischen Entwicklung gewinnen Verteilte Systeme immer mehr an Bedeutung. Diese Systeme ermöglichen es, eine Vielzahl von Diensten zur Verfügung zu stellen. Um den Vorgang der Vermittlung von Diensten
zu realisieren, werden neue Konzepte für das Management der Ressourcen und
die Auswahl von geeigneten Diensterbringern benötigt. Kann in einem Verteilten System letztendlich jeder Dienste anbieten und angebotene Dienste nutzen,
so spricht man von einem offenen Dienstemarkt [MeLa 94], [MML 94]. Dieser
zeichnet sich dadurch aus, daß Dienstanbieter und Dienstnutzer nicht notwendigerweise Kenntnis voneinander zu haben brauchen. Es erweist sich als günstig, wenn die Kommunikation hinsichtlich der Dienstvermittlung zentral über
eine dienstvermittelnde Einheit läuft. Durch die zentrale Dienstvermittlung

entsteht im Gegensatz zu einer lokalen Dienstvermittlung auch der Vorteil, daß durch die unmittelbare Konkurrenz der Dienstanbieter untereinander eine völlig neue Situation bezüglich des Leistungsdrucks der Anbietenden entsteht.

Einem solchen Dienstemarkt liegt das Konzept der Client/Server zugrunde. Ein Client oder Kunde, d.h. Dienstnutzer in einem Verteilten System, besitzt die Möglichkeit, eine dienstvermittelnde Instanz zu kontaktieren, um eine Dienstleistung in Anspruch zu nehmen. Entscheidend für die Akzeptanz eines solchen Ansatzes ist die Handhabung der Komplexität und Dynamik des Verteilten Systems. In diesem Zusammenhang besteht die Anforderung, verschiedene Arten von Transparenz zu gewährleisten.

Im Referenzmodell des *Open Distributed Processing* (ODP) [Bow 91], [He 91], [ScZi 93], [Ste 90] wird neben den klassischen Arten wie Fehler- oder Replikationstransparenz insbesondere auf die Zugriffs-, Orts-, Ressourcen- und Migrationstransparenz eingegangen. Bezogen auf den offenen Dienstemarkt bedeutet dies, daß dem Kunden verborgen bleibt, welche Architektur dem Verteilten System zugrunde liegt, welche Server konkret existieren und welcher dieser Server ausgewählt wurde, um den angefragten Dienst zu erbringen.

Die beschriebene Client/Server-Architektur legt es nahe, das herkömmliche Modell durch eine dritte Instanz, einen sogenannten Trader, weiterzuentwickeln [SPM 94], [ChJi 94], [Vog 92], [Gei 92a]. In diesem Kontext spricht man anstelle des Client/Server-Modells von einem Importer/Exporter/Trader-Modell. Ist ein Trader in die Architektur integriert, so braucht dem Kunden, d.h. Importer, lediglich Wissen über die Existenz und Funktionalität eines geeigneten Servers, d.h. Exporters, vermittelt werden, also beispielsweise über den vom Exporter bereitgestellten Diensttyp, dessen zugehörige Eigenschaften und die vorliegenden Schnittstellen. Der Zugriff auf den Server, mögliche Fehlervorkommen, auftretende Heterogenität, die Art der Abarbeitung des Dienstes sowie die Nutzung konkreter Ressourcen bleiben dem Importer verborgen, d.h. können transparent realisiert werden.

Betrachtet man die existierenden Konzepte der Offenen Verteilten Verarbeitung, so gibt es neben den informell beschriebenen Methoden und Vorgehensweisen [Gri 90], [Gei 91], [Lin 92], [OlSc 91 a,b] kaum formale Darstellungen, welche die Basis für wissenschaftliche Untersuchungen bereitstellen. Auch in [AnVo 94], [Fi 94], [Gotz 92, 94a,b] und [HKV+ 94] sind Ansätze für eine Formalisierung enthalten, die mehr oder weniger eine Transformation der informellen Ansätze in Spezifikationen mittels der *Formal Description Techniques* (FDTs) LOTOS, Estelle oder SDL vornehmen.

Konzepte, wie beispielsweise die in [ODP Tr] angeregten Mehrwertschnittstellen wurden bislang ebensowenig entwickelt und formal spezifiziert, wie die Einbettung von Diensten, Diensttypen und Dienstangeboten in ein Gesamtszenario. Ferner fehlt es an Ausarbeitungen zu verschiedenen Tradingdetails, z.B. benutzerfreundlichen Schnittstellen für den Anwender, um auf die Dienste des Traders zuzugreifen. Auch eine Bewertung von Tradingarchitekturen zum Zwecke von Gegenüberstellung und Vergleich wird bislang in der Literatur noch nicht angeboten.

Das vorliegende Buch basiert auf dem in der Standardisierung befindlichen Konzept, durch die Gruppierung von Eigenschaften unterschiedlicher Dienste die Gesamtheit der Heterogenität in einem Verteilten System in einer überschaubaren und kontrollierten Art zu strukturieren [ODP P1]. Damit soll ein Beitrag zur Dienstvermittlung im Kontext der Offenen Verteilten Verarbeitung geleistet werden.

Im folgenden soll die Struktur des vorliegenden Buchs erläutert werden.

Nach dieser Einführung betrachtet das folgende Kapitel die Beschreibung von Diensten in ODP. In Anlehnung an die Objektkomposition des ODP-Standards wird eine Kombination von Diensten vorgestellt, die in Form einer Dienstalgebra vorgenommen wird. Neben der eigentlichen Angabe der Dienstalgebra werden graphische Darstellungsformen vorgeschlagen und Gesetzmäßigkeiten der Terme dieser Algebra aufgezeigt. Dieses Konzept ermöglicht dem Importer nicht nur die Angabe atomarer, sondern auch verknüpfter Dienste mit höherer Funktionalität. Es folgt ein Ansatz zum sogenannten *Interface Matching*. Auch wenn diese Vorgehensweise kein konstruktives Verfahren darstellt, so ist doch eine Allgemeingültigkeit vorhanden, die eine Richtlinie für weitere Arbeiten darstellen kann.

Nach der Diskussion der Dienste, ihrer Beschreibung und der Untersuchung zugeordneter Schnittstellen befaßt sich das dritte Kapitel direkt mit der Dienstvermittlung. Unter Verwendung der im zweiten Kapitel vorgestellten Begriffe werden grundlegende Konzepte des Tradings eingeführt, die im wesentlichen an den Standard [ODP Tr] angelehnt sind. Insbesondere erfolgen eine Gegenüberstellung von Naming und Trading sowie eine kurze Darstellung der realisierten industriellen Projekte und Forschungsarbeiten auf diesem Gebiet. Da in diesem Bereich grundlegende Literatur vorhanden ist, wird auf eine umfangreiche Darstellung verzichtet.

Ausgehend von der Überlegung, daß das Management die Handhabung beliebiger Objekte innerhalb eines Offenen Systems unterstützt, wird im vierten Kapitel die Verwaltung von diensterbringenden und -vermittelnden Komponenten betrachtet. Das bestehende OSI-Management wird um ein sogenanntes Dienstmanagement erweitert, das insbesondere die Relationen zwischen Diensttypen, Diensten und Dienstangeboten formal beschreibt. Nachdem der Export von Diensten detailliert betrachtet worden ist, wird dem Mangel einer exakten Darstellung zum Import von Diensten dadurch entsprochen, daß eine formale Beschreibungssprache vorgestellt wird, die den spezifizierten Anforderungen an Dienstimporte genügt. Während die Syntax dieser Sprache in Form von Backus-Naur-Regeln dargestellt ist, besteht die Semantik der *Service Request Description Language* aus vier Schritten. Die Schnittstellen dieser Schritte sowie die einzelnen Ausführungsschritte sind ebenfalls Gegenstand des vierten Kapitels. Zum Abschluß wird auf die Thematik des *Quality of Service* eingegangen und

eine Einbeziehung möglicher dienstgütebewertender Verfahren in die Dienstvermittlung diskutiert.

Das fünfte Kapitel befaßt sich mit der Bewertung von Tradingszenarien. Dabei
wird zunächst eine Abbildung der Tradingarchitekturen auf Komponenten eines
Warteschlangenmodells vorgenommen. Das resultierende Modell ist mit bekannten Methoden der Leistungsbewertung nicht mehr lösbar. Aus diesem
Grund wird von dem Begriff der Fork-Join-Netze zu dem neuen Begriff der vermaschten Fork-Join-Netze übergegangen. Für deren Analyse wird eine Methode
entwickelt, die den Anforderungen an die Tradersysteme genügt. Da es sich bei
dem vorgestellten Verfahren um eine Approximation handelt, wird eine Abschätzung der Genauigkeit der erzielten Analysewerte durch Gegenüberstellung
mit einer Simulation entsprechender Szenarien vorgenommen. Zur Abbildung
der durch Tradingszenarien entstehenden Aufgabenstellung werden zwei Erweiterungen der Analysemethode für den Fall angegeben, daß Anfragen nicht
an alle Trader oder nur mit einer bestimmten Wahrscheinlichkeit weitergeleitet
werden.

Das sechste Kapitel faßt abschließend die dargestellten Ergebnisse zusammen
und ordnet sie in einem größeren Zusammenhang ein. Es diskutiert offene
Fragen auf dem Gebiet der Dienstvermittlung in Verteilten Systemen und gibt
einen Ausblick für weitere Forschungsarbeiten.

KAPITEL 2

Beschreibung von Diensten

„Alle Dinge kann man doppelt betrachten:
als Faktum und als Geheimnis."
Hans Urs von Balthasar

Bevor die Dienstvermittlung in Verteilten Systemen betrachtet wird, soll in diesem Kapitel zunächst untersucht werden, was ein Dienst ist und welche Möglichkeiten es gibt, ihn zu beschreiben. Die folgenden Überlegungen gehen vom ODP-Referenzmodell aus, da in den einzelnen Teilen des *Draft International Standards* (DISs) grundlegende Begriffe definiert werden. Der erste Unterabschnitt dieses Kapitels vermittelt einen Überblick über bislang eingeführte Dienstdefinitionen, die insbesondere von der CCITT geprägt wurden, und faßt die Begriffe geeignet zusammen.

Ausgehend von der Idee, daß Dienste von Objekten angeboten werden und auf Objekte *Composition* und *Decomposition* zur Zusammensetzung und Zerlegung angewendet werden können, wird im zweiten Abschnitt dieses Kapitels untersucht, inwiefern auch Dienste kombiniert bzw. in Teildienste zerlegt werden können. Das Ergebnis der Betrachtungen ist die Konstruktion einer Dienstalgebra, die einen komplexeren, gesuchten Dienst top-down-mäßig in atomare Dienste zerlegen und aus gegebenen Diensten bottom-up-mäßig neue, komplexere Dienste generieren kann.

Im dritten Abschnitt werden Dienstaufruf und *Service Matching* betrachtet. Neben bekannten Ansätzen, wie dem *Remote Procedure Call* und der *Interface Definition Language,* wird eine dreistufige Herangehensweise vorgestellt, unter welchen Bedingungen ein Objekt den von einem anderen Objekt geforderten Dienst erbringen kann.

Zur Realisierung der allgemeinsten dieser drei Bedingungen, die auch Offenheit in Verteilten Systemen gewährleistet, wird eine algebraische Methode vorgestellt, die grundlegende Zusammenhänge von Dienstanfrage und -angebot untersucht.

2.1 Der Dienstbegriff

Bevor spezielle Probleme, die bei der Betrachtung von Diensten von Bedeutung
sind, näher untersucht werden, soll zunächst auf den Begriff des Dienstes an
sich eingegangen werden. Dieser Abschnitt geht von den verschiedenen Dienstdefinitionen aus und erläutert insbesondere die im Kontext des *Open Distributed Processing* zugrundeliegende Definition des Dienstes sowie einige Begriffe, die damit in Beziehung stehen.

2.1.1 Die Verschiedenheit der Dienstdefinitionen

Der Begriff des Dienstes wird innerhalb der Datenkommunikation sehr häufig
benutzt. Seine Verwendung ist jedoch nicht einheitlich, sondern von dem verwendeten Kontext abhängig.

Von der CCITT wird der Begriff Dienst in verschiedenen Bedeutungen verwendet. Recommendation E.800/M.60 definiert einen Dienst als "eine Menge von
Funktionen, die dem Nutzer einer Organisation angeboten werden", Recommendation Z.100 verknüpft die Bedeutungen von Dienst und Prozeß. Darin heißt es:
"Ein Dienst ist eine alternative Möglichkeit, einen Prozeß zu spezifizieren. Jeder Dienst kann einen anderen Teil des Verhaltens eines Prozesses definieren."

CCITT-Dienste werden allgemein "in den CCITT-Recommendations definiert,
um sie an die Nutzer von Systemen zu vermarkten". Betrachtet man speziell die
Recommendation X.200, so wird der (N)-Dienst einer (N)-Schicht als "eine Lei-
stung der (N)-Schicht und der darunterliegenden Schicht" definiert, "und an der
Schnittstelle zwischen (N)- und (N+1)-Schicht den (N+1)-Instanzen angeboten".

Dieser Uneinheitlichkeit von Dienstdefinitionen begegnet das ODP-Referenzmodell damit, daß der Dienst an sich gar nicht definiert wird, sondern die Verknüpfung zwischen Dienst und Objekt betrachtet wird. Auf diesen Zusammenhang soll im folgenden eingegangen werden.

2.1.2 Dienstbeschreibung im ODP-Referenzmodell

Das ODP-Referenzmodell (ODP-RM) setzt sich aus vier Teilen zusammen [ODP
P1-P4]. Im ersten Teil dieses Standards wird ein einleitender Überblick über
den Gegenstand der offenen verteilten Verarbeitung gegeben, Teil 2, das Pres-
criptive Modell gibt Definitionen an. Während der dritte Teil, das Descriptive
Modell Architekturen und Konzepte in fünf sogenannten *Viewpoints* (VPs) oder
Sichtweisen beschreibt, die eine Abstraktionsstufe beim Entwurf von Verteilten
Systemen darstellt.

2.1.2.1 Dienst und Diensttypen

In der Empfehlung zur ODP-Traderfunktion [ODP Tr] ist ein *Service* (Dienst)
eine Funktion, die von einem Objekt an einem *Computational Interface* angebo-

ten wird. Ein *Computational Interface* (eine Rechenschnittstelle) ist die Abstraktion eines *Computational Objects*, das man durch Verbergen der beobachtbaren Aktionen dieses Objekts (außerhalb einer spezifizierten Teilmenge) erhält.

Ein *Computational Interface* wird durch eine beliebige Menge von keinem, einem oder mehreren *Interface Identifiern* bezeichnet, von denen jeder kein oder ein *Computational Interface* identifiziert. In diesem Sinne beschreibt ein Dienst eine Menge von Fähigkeiten, die an der Schnittstelle eines Objekts verfügbar sind. Ein Dienst kann entweder

- eine atomare Operation sein,
- eine Folge von Operationen, die in der vorgegebenen Reihenfolge nacheinander ausgeführt werden,
- eine Menge von Operationen, die in einer beliebigen Reihenfolge ausgeführt werden, oder
- ein *Stream Interface*,

wobei jeder dieser Operationen gewisse Eigenschaften zugeordnet sind.

Jeder Dienst ist ein spezieller Wert eines Diensttyps. Ein *Service Type* (Diensttyp) ist ein Prädikat für eine Klasse von Diensten, die gemeinsame Ausprägungen besitzen. Verbunden mit jedem Diensttyp gibt es einen *Interface Type*, oder auch *Computational Interface Type*. Ein solcher *Computational Interface Type* (Rechenschnittstellentyp) ist ein Prädikat für eine Klasse von *Interfaces* (Schnittstellen), die an einem *Computational Interface* sichtbar sind. Ein *Computational Interface* ist ein Wert eines *Computational Interface Types*. Der *Computational Interface Type* bestimmt die *Operation Signature*, das *Computational Behaviour* an der Dienstschnittstelle, die *Environment Constraints* und die *Role Types*, d.h., ob es sich um einen *Client* oder einen *Server* handelt.

2.1.2.2 Diensteigenschaften

Dienste ein und desselben Diensttyps besitzen die gleiche Funktionalität, sie haben die gleichen *Operation Signatures* und das gleiche *Computational Behaviour*, können jedoch in einigen rechnerunabhängigen oder verhaltensunabhängigen Aspekten voneinander abweichen. Diese Aspekte werden *Service Properties* (Diensteigenschaften) genannt.

In Anlehnung an die fünf ODP-Viewpoints [ODP P1-P4] enthalten Diensteigenschaften Informationen, die sogenannten *Technology, Engineering, Information* und *Enterprise Aspects* des Dienstes, den sie beschreiben. Es gibt zwei Arten von Diensteigenschaften: statische Eigenschaften, die sich relativ selten ändern, und dynamische Diensteigenschaften, die sich relativ häufig ändern. Die Unterteilung dieser Diensteigenschaften ist Gegenstand von Abschnitt 4.1. *Service Properties* bestehen aus einer Menge von *Property Names* und *Property Values*. Innerhalb eines Diensttyps können Diensteigenschaften Standardwerte besitzen. Als Prädikat für eine Klasse von Diensteigenschaften bezeichnet man einen *Ser-*

vice Property Type (Diensteigenschaftstyp). Diensteigenschaften sind spezielle Werte solcher Diensteigenschaftstypen.

Faßt man die vorgestellten Konzepte zusammen, so besteht ein Diensttyp aus einem *Interface Type* und einer Menge von *Service Property Types*.

2.1.2.3 Dienstangebote

Ein *Service Offer* (Dienstangebot) bezeichnet einen Dienst, der anderen Objekten angeboten wird und an einem *Computational Interface* bereitsteht. Ein *Service Offer* besteht aus einem *Service Type*, *Service Offer Properties* und einer Bezeichnung der Schnittstelle, an der das Dienstangebot verfügbar ist. Eine *Service Offer Property* (Dienstangebotseigenschaft) ist ein Wert eines *Service Offer Property Types*. Sie beschreibt Charakteristiken des Dienstangebots, das durch einen sogenannten Exporter angeboten wird.

Ein *Service Offer Property Type* (Dienstangebotseigenschaftstyp) ist ein Prädikat über einer Klasse von *Service Offer Properties*. Umgekehrt ist eine *Service Offer Property* ein spezieller Wert eines *Service Offer Property Types*.

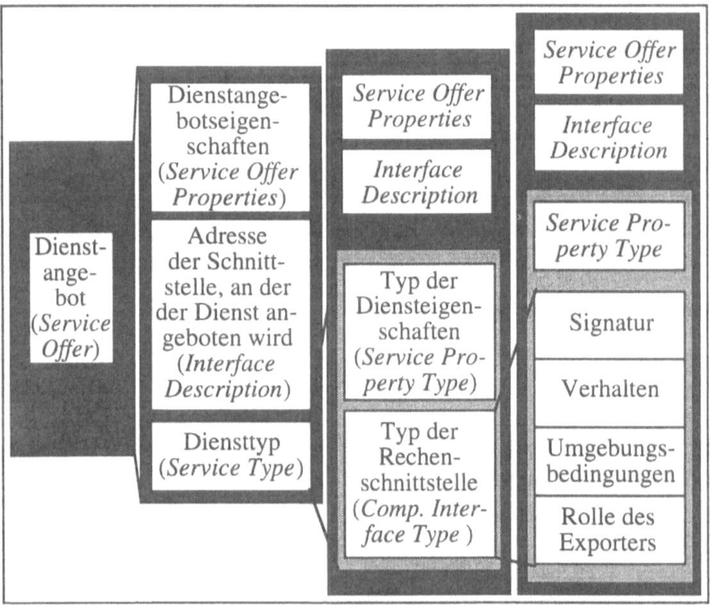

Abb. 2.1: Darstellungsmöglichkeiten eines Dienstangebots

Ein Dienstangebot kann auf drei verschiedene Arten dargestellt werden:

* als *Service Type Identifier*, *Interface Description* und Menge von *Service Offer Properties*,

- als *Computational Interface Type Identifier*, *Service Property Type Identifier*, *Interface Description* und einer Menge von *Service Offer Properties*, oder
- als *Signature Identifier*, *Behaviour Identifier*, *Environment Constraint Identifier*, *Role Identifier*, *Service Property Type Identifier*, *Interface Description* und Menge von *Service Offer Properties*.

Diese drei Möglichkeiten resultieren aus der Definition eines Dienstangebots und der Unterteilung eines Diensteigenschaftstyps in seine Bestandteile. Ferner ergibt sich die letztgenannte Darstellung noch einmal durch die Präzisierung des *Computational Interface Type*.

Abbildung 2.1 veranschaulicht noch einmal die hier vorgestellten Zusammenhänge.

2.1.3 Grundbegriffe im Kontext des Dienstes

Innerhalb dieses Abschnitts sollen verschiedene Grundbegriffe in der für die Dienstbeschreibung notwendigen Art und Weise eingeführt werden. Die Bedeutung dieser Begriffe wird zum Teil erst in den folgenden Abschnitten ersichtlich.

2.1.3.1 Objekt und Aktion

Grundlegende Begriffe, die im folgenden verwendet werden, sind die Aktion und das Objekt. Unter einer Aktion versteht man ganz allgemein etwas, das passiert. Jede Aktion, deren Modellierung von Interesse ist, wird mit mindestens einem Objekt assoziiert. Eine Aktion muß nicht unbedingt direkt beobachtbar sein, d.h. die Umgebung dieses Objekts braucht in diesem Fall nicht in der Lage sein, an der Aktion teilzunehmen, wenn die entsprechende Aktion intern bezüglich des Objekts ist. Ein Objekt (*Object*) ist das Modell einer Entität. Es ist durch sein Verhalten und seinen Zustand charakterisiert. Ein Objekt unterscheidet sich von jedem anderen Objekt. Außerdem ist ein Objekt eingekapselt, d.h. jede Änderung seines Zustands kann nur als Ergebnis einer internen Aktion oder als Resultat einer Wechselwirkung mit seiner Umgebung auftreten, vgl. Abbildung 2.2. Die Wechselwirkung mit der Umgebung eines Objekts erfolgt an sogenannten *Interaction Points* (Wechselwirkungs- oder Interaktionspunkten), unter denen man Punkte versteht, an denen Wechselwirkung auftreten kann. *Interaction* (Wechselwirkung) ist im hier verwendeten Sinne eine beobachtbare Aktion, bei der im Normalfall zwei oder mehre Objekte involviert sind. Es soll nicht ausgeschlossen werden, daß ein Objekt auch mit sich selbst in Wechselwirkung treten kann.

Unter einer beobachtbaren Aktion versteht man eine Aktion, die bezüglich eines Objekts beobachtbar ist und nur dann auftreten kann, wenn das Objekt und dessen Umgebung in der Lage sind, an dieser Aktion teilzunehmen. Eine *unobservable* oder auch nichtbeobachtbare Aktion wird als interne Aktion bezeichnet. Sie kann innerhalb eines Objekts immer auftreten, ohne daß die Umgebung des Objekts dabei an der Aktion teilnehmen muß. Unter einer *Environment*

(Umgebung) eines Objekts versteht man den Teil eines Modells, der kein Bestandteil des betrachteten Objekts ist.

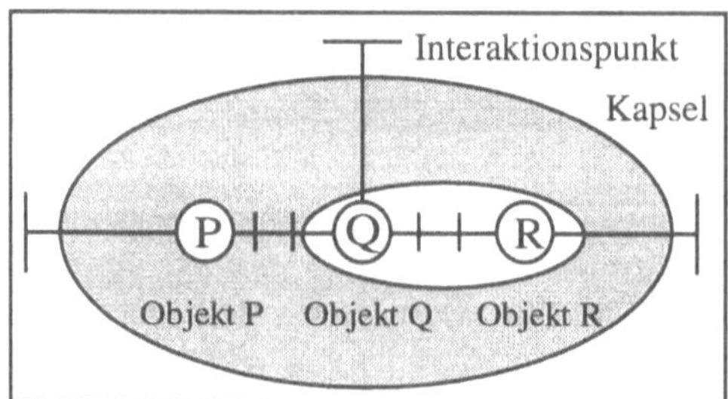

Abb. 2.2: Die prinzipielle Darstellung eines Objekts

Diese hier vorgestellten Begriffe resultieren aus den Konzepten des ODP-RMs. Sie sind an die allgemeine, nichtstandardisierte Objektorientierung angelehnt, jedoch nicht mit dieser identisch [Gotz 89], [Me 90]. Objektorientierte Konzepte finden in ihrer allgemeinen oder ODP-basierten Anwendung eine große Resonanz bei der Beschreibung Verteilter Systeme [Di 93], [NWM 93], [Sch 91] sowie beim Aufruf von Diensten oder der Dienstvermittlung in Verteilten Systemen [Mo 93], [HeEb 93], [DoDu 94].

Bezogen auf die Ausgangsposition, daß Dienste von einem Objekt an dessen Schnittstellen angeboten werden, sagt man aus Sicht des Objekts auch, daß ein Objekt Funktionen ausführt und Dienste anbietet, sofern dieses Objekt die entsprechende Funktion verfügbar macht. Betrachtet man andererseits die Modellierung eines Objekts, so werden die Dienstangebote als Terme des Verhaltens dieses Objekts und seiner Umgebung spezifiziert. Erwähnt werden soll noch, daß ein Objekt auch mehr als eine Funktion ausführen kann, und andererseits kann eine Funktion auch in Kooperation verschiedener Objekte ausgeführt werden.

2.1.3.2 Schnittstellen und Verhalten eines Objekts

Wie in Abschnitt 2.1.2.1 bereits ausgeführt wurde, wird ein Dienst von einem Objekt an einer Schnittstelle angeboten. Untersucht man diesen Sachverhalt näher, so definiert der Teil 2 des ODP-RMs [ODP P2] ein *Interface* (eine Schnittstelle) als eine Abstraktion von Verhalten eines Objekts, das man durch Verbergen von beobachtbaren Aktionen außerhalb einer spezifizierten Teilmenge erhält. Die Menge der Schnittstellen eines Objekts bedingt dabei eine Einteilung der beobachtbaren Aktionen dieses Objekts in Teilmengen, die den entsprechenden Schnittstellen zugeordnet sind. Eine Abstraktion wird vorgenommen, um das Verhalten dieser Schnittstelle zu isolieren. Man erhält das Abstrahieren dadurch, daß sowohl die Identität, als auch die Beschreibung aller Aktionen, die nicht an dieser Schnittstelle auftreten, vernachlässigt werden. Anstatt dessen werden aus solchen Aktionen sogenannte *Internal Actions* (Interne Aktionen) bezüglich des Schnittstellenverhaltens. Verhalten, das an anderen Schnittstellen des gleichen Objekts beobachtbar ist, bedingt Nichtdeterminismus, solange die betrachtete Schnittstelle an diesem Verhalten beteiligt ist.

Bei der Definition der Schnittstelle sind zwei grundlegende Begriffe verwendet worden - das Verhalten und die beobachtbare Aktion. Diese beiden Begriffe sollen im folgenden näher betrachtet werden. Unter dem *Behaviour* (Verhalten) eines Objekts versteht man eine Sammlung von Aktionen zusammen mit einer Menge von *Constraints* (Einschränkungen) der Umstände, unter denen diese Aktionen möglicherweise auftreten können. Die Art der zu beschreibenden Einschränkungen hängt dabei von dem Gebrauch der Spezifikationssprache ab, die verwendet wird. Im allgemeinen existiert eine Menge möglicher Folgen von beobachtbaren Aktionen, die dem gegebenen Verhalten entspricht. Es ist ferner von Bedeutung, daß ein Verhalten interne Aktionen beinhalten kann. Die an dem Verhalten teilnehmenden Aktionen sind durch die Umgebung, in der sich das Objekt befindet, eingeschränkt.

2.1.3.3 Objekttemplates

Unter einem Objekttemplate versteht man die hinreichend detaillierte Spezifikation gemeinsamer Ausprägungen einer Menge von Objekten, so daß ein Objekt unter Nutzung dieser Spezifikation instanziiert werden kann. In diesem Sinne ist ein Objekttemplate die Abstraktion einer Sammlung von Objekten.

Templates können entsprechend gewisser Kalküle kombiniert werden. Die spezielle Form der Templatekombination hängt dabei von der zugrundeliegenden Spezifikationssprache ab.

Ein Objekt, das aus einem gegebenen Objekttemplate und zugehörigen Informationen erzeugt wurde, wird als Instantiierung eines Objekttemplates bezeichnet. Dieses Objekt genügt den entsprechenden Merkmalen, die das Objekttemplate auszeichnen.

Ein Prädikat, das eine Sammlung von Objekten charakterisiert, wird als Typ des Objekts bezeichnet. Ein Objekt ist dementsprechend von einem Typ oder erfüllt einen Typ, falls das Prädikat für das Objekt erfüllt ist. Der Typbegriff klassifiziert Entitäten in Kategorien.

Die Menge aller Objekte, die einen Typ erfüllen, wird als Klasse bezeichnet. Die einzelnen Elemente dieser Menge heißen auch Mitglieder der entsprechenden Klasse.

Aus dieser Klassen- und Typenrelation kann eine Sub- und Supertyprelation abgeleitet werden. Der Typ A ist dabei ein Subtyp oder Teiltyp vom Typ B und B ist entsprechend ein Super- oder Obertyp von A, wenn jedes Objekt, das A erfüllt, auch B erfüllt. Diese Relation ist reflexiv, transitiv und antisymmetrisch.

Eine Klasse ist eine Teilklasse einer anderen Klasse, und die letztgenannte Klasse ist entsprechend eine Super- oder Oberklasse der ersten, wenn ein der ersten Klasse zugeordneter Typ ein Subtyp des der zweiten Klasse zugeordneten Typs ist.

Typen und Klassen können auch auf Templates angewendet werden, in diesem Sinne spricht man von Templatetypen bzw. Templateklassen.

2.2 Der Mehrwertdienst für die Dienstkombination

Ausgehend von der Möglichkeit, Objekte kombinieren und zerteilen zu können, liegt unter Berücksichtigung von Eigenschaften dieser Objekte, Dienste anzubieten, der Gedanke nahe, auch Dienste zu kombinieren bzw. zusammengesetzte Dienste wieder zu unterteilen. In [ODP Tr] wird eine Schnittstelle mit der Fähigkeit, Funktionalitäten bereitzustellen, die ein darunterliegendes System nur zum Teil besitzt, als *Value Added Interface* (VAI, Mehrwertschnittstelle) bezeichnet. Der über das VAI angebotene Dienst, der die entsprechend größere Funktionalität besitzt, wird dementsprechend *Value Added Service* (VAS, Mehrwertdienst) genannt.

Im folgenden wird die Datenbasis eines Dienstvermittlers mit Dienstangeboten als Einträgen betrachtet und das Dienstangebot dahingehend erweitert, daß auch die Bereitstellung kombinierter Dienste ermöglicht wird. Diese Funktionalität wird als Dienstkombination bezeichnet.

2.2.1 Die Dienstalgebra

Wird eine Modularisierung von Komponenten betrachtet und deren Zusammensetzung sowie anschließende Zerlegung untersucht, so liegt das Konzept einer Algebra nahe. Die Nutzung von Algebren hat sich in der Informatik bereits bewährt, wie der folgende Abschnitt zeigen wird. Der hier vorgestellte Ansatz, dem eine Modularisierung von Diensten zugrunde liegt, wird als Dienstalgebra bezeichnet. Das zugeordnete Konzept analysiert die prinzipielle Eignung von zwei Diensten, hintereinander ausgeführt werden zu können [PoHe 94]. Die mathematischen Hilfsmittel und die Dienstalgebra an sich werden in den anschließenden Abschnitten vorgestellt.

2.2.1.1 Algebren in der Informatik

Innerhalb der Informatik spielen im wesentlichen zwei Algebren eine bedeutende Rolle, die Schaltalgebra und die Prozeßalgebra. Diese beiden Algebren sollen kurz vorgestellt werden, bevor anschließend die Dienstalgebra definiert und diesen Ansätzen gegenübergestellt wird.

Die Boolsche Algebra wurde um 1850 von Boole entwickelt. Sie dient als mathematisches Hilfsmittel, das sowohl bei der Auswertung von logischen Ausdrücken, als auch bei der Darstellung und Berechnung von Digitalen Schaltungen eingesetzt wird. Im letztgenannten Zusammenhang wird die Boolsche Algebra auch als Schaltalgebra bezeichnet.

Die Schaltalgebra besteht aus drei Grundschaltungen und zwei Zuständen. Bei den Zuständen handelt es sich um 0 und 1, was den Ereignissen "Strom fließt nicht" bzw. "Strom fließt" oder "Kontakt nicht geschlossen" bzw. "Kontakt geschlossen" entspricht. Die drei Grundschaltungen sind die Reihenschaltung, das sogenannte AND, die Parallelschaltung, das sogenannte OR, und die Negation oder das sogenannte NOT. Mit Hilfe dieser Grundschaltungen und Zustände können beliebige digitale Schaltungen kombiniert werden. Die formale Spezifikation der eigentlichen Schaltalgebra ist zahlreichen Literaturquellen zu entnehmen.

Die Prozeßalgebra wurde erstmals von Milner in seiner Arbeit *Calculus of Communicating Systems* (CCS) [Mi 80] und später ausführlicher in [Mi 89] vorgestellt. Sie basiert auf der Idee, das beobachtbare Verhalten von Prozessen zu spezifizieren und unterscheidet sich damit grundlegend von den meist zustandsorientierten Ansätzen. Das beobachtbare Verhalten eines Gesamtsystems wird bei der von Milner gewählten Vorgehensweise top-down-artig in das beobachtbare Verhalten von Teilsystemen zerlegt und als Menge von Ereignisfolgen bzw. synchronisierten Prozessen beschrieben. Diese Vorgehensweise findet beispielsweise bei der Prozeßspezifikation innerhalb der formalen Beschreibungssprache LOTOS [LOTOS], [BoBr 89] Einsatz.

Dieser Ansatz läßt sich in Analogie zu den aus der Automatentheorie bekannten Ansätzen auf Definitionen in Form von Graphen zurückführen. Die Zustände des Systems werden dabei durch Knoten, Zustandsübergänge durch Kanten dargestellt. Es existieren genau ein Startzustand, beliebig viele Zwischenzustände und mindestens ein Endzustand.

Will man lediglich das beobachtbare Verhalten spezifizieren, so sind die Zustände nicht von Interesse, vielmehr finden die Zustandsübergänge Beachtung. Das Verhalten eines Prozesses - und somit das eines Systems - kann als Baum dargestellt werden.

Die Wurzel des Baums ist in diesem Zusammenhang identisch mit dem Startzustand des Automaten, die Markierung einer Kante entspricht einem Ereignis oder Zustandsübergang. Die Baumstruktur stellt das Prozeßverhalten dar, das durch die verschiedenen Pfade des Baums repräsentiert wird. Jeder Pfad entspricht in chronologischer Reihenfolge einer Folge von Ereignissen. Durch die Baumstruktur kann demzufolge mehr ausgesagt werden, als durch einen endlichen erkennenden Automaten.

Die Prozeßalgebra basiert auf drei Grundoperationen. Diese sind die Operation NIL zur Beschreibung eines leeren Baums, der zur Wurzelerzeugung dient, aber auch jedem Blatt eines Baums folgt; die Operation der Parallelisierung, die zwei Teilbäume so zusammenfügt, daß sie die gleiche Wurzel besitzen, und schließlich die Operation der Sequenz, welche das Hintereinanderausführen von Ereignissen beschreibt.

Für die aus diesen drei Operationen über einer Menge L von Ereignissen generierte Menge von Termen gelten die Gesetze der

- Assoziativität, d.h. $x + (y + z) = (x + y) + z,$
- Kommutativität, d.h. $x + y = y + x$ und
- für das neutrale Element $x + NIL = x.$

Auf die Angabe der formalen Spezifikation der Prozeßalgebra soll an dieser Stelle verzichtet werden, vielmehr kann diese beispielsweise [Mi 80] oder in angewandter Form [LOTOS] entnommen werden.

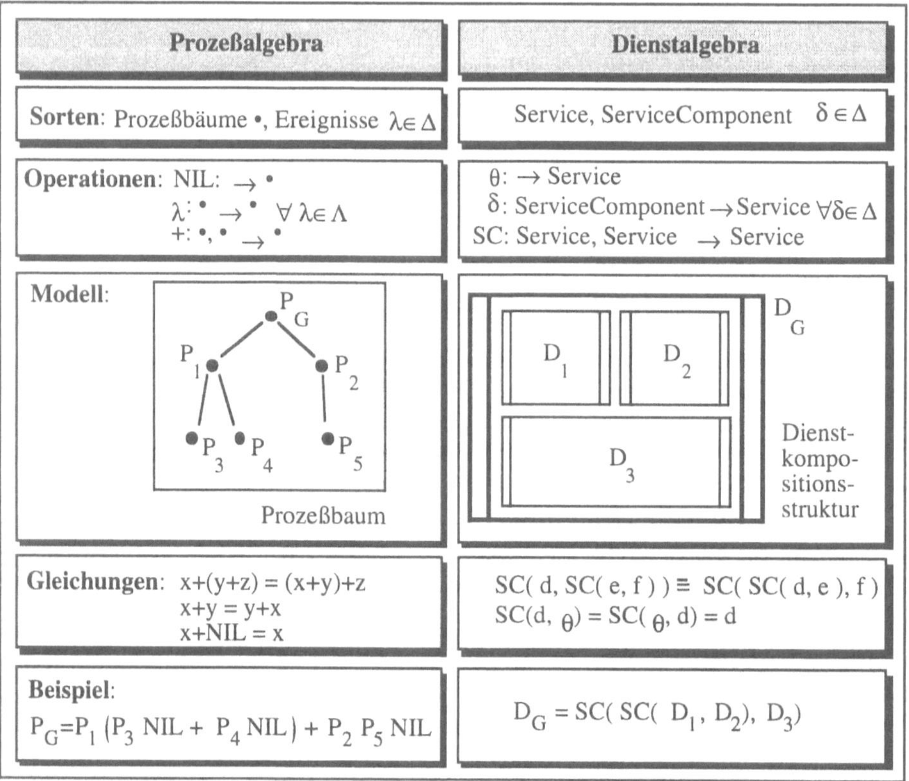

Abb. 2.3: Gegenüberstellung von Dienst- und Prozeßalgebra

2.2.1.2 Der algebraische Ansatz zur Dienstverknüpfung

Bei der Definition des Dienstes ist der Ursprung dieses Begriffs in enger Beziehung mit dem Objekt zu sehen, vergleiche Abschnitt 2.1.2.1 und 2.1.3.1. Dieser Ansatz liegt den folgenden Betrachtungen zugrunde. In diesem Abschnitt wird nun die eigentliche Dienstalgebra vorgestellt.

Im folgenden wird schrittweise die Definition der Dienstalgebra angegeben. Dabei wird der Dienstbegriff mit seinen speziellen Ausprägungen eines Dienstangebots entsprechend dem Abschnitt 2.1.2 vorausgesetzt.

Die Grundidee bei der Spezifikation von Diensten basiert prinzipiell darauf, daß ein Dienst durch seine Ein- und Ausgabemenge von Daten sowie seinen Diensttyp charakterisierbar ist.

Die Ein- und Ausgabemengen besitzen Datentypen als Elemente, die beliebig komplex werden können. Des weiteren wird einem Dienst sein Diensttyp zugeordnet, der als Name für einen Diensttypen oder ein Verhalten angegeben wird. Bei der Verknüpfung von Diensten müssen zum einen alle Eingabeparameter bereitgestellt werden können, zum anderen muß das Verhalten miteinander kombiniert werden.

Abbildung 2.3 stellt einen Vergleich zwischen Prozeß- und Dienstalgebra dar. Dabei sind sowohl die wesentlichen Gemeinsamkeiten herausgearbeitet als auch die Unterschiede ersichtlich. Während die Prozeßalgebra eine Menge L von Ereignissen zu ihrer Bildung benötigt, basiert die Dienstalgebra auf einer Menge S von Diensten. Für beide Algebren gibt es graphische Hilfsmittel zur Darstellung eines nichtelementaren Konstrukts, und in beiden Algebren existieren Gleichungen, die von den Termen erfüllt werden.

Nach dieser eher heuristischen Darstellung der Dienstalgebra im Vergleich zur Prozeßalgebra soll die Dienstalgebra nun formal angegeben werden. Abbildung 2.4 gibt ihre Spezifikation an.

```
type  Service is Bool, Set, String
sorts Behaviour, Service, ServiceComponent
opns

        θ: → Service

        δ:Service Component → Service

        SC : Service,Service → Service

        Input,Output : Service → Set

        Behave : Service → Behaviour

        SD_f,SD_l: Service → Service

        SDep : Service,Service → Bool
eqns  forall s,t,S: Service; I,O: Set; sc: ServiceComponent; B: Behaviour
        ofsort Service

                SC(s,θ) = SC(θ,s) = s;
                SC(SDf(S), SDl(S)) = S;
```

$$
\begin{aligned}
&\text{SD}_f(\text{SC}(s,t)) = s; \\
&\text{SD}_l(\text{SC}(s,t)) = t;
\end{aligned}
$$

ofsort Set

$$
\begin{aligned}
&\delta(sc) = (I,B,O) \rightarrow \text{Input}(\delta(sc)) = I, \text{Output}(\delta(sc)) = O; \\
&\text{Input}(\theta) = \text{Output}(\theta) = \varnothing; \\
&\text{Input}(\text{SC}(s,t)) = \text{Input}(s) \cup \text{Input}(t) \setminus \text{Output}(s); \\
&\text{Output}(\text{SC}(s,t)) = \text{Output}(s) \cup \text{Output}(t);
\end{aligned}
$$

ofsort Bool

$$
\text{SDep}(s,t) = \text{TRUE} \leftrightarrow \text{Output}(s) \cap \text{Input}(t) \neq \varnothing;
$$

ofsort Behaviour

$$
\begin{aligned}
&\delta(sc) = (I,B,O) \rightarrow \text{Behave}(\delta(sc)) = B; \\
&\text{Behave}(\theta) = \text{'}\,\text{'}; \\
&s \neq \theta \wedge t \neq \theta \rightarrow \text{Behave}(\text{SC}(s,t)) = \text{Behave}(s) + \text{'}\_\text{'} + \text{Behave}(t); \\
&s = \theta \vee t = \theta \rightarrow \text{Behave}(\text{SC}(s,t)) = \text{Behave}(s) + \text{Behave}(t)
\end{aligned}
$$

endtype

Abb. 2.4: Spezifikation der Dienstalgebra

Bei der in Abbildung 2.4 angegebenen Spezifikation der Dienstalgebra ist eine Version gewählt wurden, die von den bekannten Datenspezifikationen der Boolschen Algebra sowie einer gewöhnlichen Mengenspezifikation mit den entsprechenden Operationssymbolen ausgeht. Hinzu kommen die Sorten zur Bezeichnung von Verhalten, für die Beschreibung der Dienste und die in der Datenbank enthaltenden Dienstkomponenten. Daraus ergeben sich die Operationssymbole. θ ist ein Konstantensymbol, d.h. beschreibt einen 'leeren Dienst'. Dieser besitzt eine grundlegende Bedeutung für die Modellierung. δ beschreibt eine Funktion, welche Datenbankeinträge auf die zugehörigen Dienste abbildet.

SC führt im Sinne von *Service Combination* die eigentliche Kombination von Diensten aus. Dabei werden zwei Dienste auf einen zusammengesetzten Dienst abgebildet. Input und Output sind Funktionen, welche einen Dienst auf die Ein- bzw. Ausgabemenge der Datentypen abbilden, während Behave das Verhalten eines Dienstes angibt. SD_f und SD_l beschreiben den bei der Dekomposition eines zusammengesetzten Dienstes entstehenden ersten bzw. letzten Teil der aufgespaltenen Teildienste.

SDep ist schließlich eine Operation, welche die *Service Dependence* oder Dienstabhängigkeit von zwei Diensten angibt. Dabei besteht Dienstabhängigkeit genau dann, wenn der Output des ersten Dienstes disjunkt zum Input des zweiten Dienstes ist, wie in den anschließenden Gleichungen spezifiziert wird. Die übrigen Gleichungsrelationen beschreiben weitere Zusammenhänge, die aus dem Allgemeinverständnis folgen und formal angegeben sind.

Mit dieser Spezifikation der Dienstalgebra sind die in Abbildung 2.1 dargestellten Anforderungen an die Definition eines Dienstangebots erfüllt. Während Dienstangebotseigenschaften sowie Diensteigenschaftstyp später noch in die Spezifikation des Dienstes einbezogen werden, ist die Adresse, an welcher der Dienst angeboten wird, durch den Exporter gegeben. Die Signatur wird durch die Ein- und Ausgabeparameter dargestellt, das Verhalten durch den Ausdruck Behaviour. Die Umgebungsbedingungen sind durch den Kontext, in den das Dienstangebot geschrieben wird, dargestellt. Die Rolle entspricht immer einem Exporter.

Diese Dienstalgebra soll im folgenden an einem Beispiel erläutert werden, das in Abbildung 2.5 dargestellt ist.

Hierbei werden vier Dienstkomponenten miteinander kombiniert, so daß ein aus den Teildiensten zusammengesetzter Dienst entsteht. Dieser verfügt über eine höhere Funktionalität als die einzelnen Teildienste. Die entstehende Dienstalgebra ist in Abbildung 2.5 zusätzlich graphisch veranschaulicht.

2.2.2 Beschreibung von In- und Output eines Dienstes

Um die Aneinanderreihung bzw. parallele Ausführung hinsichtlich der Operation SC, d.h. dem `Service Combining` unterscheiden zu können, ist eine Betrachtung des Inputs und Outputs eines Dienstes notwendig. Diese Analyse charakterisiert die Art der Zusammensetzung entsprechend den im folgenden angegebenen Prinzipien.

2.2.2.1 Struktur der Dienstkomponente

Zunächst soll ein einfacher Dienst betrachtet werden, wie er beispielsweise aus der Generierung eines atomaren Dienstes aus einem Eintrag in einer Datenbank resultieren kann. Dieser Dienst ist gekennzeichnet durch sein Verhalten, seine Eingabedatentypen sowie die entsprechenden Ausgabedatentypen. Liegen nun zwei solche einfachen Dienste vor, die mittels der Operation SC miteinander kombiniert werden sollen, so werden die Ein- und Ausgaben mit Hilfe der in Abbildung 2.6 dargestellten Variablen gekennzeichnet.

Auf dieses Beispiel wird im folgenden noch eingegangen werden, wenn die Dienstalgebra in ihren speziellen Ausprägungen detaillierter betrachtet wird.

An dieser Stelle soll noch einmal auf die der Dienstalgebra zugrundeliegende Form der Input- und Outputbildung für kombinierte Dienste verwiesen werden. Während bei dem Input nur die Datentypen betrachtet werden, die aus der Umgebung der Dienstanbieter an diese weitergereicht werden, wird zu dem Output eines kombinierten Dienstes jeder Datentyp gezählt, der von irgendeinem Dienst, der ein Teildienst des kombinierten Dienstes ist, erzeugt wurde. Diese Outputs werden auch dann mit zum Gesamtoutput des kombinierten Dienstes gerechnet, wenn sie lediglich ein Input für einen nachfolgenden Dienst sind und letztendlich nur in dieser weiterverarbeiteten Form eine Rolle spielen.

Dieser Sachverhalt soll nun unter einem anderen Gesichtspunkt untersucht werden. Von Interesse ist bei dieser Darstellung, woher die beiden einzelnen Dienste ihre Eingabetypen für den Dienstimport beziehen. Der bei der Dienstkombination erste Dienst benötigt alle Diensteingabetypen von außerhalb; d.h., die Menge aller Eingabetypen des ersten Dienstes muß eine Teilmenge der Menge aller Eingabetypen des kombinierten Dienstes sein. Anders verhält es sich bei dem zweiten Teildienst. Dieser kann seine Inputdatentypen sowohl aus dem Input des kombinierten Gesamtdienstes erhalten als auch aus dem Output des ersten Dienstes. Ist die Schnittmenge zwischen Output des ersten Dienstes und Input des zweiten Dienstes leer, so heißen die beiden Teildienste parallel, d.h., die Dienste können unabhängig voneinander parallel abgearbeitet werden.

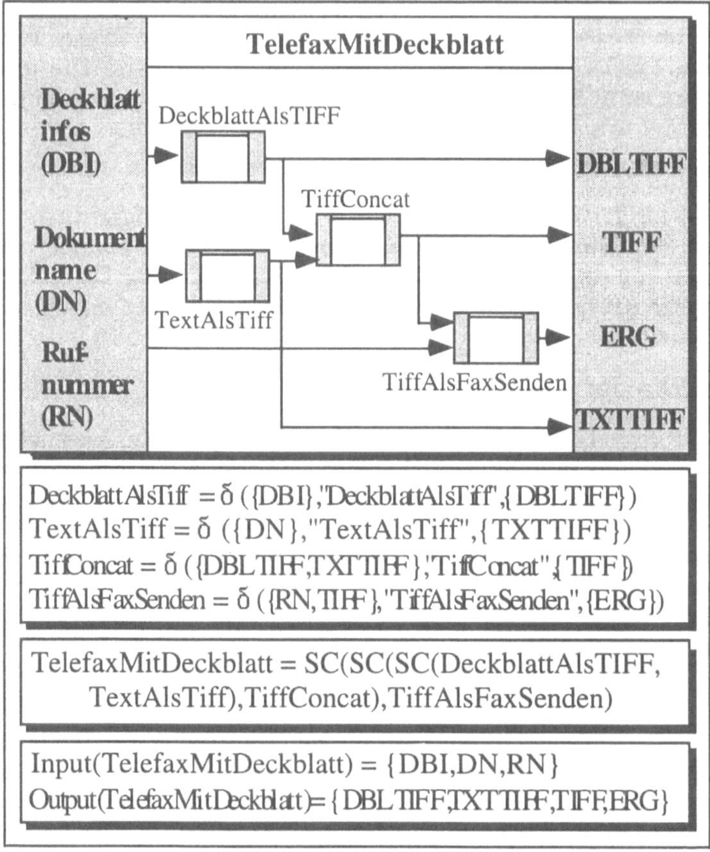

Abb. 2.5: Beispiel eines kombinierten Dienstes für einen Telefaxdienst

In Abbildung 2.6 ist ein Beispiel für die Kombination von zwei Diensten dargestellt. Im allgemeinen Fall würde eine ähnliche Struktur vorliegen, die Indizierung der In- und Outputs könnte jedoch variieren. Bezogen auf den in der Abbildung 2.6 beschriebenen Fall liegt Parallelität genau dann vor, wenn

$$\{O_{Ai}, ..., O_{Am}\} = \varnothing \ .$$

Auf spezielle Eigenschaften, die für parallele Dienste auftreten, wird in einem der folgenden Abschnitte noch näher eingegangen. Ist dies nicht der Fall, d.h., benötigt der zweite Dienst unbedingt Outputs des ersten Dienstes für seine weitere Verarbeitung, so spricht man von sequentiellen Diensten.

Um sequentielle von parallelen Diensten unterscheiden zu können, wird ein graphisches Hilfsmittel eingeführt, das den entsprechenden Zusammenhang auf einfache Art und Weise verdeutlicht. Dieses Hilfsmittel wird der Dienstabhängigkeitsgraph genannt und ist Gegenstand des folgenden Abschnitts.

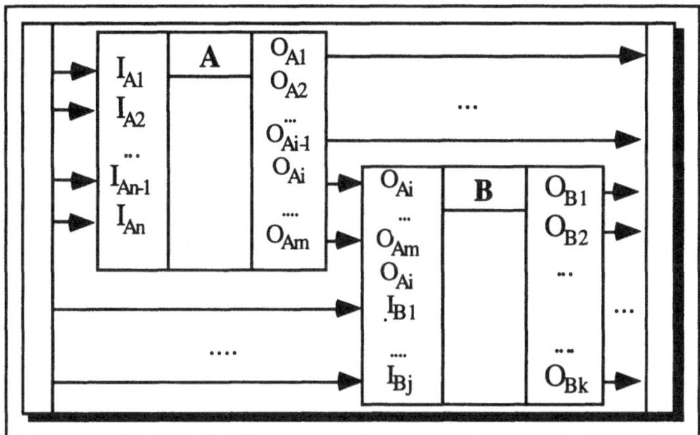

Abb. 2.6 : Beispiel für die Darstellung zweier einfacher Dienste, die miteinander kombiniert werden

2.2.2.2 Der Dienstabhängigkeitsgraph

Zur Darstellung der Reihenfolge, in der Dienste ausgeführt werden und zur graphischen Veranschaulichung des Zusammenhangs der zwischen den Diensten besteht, dient der Dienstabhängigkeitsgraph.

2.1 Dienstabhängigkeitsgraph:

Ein Dienstabhängigkeitsgraph (DAB) ist ein gerichteter azyklischer Graph mit Knoten $K = \{S \cup W \cup U\}$ sowie Kanten $N \subseteq K \times K$. Dabei bezeichnet S die Menge aller den Diensten zugeordneten Knoten, W und U sind zusätzliche Knoten. W wird Wurzelknoten und U Umgebungsknoten genannt.

Dabei tritt eine Kante auf, d.h. $(S_1, S_2) \in N$, genau dann, wenn

$$SDep(S_1, S_2) = TRUE \tag{2.1}$$

oder

$$Output(S_1) \cap Input(S_2) \neq \emptyset. \tag{2.2}$$

Zur Konstruktion eines DABen ist es demzufolge notwendig, paarweise alle Kombinationen von je zwei Diensten zu betrachten und zu entscheiden, ob zwischen ihnen eine Dienstabhängigkeit vorliegt, bzw. ob dies nicht der Fall ist. Abbildung 2.7 stellt den zugehörigen DABen des FAX-Beispiels dar.

Aus dieser Art des Herangehens resultiert die Idee, ausgehend von einer Adjazenzmatrix, eine überschaubarere Form der Untersuchung bzw. Konstruktion eines DABen zu erhalten. Mit diesem Sachverhalt beschäftigt sich der nächste Abschnitt.

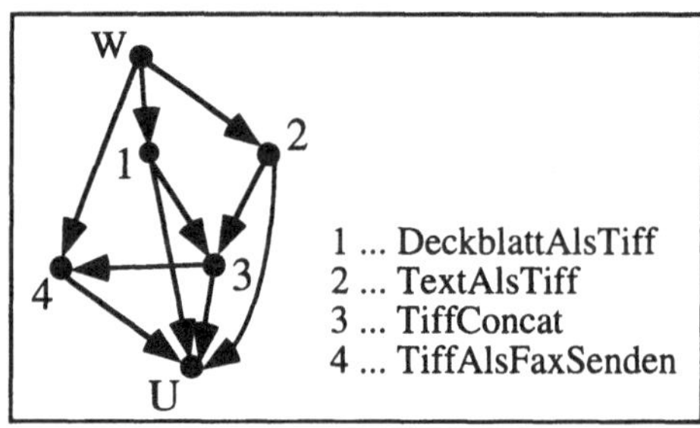

Abb. 2.7: Beispiel eines Dienstabhängigkeitsgraphen für den Telefaxdienst

2.2.2.3 Die Adjazenzmatrix

Die Adjazenzmatrix ist im Zusammenhang mit dem Dienstabhängigkeitsgraphen die gewöhnliche, aus der Graphentheorie bekannte Matrix, die in einem entsprechenden Feld a_{ij} angibt, ob eine Relation zwischen dem i-ten und j-ten Element besteht und dementsprechend im zugehörigen Graphen eine Kante vorliegt.

Die Adjazenzmatrix ist wie folgt definiert.

2.2 Adjazenzmatrix:
Sei $S = \{S_1, S_2, ..., S_n\}$ die Menge aller Dienste. Dann werden die Einträge a_{ij} der $((n+1)x(n+1))$-Adjazenzmatrix, die einem Graphen G zugeordnet ist, für $i \geq 0$ und $j \leq n-1$ definiert durch
$a_{ij} := 1$, falls Si und Sj in Relation zueinander stehen und
$a_{ij} := 0$, sonst.
Unter der Relation ist die in Abschnitt 2.2.2.2 in (2.1) und (2.2) definierte zu verstehen.

Für das Beispiel des Telefaxdienstes ist die zugehörige Adjazenzmatrix in Abbildung 2.8 dargestellt.

	1	2	3	4	U
W	1	1	0	1	0
1			1		1
2			1		1
3				1	1
4					1

Abb. 2.8: Adjazenzmatrix des Telefaxbeispiels

Für den Dienstabhängigkeitsgraphen besteht nun die Möglichkeit, eine Vereinfachung vorzunehmen. Für den Fall, daß eine zwischen zwei Knoten bestehende Kante auch durch einen Kantenzug innerhalb des Graphen ersetzt werden kann, der ebenfalls diese beiden Knoten verbindet, kann die ursprüngliche Kante weggelassen werden. Der neue Graph wird als reduzierter Dienstabhängigkeitsgraph (R-DAB) bezeichnet. Diese relativ einfache Regelung ermöglicht es, die Komplexität eines Graphen, d.h. die Anzahl seiner Kanten, z.T. deutlich zu reduzieren und damit eine größere Übersichtlichkeit zu gewährleisten. Für das bislang betrachtete Beispiel des Telefaxdienstes ist der reduzierte Dienstabhängigkeitsgraph in Abbildung 2.9 dargestellt.

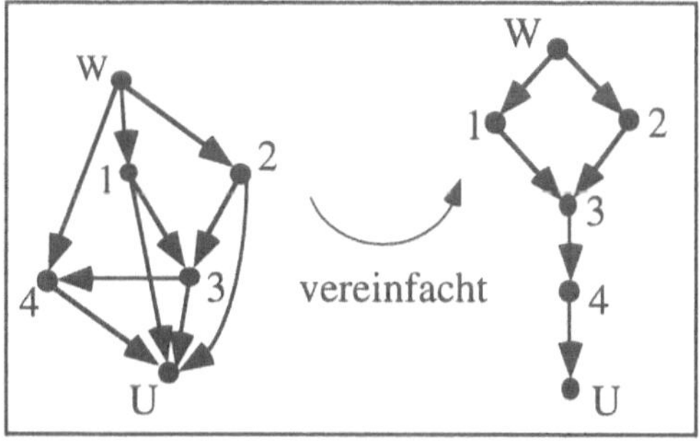

Abb. 2.9: Reduzierter Dienstabhängigkeitsgraph des Telefaxbeispiels

Bei der Reduzierung entsteht zwar eine höhere Übersichtlichkeit der Dienstabhängigkeit, dafür gehen aber auch Informationen verloren. Ist aus der ursprünglichen Darstellung noch ersichtlich, daß beispielsweise Dienst 4 Eingabedaten aus der Umgebung benötigt, so ist diese Information in der reduzierten Darstellung nicht mehr enthalten.

Werden nun zwei - möglicherweise schon zusammengesetzte - Dienste miteinander kombiniert, so besitzt jeder der DABen und auch der R-DAB dieser beiden Dienste einen Wurzel- und einen Umgebungsknoten. Eine andere Möglichkeit für das Auftreten mehrerer Wurzel- und Umgebungsknoten ist die Ersetzung eines Teildienstes in einem DABen durch einen bestehenden DABen, der wieder über Wurzel- und Umgebungsknoten verfügt. Bei der Darstellung der erneuten Dienstkombination dieser beiden Dienste soll jedoch der entstehende Dienstabhängigkeitsgraph wieder nur einen Wurzel- und genau einen Umgebungsknoten erhalten. Aus diesem Grund ist eine Reihe von Vereinbarungen zu treffen, in welcher Form je ein Wurzel- und ein Umgebungsknoten bei einer Kombination von mehreren Dienstabhängigkeitsgraphen übrig bleiben.

Zu dieser Zielsetzung gibt es mehrere verschiedene Vorgehensweisen. Die erste - und vielleicht auch einfachste Möglichkeit - besteht darin, die Erstellung eines DABen komplett neu zu entwickeln, d.h. für den resultierenden zusammengesetzten Dienst die entsprechende Adjazenzmatrix aufzustellen und den entsprechenden DABen sowie ggf. den R-DABen zu konstruieren.

Andere Möglichkeiten bestehen darin, Regeln für das Beseitigen von sogenannten Dummyknoten anzuwenden. Solche Regeln wurden beispielsweise in [Wa 94] entwickelt.

2.2.3 Eigenschaften der Dienstalgebra

Innerhalb dieses Abschnitts sollen verschiedene Eigenschaften der Dienstalgebra untersucht werden. Dabei besteht das Ziel, gleichartige Dienste erkennen zu können und außerdem bei einer Anfrage nach einem Dienst eine geeignete Suchstrategie zu erhalten, so daß Angebote entsprechender Dienste vorgeschlagen werden können. Im Hinblick dieser Aufgabenstellungen werden im folgenden einige Eigenschaften von Diensten definiert und entsprechende Sätze aufgestellt.

2.3 Dienstäquivalenz:

Zwei Dienste s und t sind dienstäquivalent, d.h. $s \equiv_D t$, genau dann, wenn
    Input(s) = Input(t),
    Output(s) = Output(t) und
    Behave(s) = Behave(t).

Diese Dienstäquivalenz ist eine Äquivalenzrelation, das heißt, es gelten die Eigenschaften der Reflexivität, Symmetrie und Transitivität. Demzufolge ist eine Äquivalenzklassenbildung möglich. Auf Grund der Trivialität soll an dieser Stelle auf den Beweis verzichtet werden.

Bei dieser Art der Darstellung entsteht das Problem einer Vereinfachung der Semantik von Diensten. Die uneingeschränkte Semantik eines Prozesses oder eines von einem Objekt angebotenen Dienstes ist letztendlich der Programmcode zur Implementierung des Dienstes selbst.

Um von dieser Komplexität der Betrachtungen zu abstrahieren, ist in diesem Fall davon ausgegangen worden, daß der Dienst durch einen Diensttyp bzw. ein Verhalten, das diesen Dienst vollständig beschreibt, zum Ausdruck gebracht wird. Diese Information ist in dem Behaviour der Dienstbeschreibung enthalten. Der hier gewählte Ansatz dieses 'Herunterbrechens' der Semantik geht auf einen Ansatz von [MaBl 92] zurück. Im Kontext von Multimediasystemen wurde die Komplexität ebenfalls dadurch reduziert, daß eine Abbildung von Informationen auf vereinbarte Begriffe vorgenommen wurde.

Ferner gilt die bedingte Kommutativität, d.h. die folgende Aussage.

2.4 Bedingte Kommutativität:
Seien s und t Dienste mit $SDep(s,t) = FALSE \land SDep(t,s) = FALSE$ und der Vereinbarung

$$Behave(SC(s,t)) = Behave(s) + '\_' + Behave(t) \lor Behave(t) + '\_' + Behave(s),$$

dann folgt: $SC(s,t) \equiv_D SC(t,s)$.

Der Beweis dieser Aussage folgt aus der in Abbildung 2.4 angegebenen Spezifikation der Dienstalgebra.

Hinsichtlich der Assoziativität kann die folgende Aussage gemacht werden.

2.5 Assoziativität:
Seien s und t Dienste. Dann gilt: $SC(s, SC(t,u)) \equiv_D SC(SC(s,t),u)$.

Der Beweis dieses Lemmas folgt durch Ausrechnen von Input, Output und Behaviour bezüglich der angegebenen geklammerten Terme. Wegen der Transitivität der Dienstäquivalenz ist die Aussage offensichtlich.

Die Dienstäquivalenz bezieht sich auf die Funktionalität der Dienste. Dies bedeutet nicht, daß die Dienste notwendigerweise identisch sein müssen. Zur Unterscheidung dieser Sachverhalte wird eine andere Eigenschaft definiert.

2.6 Dienstidentität:
Zwei Dienste s und t sind identisch, d.h. s=t, gdw.

1. $\exists D_1, D_2 \in ServiceComponent \land s=\delta(D_1) \land t=\delta(D_2) \rightarrow D_1=D_2$ oder

2. $\exists\ u,v,x,y \in Service,\ s=SC(u,v) \land t=SC(x,y) \rightarrow u=x \land v=y$.

Für den Zusammenhang zwischen der Dienstidentität und der Dienstäquivalenz gilt die folgende Aussage.

2.7 Zusammenhang Dienstidentität und -äquivalenz:
Sind s und t Dienste, so gilt: $s=t \rightarrow s \equiv_D t$.

Der Beweis dieses Lemmas folgt offensichtlich aus dem Sachverhalt, daß für identische Dienste die Gleichheit auch für Input, Output und Behaviour erfüllt ist.

Die beschriebene Form der Dienstalgebra kann noch um Diensteigenschaften und andere Größen erweitert werden. Dadurch wird die Auswahl der Dienste eingeschränkt, der Nutzer kann aber auch mehr auf den von ihm gewünschten Dienst fokussieren.

2.2.4 Anfrageauswertung bei Dienstkombination

Um im Rahmen der vorgestellten Modelle nach Diensten suchen zu können, ist eine Erweiterung der Dienstalgebra notwendig, die als `ServiceRequest` bezeichnet wird. Diese besitzt die folgende Form:

> **type** ServiceRequest **is** Service
> **opns**
> > Request: Set, Set → Service,
> > ServiceRequest: Set, Behaviour, Set → Service
> **eqns forall** S:Service, I, O: Set
> > Input(S) ⊆ I AND O ⊆ Output(S) AND Behave(S)=B
> > → ServiceRequest (I,B,O) = S;
> > Input(S) ⊆ I AND O ⊆ Output(S)
> > → Request (I,O) = S
> **endtype**

Damit ist das Problem des Suchens von geeigneten Diensten auf das Wortproblem der algebraischen Spezifikation abstrakter Datentypen zurückgeführt.

Auf die Untersuchung der Lösbarkeit dieses Problems soll an dieser Stelle nicht weiter eingegangen werden. Zum einen wäre dazu eine Einführung in ein breites Feld von bekannten Definitionen und Theorien notwendig, zum anderen wäre die Lösung auch nicht konstruktiv, so daß eine Realisierung ausgeschlossen ist.

Der Untersuchung, wann dieses Problem lösbar ist, und wann nicht, widmen sich zahlreiche Forschungsarbeiten, siehe z.B. [EGL 89], [EhMa 85] und [Kl 83].

2.3 Diensterbringung in Offenen Verteilten Systemen

Innerhalb dieses Abschnitts soll untersucht werden, inwiefern bei vorliegender Spezifikation einer Dienstanfrage ein Dienstangebot deren Anforderungen erfüllen kann und in der Lage ist, über eine gegebene Schnittstelle den entsprechenden Dienst zu erbringen. Insbesondere bei heterogenen Verteilten Systemen, d.h. wenn Schnittstellen unter Umständen nicht zueinander kompatibel sind, kann diese Aufgabenstellung zu großen Problemen führen.

Der Heterogenität von Schnittstellen widmen sich zahlreiche Arbeiten [GhYa 93], [IDV 94], [NBL+ 88], [NiGo 93a,b], [Gei 93]. Dabei wird jedoch in den meisten Forschungsergebnissen lediglich auf die Realisierung von Heterogenität für ganz bestimmte Spezialfälle von Systemkomponenten verwiesen [Gib 87], [KPS+ 93], [SiEb 93]. Ein allgemeiner Lösungsansatz wurde nicht untersucht.

Im folgenden werden zunächst Ansätze untersucht, die bereits Hilfsmittel für das sogenannte *Service Matching* darstellen. Insbesondere existieren einige Sprachen und Konstrukte, die versuchen, einen Ansatz für den entfernten Aufruf von unter Umständen heterogenen Prozessen zu liefern.

Daran anschließend wird eine Herangehensweise vorgestellt, welche ein Beitrag zur Überwindung von Heterogenität ist. Auch wenn dieses Verfahren nicht konstruktiv ist, so stellt es doch einen Beitrag zu dieser Problematik dar.

2.3.1 Ansätze zur Dienstbeschreibung und -erbringung

Ein weit verbreiteter Mechanismus zur Erbringung von Diensten in verteilten Anwendungen ist der *Remote Procedure Call* (RPC). Bereits Anfang der 80er Jahre wurde dieses Konzept eingeführt und in [Ne 81] als "die synchrone Kontrollfluß- und Datenübergabe in Form von Prozeduraufrufen und von aktuellen Parametern zwischen Programmen in unterschiedlichen Adreßräumen über einen schmalen Kanal" definiert.

Der RPC ist später insbesondere mit dem Client/Server-Modell in Beziehung gebracht worden, da durch das Zusammenwirken dieser beiden Komponenten die Möglichkeit besteht, seitens der Kunden Schnittstellenprozeduren oder Dienste zu nutzen, die von verschiedenen entfernten Servern zur Verfügung gestellt wurden und mittels des RPCs aufgerufen werden können [BiNe 84], [Rob 91].

Das Grundprinzip des RPCs ist in Abbildung 2.10 dargestellt. Dabei möchte ein Anwendungsprogramm eine entfernte Prozedur, d.h., den von einem Server bereitgestellten Dienst nutzen. Zu diesem Zweck transformiert der aufrufende Client den Aufruf in den Aufruf einer lokalen Systemprozedur innerhalb eines sogenannten Clientstubs. In der entsprechenden Komponente müssen Informationen darüber vorliegen, welcher Server die gesuchte Prozedur anbietet, auch wenn sich dieser Server möglicherweise auf dem gleichen physikalischen Rechner befindet. Der Clientstub hat dann gemäß [Sch 92d] die Aufgabe, den Aufruf zusammen mit einer Spezifikation der aufgerufenen Prozedur, einer eindeutigen Aufruferkennung, der Adresse des Zielrechners sowie den aktuellen Parametern in ein vereinbartes Übertragungsformat zu kodieren. Eine Kommunikationskomponente überträgt den kodierten Aufruf an den Zielknoten, wo dieser von einer entsprechenden Komponente empfangen und an den dortigen Serverstub übergeben wird.

Die Kommunikationskomponenten sind auch für das Routing und die Quittierung sowie Wiederholung von Übertragungspaketen zuständig. Der Serverstub dekodiert den Aufruf und die Parameter, sucht die entsprechende Aufrufadresse mittels einer Tabelle und ruft dann die gewünschte Prozedur auf. Im Anschluß daran werden die Rückgabeparameter zusammen mit der Aufrufkennung des Serverstubs wieder für die Übertragung kodiert und über die Kommunikationskomponente des Servers an den Client zurückgesendet. Nach einer dortigen Dekodierung seitens des Clientstubs übergibt dieser das Resultat an das Anwendungsprogramm.

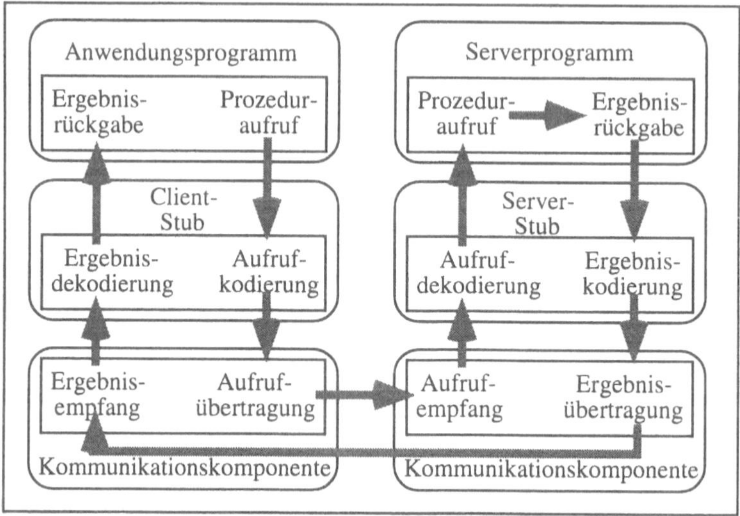

Abb. 2.10: Grundprinzip des RPCs

Während der gesamten Ausführung des entfernten Prozeduraufrufs ist das Anwendungsprogramm blockiert. Erst, wenn das Ergebnis dem Anwendungsprogramm übermittelt wird, kann dieses seine lokale Abarbeitung fortsetzen.

Zur Beschreibung von Schnittstellen wird bei RPC realisierenden Systemen eine *Interface Definition Language* (IDL) oder *Interface Definition Notation* (IDN) verwendet. Betrachtet man beispielsweise die DCE, so wird die IDL durch eine an C angelehnte, deklarative Beschreibungssprache realisiert. Ein IDL Compiler des DCE übernimmt die Übersetzung. Gemäß [Sch 93] werden als Resultat spezielle Routinen zur transparenten Aufrufübertragung und Ergebnisrückgabe, die oben bereits erwähnten Stubs, erzeugt. Da RPC-Schnittstellen innerhalb des gesamten Systems verwendet werden, müssen sie eindeutig identifiziert werden.

Auf weitere Grundlagen der Realisierung von RPCs im Kontext verteilter Betriebssysteme soll nicht eingegangen werden. Zu diesem Zwecke wird auf die Standardliteratur, z.B. [Ta 92], [SPG 91], [Go 91] und [St 94], verwiesen.

Ist nun Heterogenität unterschiedlicher Schnittstellen vorhanden, so genügt das Konzept des RPCs nicht mehr der auftretenden Komplexität. Aus diesem Grund soll im folgenden ein Ansatz zur Beherrschbarkeit der auftretenden Probleme vorgestellt und diskutiert werden.

2.3.2 Das Problem der Interoperabilität

Interoperabilität kann im Sinne der Austauschbarkeit verstanden werden. Im Zusammenhang der Dienstvermittlung ist darunter die Eigenschaft eines Dienstangebots zu verstehen, mit einer dienstsuchenden Schnittstelle in Wechselwirkung treten zu können. Der prinzipielle Ablauf dieses Vorgangs ist in Abbildung 2.11 dargestellt.

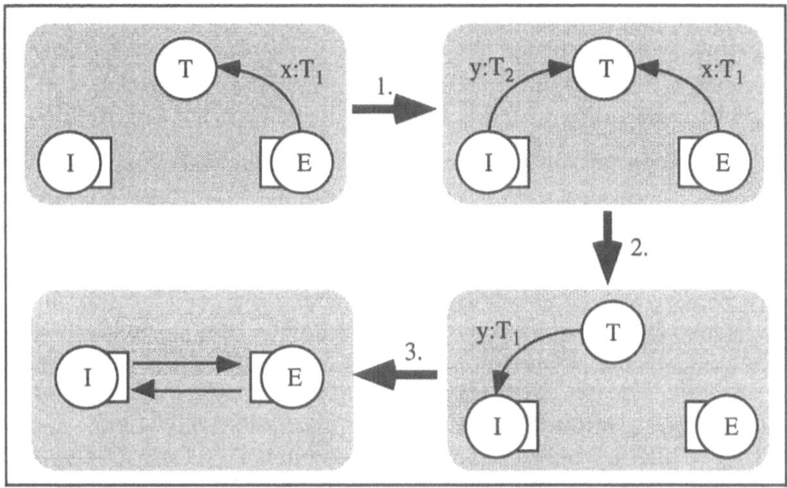

Abb. 2.11: Ablauf eines Schnittstellenbindings

Bietet ein Exporter einem Objekt T - später Trader genannt - eine Schnittstelle x vom Typ T_1 an und sucht ein sogenannter Importer nach einer Schnittstelle y vom Typ T_2, so muß sich der Importer den Restriktionen des Exporters anpassen, d.h., nur wenn die gewünschte Schnittstelle y auch vom Typ T_1 ist, dann kann dem Importerwunsch entsprochen werden und ein Binden zwischen Importer und Exporter erfolgen, d.h., der Importer den vom Exporter offerierten Dienst in Anspruch nehmen. Die Bedeutung der Importer-, Exporter- und Traderobjekte wird im dritten Kapitel noch genauer erklärt.

Bei diesem Vorgang soll im folgenden die Kontrolle, ob die angeforderte Schnittstelle bzw. der angeforderte Dienst y dem Dienstangebot vom Typ T_1 entspricht, näher betrachtet werden. Dieser Prozeß wird auch als *Interface Matching* bezeichnet. Ein treffender deutscher Ausdruck ist bislang noch nicht geprägt worden.

Da dieser Prozeß des *Interface Matchings* von recht hoher Komplexität ist, wird er in drei Stufen unterteilt. Diese sind in Abbildung 2.12 dargestellt. Die Bedeutung der Komponente *Federation Import Control* wird im Kapitel 4.1.1 ersichtlich, sie ist zum Verständnis der folgenden Überlegungen eher unerheblich.

Ein gegebenes *Service Directory* oder Dienstverzeichnis wird nacheinander auf geeignete Dienstangebote untersucht, die in Wechselwirkung mit der vom Importer geforderten Dienstanfrage treten können. Diese beschriebene Kontrollfunktion übernimmt ein sogenannter *Type Manager* oder Typmanager. Darunter ist ein Objekt zu verstehen, das eine Kontrolle über die Interoperabilität der Dienstangebote und -anfragen untersucht.

Zum Typmanagement gibt es bislang sehr wenige Untersuchungen. Außer den hier vorgestellten Ansätzen ist im Kontext des Tradings lediglich der Ansatz [IBR 94] bekannt, der das *Interface Matching* auf einen Vergleich von Termen 'herunterbricht', somit also keinen allgemeingültigen Ansatz anstrebt.

Im folgenden wird der eigentliche Prozeß in drei Stufen durchgeführt. Dabei ist der triviale Fall dadurch gekennzeichnet, daß beide Schnittstellen vollständig übereinstimmen. In diesem Fall treten keine Probleme auf, und das *Interface Binding* kann ausgeführt werden.

Ein zweiter Schritt betrifft eine Verallgemeinerung des ersten Falls. Ist ein angebotener Dienst komfortabler als ein angeforderter Dienst, so kann eine Projektion des angebotenen Dienstes ebenfalls den Anforderungen des gesuchten Dienstes genügen. Dieser Sachverhalt wird dadurch zum Ausdruck gebracht, daß der Input des angeforderten Dienstes umfassender ist, als der des gesuchten, so daß alle Eingabeparameter vorhanden sind, aber nicht notwendigerweise benötigt werden. Auf der anderen Seite muß der Output eines angebotenen Dienstes umfangreicher sein, als der des angeforderten Dienstes, so daß die entsprechende Projektion dieses bereitgestellten Dienstes den Anforderungen entspricht.

Schließlich soll noch ein dritter Fall untersucht werden. Besteht die Möglichkeit, die Ein- und Ausgabeparameter eines vorhandenen Dienstes so zu transformieren, daß die Transformation den bereitgestellten Ein- und Ausgabewerten entspricht, so ist auch diese Möglichkeit sinnvoll. Der zuvor betrachtete Fall ist dann ein Spezialfall dieser Transformation, den man dadurch erhält, daß die identische Funktion als Transformationsabbildung betrachtet wird. Der letztgenannte Fall ist jedoch auch der am schwierigsten handhabbare Fall. Da hierbei heterogene Komponenten in die Betrachtungen einbezogen werden, wird der Typmanager auch als *heterogener Typmanager* (HTM) bezeichnet. Im folgenden soll eine Methode zur Generierung der Transformationsfunktion T vorgestellt werden, die in den Gesamtprozeß des *Interface Matchings* eingebettet wird.

Die vom *Type Manager* ausgeführte *Type Management Function* ist für das *Interface Matching* von großer Bedeutung. Ein Binden kommt dabei gemäß [ODP Tr] nur zustande, wenn der *Importer Interface Type* ein Subtyp des *Exporter Interface Types* ist. Diese Kontrolle muß positiv abgeschlossen werden, bevor ein Binden der Schnittstellen erfolgen kann. Aus diesem Grund werden in [ODP Tr] sogenannte *Interface Subtyping Rules* informell angegeben. Die Beschreibung der Schnittstellensyntax ist als Signatur angegeben.

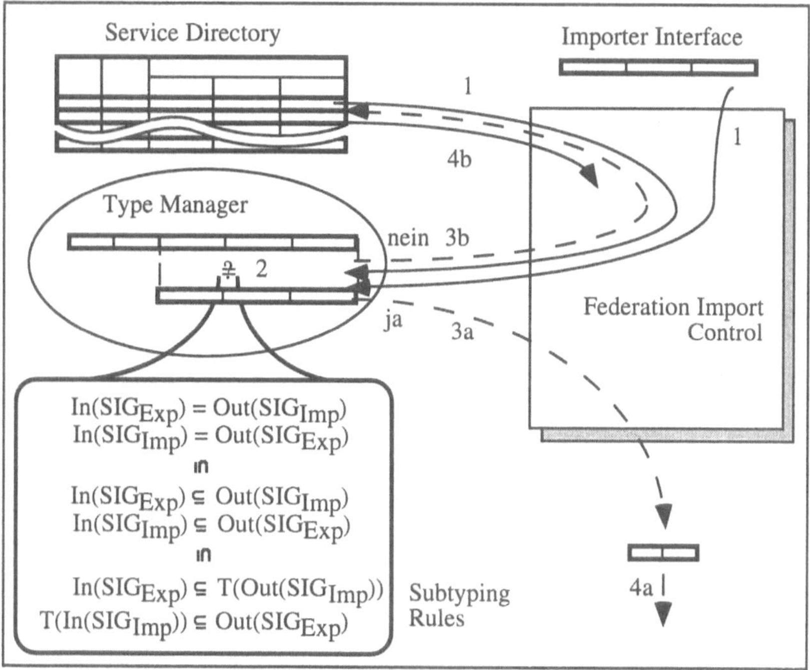

Abb. 2.12: Der dreistufige Ansatz des *Interface Matchings*

Eine operationale Schnittstelle X ist gemäß [ODP Tr] ein Subtyp einer Schnittstelle Y, wenn beispielsweise

- für jede Operationssignatur in Y eine Operationssignatur in X existiert, die Operationen mit dem gleichen Namen definiert,
- für jede Signatur in Y die entsprechende Signatur X die gleiche Anzahl und Bezeichnung von Argumenten hat,
- für jede Signatur in Y jeder Argumenttyp eine Subtyp des entsprechenden Argumenttyps der entsprechenden Signatur in X ist,
- für jede Signatur in Y jeder Ergebnisparametertyp, welcher der entsprechenden Signatur in X zugeordnet ist, ein Subtyp des Ergebnisparametertypen ist, welcher der Signatur Y zugeordnet ist.

Diese Aufzählung von Subtypbedingungen ist nicht vollständig, vermittelt jedoch einen Überblick über die Art der Subtypbeziehung.

Im folgenden wird ein formaler Ansatz zur Realisierung von Subtypbeziehungen beim *Interface Matching* vorgestellt. Dieser Ansatz ist algebraisch und nutzt das Konzept der konkreten und abstrakten Datentypen. Dabei wird als Signatur der in der Algebra eingeführte Begriff zugrunde gelegt.

Die folgenden grundlegenden Ausführungen basieren auf den in [EhMa 85] und [Kl 83] verwendeten Begriffen und Schreibweisen, bevor dann konkret auf das *Interface Matching* eingegangen wird.

2.8 Signatur:

Eine *Signatur* ist ein geordnetes Paar SIG = $\langle$S,OP$\rangle$. S ist eine Menge von Sorten und OP eine Mengenfamilie OP = $(OP^{(w,s)})_{w \in S^*, s \in S}$. Die Elemente von OP werden als Operationssymbole bezeichnet.

Zu jeder Signatur können SIG-Algebren konstruiert werden, indem man jeder Sorte eine Menge und jedem Operationssymbol eine Operation zuordnet. Dabei ist eine eindeutige Abbildung vorhanden, d.h. jeder SIG-Algebra kann in eindeutiger Weise eine Signatur SIG zugeordnet werden, aber nicht umgekehrt.

2.9 SIG-Algebra:

SIG = $\langle$S,OP$\rangle$ sei eine Signatur und $A = (A^s)_{s \in S}$ eine Mengenfamilie. Definiere $A^\varepsilon := \{\emptyset\}$ (ε ist dabei die leere Folge) und $A^{w,s} := A^w x A^s$, $w \in S^*$, $s \in S$. $\{\emptyset\} x A^s$ wird mit A^s identifiziert. Für jedes Operationssymbol wird ferner eine Abbildung $F_A: A^w \to A^s$ definiert. Dann ist $\mathbf{A} := ((A^s)_{s \in S}; \{F_A \mid F \in OP\})$ eine *SIG-Algebra*.

Um eine Relation zwischen zwei Algebren zu definieren, wird der Begriff des Homomorphismus eingeführt.

2.10 SIG-Homomorphismus:

Sei SIG = $\langle$S,OP$\rangle$ eine Signatur, $\mathbf{A}$ und $\mathbf{B}$ seien SIG-Algebren, f: A -> B eine Funktion mit $f(A^s) \subseteq (B^s)$ für alle $s \in S$. $f^w: A^w \to B^w$ definiert Funktionen durch $f^\varepsilon(\emptyset) = \emptyset$ und $f^{w,s}(\mathbf{a},a) := (f^w(\mathbf{a}),f(a))$ für $\mathbf{a} \in A^w$, $a \in A^s$. f ist ein *Homomorphismus* von $\mathbf{A}$ nach $\mathbf{B}$ genau dann, wenn

$$f \circ F_A = F_B \circ f^w \quad \text{für alle } F \in OP^{(w,s)}.$$

Auf diesen Definitionen aufbauend ist es möglich, eine Menge von Termen zu definieren.

2.11 SIG-Terme:

Sei SIG = $\langle$S,OP$\rangle$ eine Signatur, $X = (X^s)_{s \in S}$ eine Mengenfamilie von Variablen. Die Menge $T_{SIG}(X)$ der *SIG-Terme* über X ist dann definiert als kleinste Mengenfamilie $T_{SIG}(X) = (T_{SIG}(X)^s)_{s \in S} \subseteq (OP \cup X)^*$ mit folgenden Eigenschaften:

- für alle $x \in X^s$ ist $x \in T_{SIG}(X)^s$,
- für alle $F \in OP^{(\varepsilon,s)}$ ist $F \in T_{SIG}(X)^s$,
- $F \in OP^{(s1...sn,s)}$ und $t_i \in T_{SIG}(X)^{si}$ für i=1, ..., n implizieren, daß
  $Ft_1...t_n \in T_{SIG}(X)^s$.

Diese Mengenfamilie kann selbst zu einer SIG-Algebra gemacht werden, der sogenannten SIG-Termalgebra. Dazu besteht die Notwendigkeit, Operationen zwischen den Mengen von Termen zu definieren. Diese Operationen basieren auf der Repräsentantentreue der Terme, d.h., bildet eine Operation Sorten w auf die Sorte s ab, so ist auch die Verknüpfung von den Termen der Sorte w mit dem entsprechenden Operationssymbol ein Term der Sorte s.

2.12 SIG-Termalgebra:

Sei SIG = <S,OP> eine Signatur. Die Menge $T_{SIG}(X)$ kann dann zu einer *SIG-Algebra* $\mathbf{T_{SIG}(X)} := ((T_{SIG}(X)^s)_{s \in S} ; \{F_T \mid F \in OP\})$ durch die folgenden Definitionen und Operationen für jedes Operationssymbol gemacht werden:

- für alle $F \in OP^{(\varepsilon,s)}$ ist $F_T := F$ und
- für alle $F \in OP^{(s1...sn,s)}$ ist $F_T : T_{SIG}(X)^{s1} \times ... \times T_{SIG}(X)^{sn} \rightarrow T_{SIG}(X)^s$
  definiert durch $F_T(t_1...t_n) := Ft_1...t_n$ mit $t_i \in T_{SIG}(X)^{si}$.

Diese Terme werden nun genutzt, um Gleichungen zu definieren.

2.13 SIG-Gleichungen:

Sei SIG = <S,OP> eine Signatur, $X=(X^s)_{s \in S}$ eine Mengenfamilie von Variablen. $E = (E^s)_{s \in S}$ mit $E^s \subseteq T_{SIG}(X)^s \times T_{SIG}(X)^s$ ist dann die Menge der *SIG-Gleichungen* oder einfach Gleichungen.

Hieraus kann die Definition einer algebraischen Spezifikation abgeleitet werden. Diese ist in der folgenden Art und Weise definiert.

2.14 Algebraische Spezifikation:

Eine *Algebraische Spezifikation* (AS) ist ein geordnetes Paar AS = <SIG,E>, das aus einer Signatur SIG und einer Gleichungsmenge E besteht.

Um Terme klassifizieren zu können, wird eine Relation auf E und SIG definiert.

2.15 Relation $\#_{E,SIG}$:

Eine Menge von SIG-Gleichungen E induziert eine *Relation* $\#_{E,SIG}$ auf der Termalgebra $T_{SIG}(\varnothing)$ durch die folgende Definition:

$t_1 \#_{E,SIG} t_2 \Leftrightarrow$ es existiert eine Gleichung $(t_3,t_4) \in E$ und eine Operation
f: $X \rightarrow T_{SIG}(\varnothing)$ mit

$$t_1 = \hat{f}(t_3) \text{ und } t_2 = \hat{f}(t_4).$$

$$\text{Dafür ist } \hat{f}: T_{SIG}(X) \rightarrow T_{SIG}(\varnothing) \text{ definiert durch}$$

$$\hat{f}(t) = \begin{cases} f(x) & \text{für } t = x \in X \\ F_A & \text{für } t = F \in OP^{(\varepsilon, s)} \\ F_A(\hat{f}(t_1), ..., \hat{f}(t_n)), & \text{für } t = Ft_1...t_n. \end{cases}$$

Um eine Äquivalenzrelation ~ auf $\mathbf{T_{SIG}}(\varnothing)$ zu generieren, wird eine reflexive, symmetrische und transitive Relation basierend auf $\#_{E,SIG}$ definiert.

2.16 Äquivalenzrelation ~:

$t_1 \sim t_2 \Leftrightarrow$ 1. $t_1 = t_2$ oder
2. $t_1 \#_{E,SIG} t_2$ oder $t_2 \#_{E,SIG} t_1$ oder
3. es existiert ein Term $t_3 \in T_{SIG}(\varnothing)$, so daß $t_1 \sim t_3$ und $t_3 \sim t_2$

Wegen der Äquivalenzeigenschaft dieser Relation ist eine Klassifikation der Terme $\mathbf{T_{SIG}}(\varnothing)$ in Äquivalenzklassen möglich.

2.17 Äquivalenzklassensystem:

Sei ~ eine Äquivalenzrelation auf $\mathbf{T_{SIG}}(\varnothing)$. Für jedes $t \in T_{SIG}(\varnothing)$ kann eine Äquivalenzklasse $[t] = \{t' \in T_{SIG}(\varnothing) \mid t \sim t'\}$ definiert werden. Dann heißt das System $T_{SIG}(\varnothing)/\sim := \{[t] \mid t \in T_{SIG}(\varnothing)\}$ das System der Äquivalenzklassen von ~.

Nun besteht die Möglichkeit, eine Kongruenzrelation $=_E$ zu definieren, welche durch die Äquivalenzrelation ~ induziert wird.

2.18 Kongruenzrelation $=_E$:

Sei $\mathbf{T_{SIG}}(\varnothing)$ eine SIG-Algebra, E eine Menge von SIG-Gleichungen und ~ eine Äquivalenzrelation. Dann kann eine *Kongruenzrelation* $=_E$ durch folgende Relationen definiert werden:

$t_1 =_E t_2 \Leftrightarrow t_1 \sim t_2$ oder
$t_1 = F_A(a_1, ..., a_n)$ und $t_2 = F_A(b_1, ..., b_n)$ für
$F \in OP^{(s1...sn,s)}$, $a_i, b_i \in A^{si}$ und $a_i =_E b_i$.

Um Operationen auf den Kongruenzklassen zu definieren, wird eine Operation in Abhängigkeit von Repräsentanten der Kongruenzklasse definiert. Daraus entsteht eine neue Algebra, die sogenannte Quotiententermalgebra (QTA).

2.19 Quotiententermalgebra:

Die *Quotiententermalgebra* $\mathbf{Q(SPEC)}$ = <D,O> einer Datentypspezifikation SPEC = AS = <S,OP,E> ist eine SIG-Algebra, die definiert ist durch

1. $D = (D^s)_{s \in S}$ wobei $D^s = \{[t] \mid t \in T_{SIG}(\varnothing)^s\}$ gemäß $=_E$;
2. $O = (f^{op})_{op \in OP}$ wobei jede Operation $f^{op}: D^{s1} \times ... \times D^{sn} \rightarrow D^s$ definiert ist durch

$f^{op}([t_1], ..., [t_n]) = [op(t_1, ..., t_n)]$ für alle $[t_i] \in D^i$, $i = 1, ..., n$.

Diese Algebra ist das semantische Modell der Datentypspezifikation SPEC. Es basiert auf der Klassenstruktur der Termmengen, d.h., D ist eine Menge von Elementen, die selbst wieder Mengen sind.

Datentypen und Datenstrukturen sind fundamentale Konzepte von Programmierungs- und Spezifikationssprachen. Unglücklicherweise ist bislang keine einheitliche Teminologie in der Literatur eingeführt worden. Eine Sammlung von Datenbereichen und Operationen wird gewöhnlich Datentyp oder Datenstruktur genannt.

Im hier vorliegenden Fall werden als Datenstrukturen der Objektschnittstellen die Algebren betrachtet, die auch als Basis des heterogenen Typmanagers dienen. Wird bei einer Dienstanfrage diese mit einem vorhandenen Dienstangebot auf Kompatibilität geprüft, so macht der heterogene Typmanager zwei Dinge: er überprüft, ob ein *Matching* der Schnittstellen möglich ist, so daß ein späteres Binding erfolgen kann, und er berechnet eine Transformationsfunktion, so daß die Importerschnittstelle auf die Exporterschnittstelle abgebildet werden kann.

Wenn eine Algebra mit einem Konkreten Datentyp (*Concrete Data Type*, CDT) verglichen werden kann, so entspricht das Modell eines Abstrakten Datentypen (*Abstract Data Type*, ADT) einer Quotiententermalgebra. Das Prinzip eines heterogenen Typmanagers ist in Abbildung 2.13 dargestellt. Der CDT der Importerschnittstelle wird dabei auf den zugeordneten ADT abgebildet, der unabhängig von Syntax und Implementierungsdetails ist. Hat dieser ADT ein homomorphes Verhalten bezüglich des ADTs des Exporters, so ist die Kombination dieser drei im folgenden vorgestellten Abbildungen die Transformation von der Exporter- auf die Importerschnittstelle.

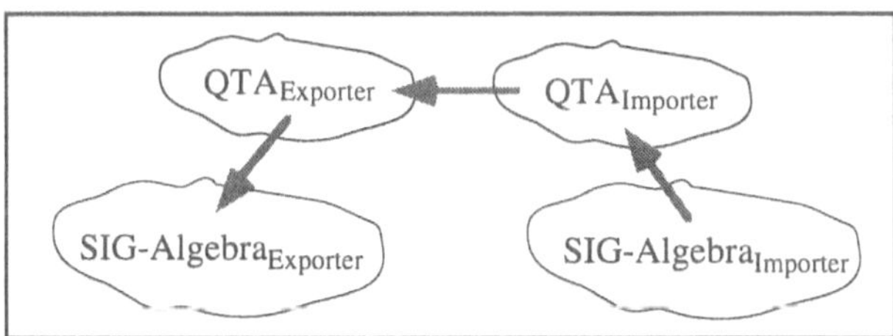

Abb. 2.13: Funktionsweise eines heterogenen Typmanagers

Betrachtet man diesen Gesamtprozeß, so treten dabei insbesondere zwei Probleme auf:

- das erste Problem besteht darin, den CDT einer Algebra auf den entsprechenden ADT abzubilden, und
- das zweite Problem ist mit dem Finden einer Relation zwischen beiden QTAs verbunden.

Bezüglich des zuerst erwähnten Problems wird im folgenden eine Funktion g betrachtet, die eine Algebra auf ihre entsprechende Quotiententermalgebra abbildet.

2.20 Funktion g:

Gegeben sei eine Algebra $\mathbf{B} := (\ (B^s)_{s \in S};\ \{G_B\ |\ G \in OP\})$. Es wird eine Funktion g: $\mathbf{B}$ -> SIG durch g(B^s)=s, $s \in S$ und g(G_B) = G, $G \in OP$ definiert. SIG = <S,OP> ist die entsprechende Signatur der Algebra $\mathbf{B}$. E bezeichnet die Menge der Gleichungen, die von der Funktion G der Algebra erfüllt werden. SPEC = (SIG, E) ist eine Spezifikation, die zu der Algebra $\mathbf{B}$ gehört. Dann ist $\mathbf{Q(SPEC)} = (\ (C^s)_{s \in S};\ \{f_{op}\ |\ op \in OP\})$ die entsprechende Quotiententermalgebra, die zur Algebra $\mathbf{B}$ gehört.

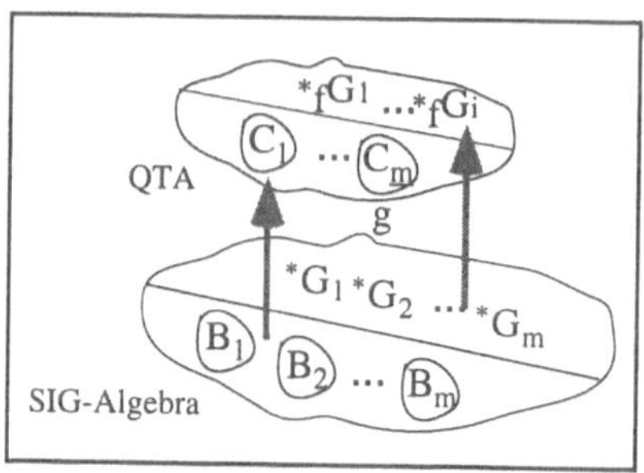

Abb. 2.14: Die Wirkungsweise der Funktion g

Diese Funktion g ist in Abbildung 2.14 noch einmal veranschaulicht. Nun soll das oben erwähnte zweite Problem gelöst werden, d.h., eine Relation zwischen den beiden Quotiententermalgebren gefunden werden. Die Lösung dieses Problems wird darauf zurückgeführt, die Thematik des Homomorphismus zwischen zwei Algebren zu untersuchen.

2.21 Homomorphismus von C auf D:

Sei SIG = <S,OP> eine Signatur, $\mathbf{C}$ und $\mathbf{D}$ seien SIG-Algebren, h: C -> D eine Funktion mit $h(C^s) \subseteq (D^s)$ für alle $s \in S$. h^w: C^w -> D^w definiert Funktionen durch $h^\varepsilon(\emptyset) = \emptyset$ und $h^{w,s}(\mathbf{c},c) := (h^w(\mathbf{c}),h(c))$ für $\mathbf{c} \in C^w$, $c \in C^s$. h ist ein *Homomorphismus* von $\mathbf{C}$ nach $\mathbf{D}$ genau dann, wenn

$$h \circ F_C = F_D \circ h^w \qquad \text{für alle } F \in OP^{(w,s)}.$$

Ist h ein Isomorphismus, so ist es möglich, $\mathbf{C}$ auf $\mathbf{D}$ abzubilden, und umgekehrt bildet h^{-1} die QTA $\mathbf{D}$ auf die QTA $\mathbf{C}$ ab. Abbildung 2.15 veranschaulicht diese Verfahrensweise.

Bildet h $\mathbf{C}$ in $\mathbf{D}$ ab, so ist h lediglich ein Homomorphismus. In diesem Fall wird jedoch eine Teilmenge von $\mathbf{D}$ betrachtet, so daß h $\mathbf{C}$ auf $h(C) \subseteq D$ abbildet. Umgekehrt bildet h^{-1} dann auch h(C) auf $\mathbf{C}$ ab, vergleiche Abbildung 2.16.

Betrachtet man nun die zu Beginn dieses Abschnitts angeführten Bedingungen für das *Interface Matching,* so muß die Exporterschnittstelle ein Subtyp der Importerschnittstelle sein.

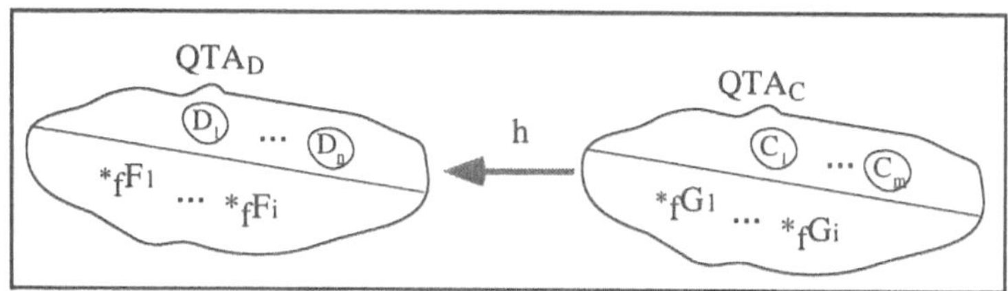

Abb. 2.15: Der Isomorphismus h zwischen zwei Quotiententermalgebren

Aus diesem Grund müssen Subtypen der Schnittstellen des Importers untersucht werden. Abbildung 2.17 stellt eine Algebra **A** dar, die aus n Sorten besteht. $A_1, A_2, ..., A_n$ bezeichnen die Trägermengen dieser Sorten.

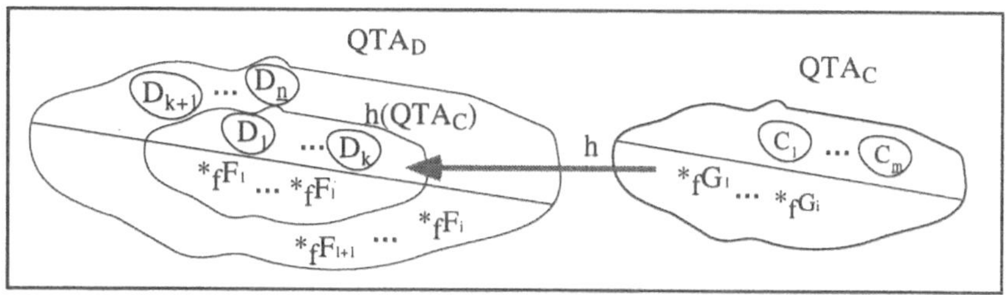

Abb. 2.16: Die Funktion h als Homomorphismus zwischen zwei
Quotiententermalgebren

Die Abbildung f bildet die Algebra **A** auf ihre zugehörige Quotiententermalgebra **D** mit den Mengen $D_1, D_2, ..., D_k$ ab. f^{-1} definiert eine Unteralgebra mit den Trägermengen $A_1, A_2, ..., A_k$ und den zugeordneten Funktionen $F_1, F_2, ..., F_l$. Dieses Prinzip liegt dem HTM zugrunde.

Abbildung 2.18 faßt diese beschriebenen Abbildungen noch einmal zusammen. Innerhalb des heterogenen Typmanagers wird zunächst die Importerschnittstelle als eine Algebra betrachtet, die aus den Mengen $A_1, A_2, ..., A_n$ besteht sowie den Funktionen $F_1, F_2, ..., F_i$ auf diesen Mengen. Eine Funktion f bildet diese Algebra auf die entsprechende Quotiententermalgebra **D** ab, wie oben beschrieben wurde. In der gleichen Art und Weise existiert auch eine Funktion g, welche die Algebra der Exporterschnittstelle abbildet. Es ist nun notwendig, daß die Importerschnittstelle ein Subtyp der Exporterschnittstelle ist. Bezüglich des HTMs besteht die Aufgabe, eine Funktion h zu finden, welche die Quotiententermalgebra des Importers, d.h. QTA_{Imp}, in die Quotiententermalgebra des Exporters, d.h. QTA_{Exp}, so abbildet, daß $h(\text{SIG}_{\text{Imp}}) \subseteq \text{SIG}_{\text{Exp}}$. Im einfachsten Fall kann die Identität als eine solche Funktion h dienen. Auf weitere Verfahren zum Finden einer solchen Funktion wird später eingegangen.

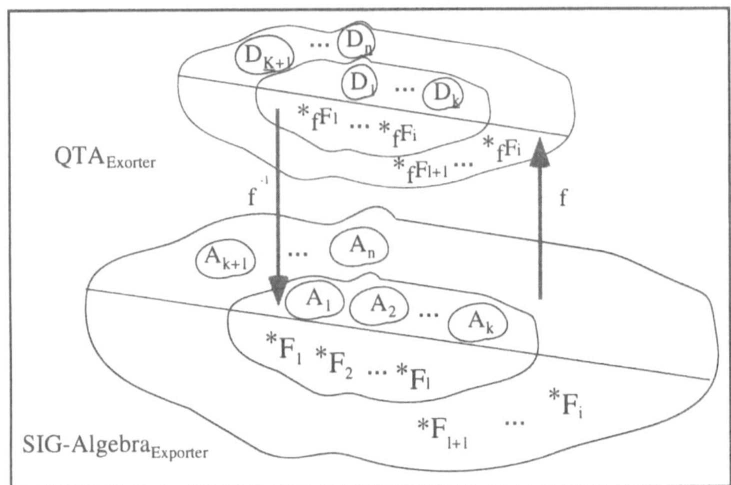

Abb. 2.17: Abbildung einer Algebra auf ihre QTA

Sind die Funktionen f, g und h bestimmt worden, so untersucht der HTM, ob die Funktion m: $\text{Alg}_{\text{Imp}} \rightarrow \text{Alg}_{\text{Exp}}$ mit $m := g \circ h \circ f^{-1}$ ein Homomorphismus ist. Im schlechtesten Fall ist es nicht möglich, eine Abbildung h zu finden, bzw. die zusammengesetzte Funktion m ist kein Homomorphismus. Dann besteht auch keine Möglichkeit für ein *Interface Matching* und ein späteres Binden. Der Rückgabewert des Typmanagers ist die logische Variable FALSE.

Erfüllt die Funktion m die Homomorphieeigenschaft, so kann m als Transformationsfunktion für heterogene Datentypen dienen. Der Exporter besitzt die Möglichkeit, mit der Funktion m^{-1}: $m(\text{Alg}_{\text{Imp}}) \rightarrow \text{Alg}_{\text{Imp}}$ wobei $m(\text{Alg}_{\text{Imp}}) \subseteq \text{Alg}_{\text{Exp}}$ mit $m^{-1} = (g \circ h \circ f^{-1})^{-1} = f \circ h^{-1} \circ g^{-1}$ ist, seine Schnittstellenoperationen in Exporteroperationen zu transformieren, so daß ein Binden zwischen Importer und Exporter möglich wird. In diesem Fall ist der Importer in der Lage, Dienste des Exporters zu importieren.

Betrachtet man den vorgestellten Algorithmus nun hinsichtlich der Implementierung, so ist das vorgestellte Verfahren bedauerlicherweise nicht konstruktiv. Dieser Sachverhalt führt dazu, daß eine Reduktion vom formal korrekten Blickpunkt vorgenommen wird, um zu einem eher ergebnis- und implementierungsorientierten Blickpunkt überzugehen.

Um die Funktionalität eines HTMs - und insbesondere die Komponenten der Transformationsfunktion - zu realisieren, ist es z.Z. noch notwendig, eine Strategie, die eher einem Ausprobieren entspricht, anzuwenden. Daher wird im folgenden zunächst die Annahme gemacht, nur endliche Algebren, d.h. Algebren mit einer endlichen Menge von Sorten und Operationen, zu betrachten.

Innerhalb des reduzierten Problems soll zunächst von dem Fall ausgegangen werden, daß die Anzahl der Sorten und Operationen in den Algebren sowohl der Importer- als auch der Exporterschnittstelle gleich sind und ebenso in den zugehörigen Quotiententermalgebren. Das Ausprobieren besteht nun darin, daß zunächst alle Standarddatentypen herausgesucht werden, bei denen eine Abbildung bekannt ist. Danach werden alle möglichen Zuordnungen der Importer- zu den Exportersorten untersucht und ebenso alle möglichen Zuordnungen der Importer- zu den Exporteroperationen. Im Falle von n Sorten würden dann n! Möglichkeiten bestehen, diese aufeinander abzubilden, entsprechend resultieren aus i Operationen i! Zuordnungsmöglichkeiten. Zusammen ergibt dies i!*n! zu untersuchende Fälle. Eine Fallstudie ist dadurch möglich, daß das Verhalten des Homomorphismus getestet wird.

Der zweite Fall betrachtet das Vorhandensein von anzahlmäßig mehr Sorten bzw. Operationssymbolen in der Importerdatenstruktur. Ausgehend von n Importern und m Exportern gibt es n*(n-1)* ...* (n-m+1) Fälle, die zu untersuchen wären. Im Spzialfall n=m ergibt dies wieder das bekannte Ergebnis n*(n-1)* ...* (n-n+1) = n!.

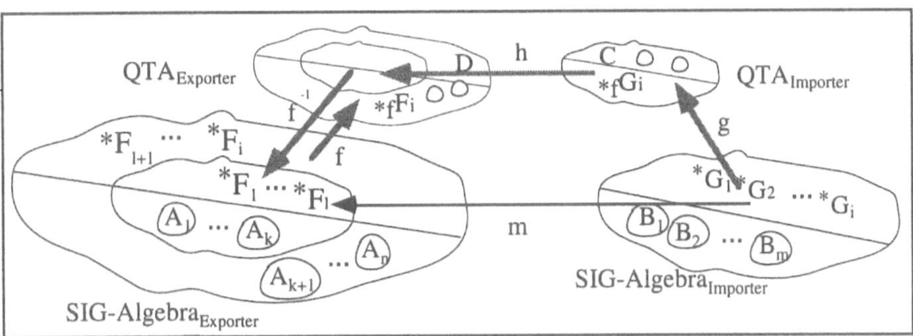

Abb. 2.18: Die Funktionalität eines HTMs

Als Ausgangspunkt für einen Implementierungsansatz war es lediglich möglich, die Algebren ohne ihr zugeordnetes semantisches Modell zu betrachten. Weitere Untersuchungen müßten hierauf aufbauend die Funktionen f und g untersuchen. Denkbar wäre es, einen Katalog von semantisch äquivalenten Datentypen und Operationen zu definieren, welcher der Abbildung g zugrunde gelegt wird.

Die Realisierung eines heterogenen Typmanagers - aufbauend auf den hier vorgestellten algebraischen Modellen - wird Gegenstand der zweiten Phase eines DFG-Forschungsprojekts dem Kennwort "ODP-Trader" sein. Die Konkretisie-

rung und Anwendung dieses Konzepts würde den Rahmen des vorliegenden
Buchs sprengen, sie ist mit mehreren Jahren Forschung geplant.

Wenn man davon ausgeht, daß diese Funktionalität innerhalb des ODP-Traders
(der in seiner Eigenschaft als Objekt, das die Dienstvermittlung unterstützt, im
nächsten Kapitel vorgestellt wird) mit bereitgestellt wird, so soll abschließend
noch der Einsatz dieser hier vorgestellten Dienstleistungen diskutiert werden.

Sicherlich wird durch die Funktionalität der mit dem Trader verbundenen Objekte ein so breites Spektrum abgedeckt, daß dieses in seiner vollen Funktionalität gar nicht genutzt werden kann. Auf der anderen Seite wird der Trader den
seitens der Anwendungen gestellten Anforderungen auch gar nicht vollständig
nachkommen können. Somit kann das hier vorgestellt *Interface Matching* zwar
eine Unterstützung bei Problemstellungen der Anwendung leisten, wird jedoch
die Notwendigkeit weiterer, problembezogener Konzepte nicht ausschließen.

Traderarchitekturen basierend auf ODP

Während im vorangegangenen Abschnitt Dienste, ihre Verknüpfung sowie Möglichkeiten zur Beschreibung und zum Aufruf von Diensten vorgestellt wurden, soll nun auf Architekturen zur Vermittlung von Diensten eingegangen werden. Wird die als Client/Server-System bekannte Struktur um eine dienstvermittelnde Komponente erweitert, so spricht man von einem Importer/Exporter/Trader-System. Ausgangspunkt ist im folgenden der Trader in der im ODP-Referenzmodell vorgestellten Art und Weise.

Hierbei spielt insbesondere die Strukturierung der Dienstangebote eine entscheidende Rolle, ferner wird neben der internen Darstellung von Diensten auf die vom Trader angebotenen Funktionen eingegangen. Die Einbettung eines Traders in eine verteilte Umgebung ist besonders entscheidend, wenn der Trader nicht in der Lage ist, die an ihn gerichteten Dienstanfragen positiv zu bearbeiten. In diesem Falle kommt es im günstigen Fall zu einem Föderationsvertrag mit einem entfernten Trader. Dieser Vertrag ermöglicht es dem initiierenden Trader, seinen Dienstangebotsbereich zu erweitern und auf die Angebote der im Vertrag verbundenen Trader zuzugreifen.

3.1 Aufgaben und Wirkungsprinzip eines ODP-Traders

Die Zielsetzungen der Arbeiten zum ODP-Trader bestehen gemäß [ODP Tr] und [PSW 95] in folgenden Aufgaben:

- Der grundlegende Tradingdienst ist zu definieren. Ferner sind Modellierung, Architektur, Dienste, Protokolle und Konformitätspunkte für den

ODP-Trader zu beschreiben. Dabei ist eine Einordnung in den Kontext des ODP-Referenzmodells vorzunehmen.

- Die Schnittstellen, welche der ODP-Trader seiner Umgebung zur Verfügung stellt, d.h. anderen Objekten in einem ODP-System anbietet, müssen detailliert spezifiziert werden. Die Struktur von Dienstangeboten ist einheitlich und identifizierbar festzulegen, so daß eine Weiterleitung vom Dienstanbieter zum Trader, die Speicherung im Trader und das Angebot eines Dienstes an den Nutzer möglich sind.

- Bei der Beschreibung der Anforderungen an einen ODP-Trader sollte die Komplexität der Beschreibung dadurch reduziert werden, daß die im ODP-Referenzmodell definierten ODP-Viewpoints [Gri 91], [FaLo 94] einbezogen werden. Besondere Aufmerksamkeit kommt dabei dem *Enterprise, Information* und *Computational Viewpoint* zu.

- Schließlich sind Mechanismen zu betrachten, welche die Zusammenarbeit von Tradern unterstützen. Dabei soll die Effektivität jedes einzelnen Traders erhöht werden, ohne an Eigenständigkeit zu verlieren.

Zur Realisierung dieser Problemstellung soll im folgenden erst von der im ODP-Referenzmodell definierten Tradingfunktion ausgegangen werden und dann die Funktionalität des ODP-Traders vorgestellt werden.

3.1.1 Die Tradingfunktion

Die Tradingfunktion besitzt gemäß dem Teil 3 des ODP-Standards die Aufgabe, innerhalb einer spezifizierten Umgebung Schnittstellen von Objekten ausfindig zu machen, welche ein gefordertes Verhalten besitzen. Aus diesem Grunde stellt sie Mittel bereit, um Dienstangebote zu unterbreiten sowie diese Dienstangebote bei gewissen Dienstanfragen weiterzuvermitteln.

Das Verhalten einer Tradingfunktion wird von einer *Policy* gesteuert. Inhaltlich werden innerhalb des ODP-Referenzmodells keine weiteren Aussagen zur Tradingfunktion gemacht. Da diese Funktion jedoch von sehr großem Interesse ist, gibt es Arbeiten zu einem Tradingstandard, der Architektur und Prinzip der Tradingfunktion konkretisieren soll [ODP Tr]. Das die Tradingfunktion ausführende Objekt wird innerhalb des Arbeitspapiers als ODP-Trader oder einfach Trader bezeichnet.

3.1.2 Der ODP-Trader

Der ODP-Trader ist das Objekt, das die ODP-Tradingfunktion ausführt. Es kann als eine Komponente betrachtet werden, von der andere Objekte, sogenannte Importer, Dienste kaufen, d.h. importieren können; und an die diese anderen Objekte in einer verteilten Umgebung Dienste verkaufen, d.h. exportieren können.

Der Ablauf beim *Service Trading*, also der Dienstvermittlung, erfolgt so, daß zunächst ein Objekt dem Trader mitteilt, daß es existiert und Informationen über sich selbst an den Trader weitergibt. Beim Export werden insbesondere Informationen über Dienste, die dieses Objekt bereitstellt, an den Trader geleitet. Ein anderes Objekt kann dann in Kontakt mit dem Trader treten und nach einem Dienst mit bestimmten Diensteigenschaften fragen. Bei diesem sogenannten Import wird dem anfragenden Objekt bei Vorhandensein eines entsprechenden Dienstes dessen Schnittstellenbezeichnung übermittelt. Es ist notwendig zu bemerken, daß das exportierende Objekt zu jedem beliebigen Zeitpunkt den Export zurückziehen kann. In Abbildung 3.1. ist dieser Ablauf der Dienstvermittlung noch einmal dargestellt.

Innerhalb des Traders besteht bei Importeranfragen die Aufgabe, Dienstangebote aufzulisten, nach geeigneten Dienstangeboten zu suchen, oder aber die Auswahl eines am besten geeigneten Dienstes vorzunehmen. Dazu ist es notwendig, daß die Dienstspezifikation eines Importers genau das vom Importer geforderte Verhalten beschreibt, während die Dienstspezifikation eines Exporters die Fähigkeiten beschreibt, die der Exporter dem Trader und anderen Objekten anbietet.

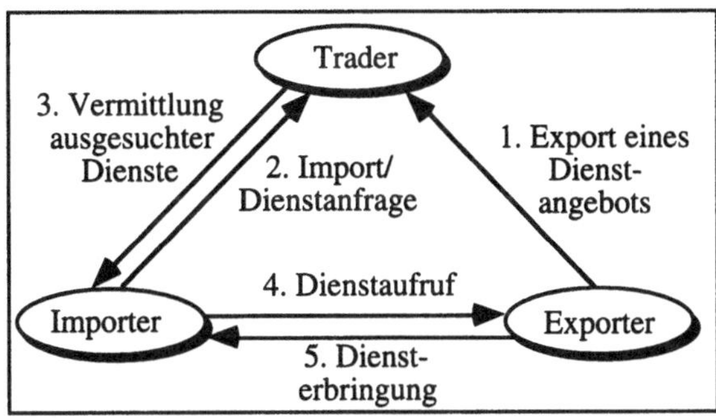

Abb. 3.1: Das Prinzip der Dienstvermittlung

Die Aufgaben eines Traders bestehen zusammengefaßt darin, daß der Trader in einer offenen verteilten Umgebung

- es Exportern erlaubt, ihre Dienste zu exportieren,
- Objekten die Möglichkeit bietet, Informationen über einen oder mehrere exportierte Dienste entsprechend gewisser Kriterien zu importieren und
- die Zusammenarbeit mit anderen Tradern unterstützt.

Auf die Einbettung eines solchen ODP-Traders in eine offene verteilte Umgebung wird in den folgenden Abschnitten eingegangen.

3.1.3 Komplexität von Client/Server- und Tradinganfragen

Besteht der kritische Anwender nun auf dem Standpunkt, daß ein herkömmliches Client/Server-Modell über die gleichen Funktionalitäten verfügt, wie es auch von der modifizierten Importer/Exporter/Trader-Architektur bereitgestellt wird, oder daß dieses ursprüngliche Konzept zumindest durch eine geringfügige Erweiterung zusätzlicher Programmodule zu einem gleichwertigen Ansatz vervollständigt werden kann, so soll zum Zwecke der Bewertung beider Ansätze die zugrundeliegende Komplexität betrachtet werden.

Weiß ein Kunde nicht, bei wem er einen von ihm benötigten Dienst finden kann, so ist eine Anfrage an möglicherweise in Frage kommende Server, deren Anzahl n sei, notwendig. In dem klassischen Client/Server-Modell ist in diesem Fall eine Anfrage an alle n Server notwendig. Gehen derartige Anfragen von m Kunden aus, so sind im Netz n*m Verbindungswünsche vorhanden, die schnell zu einer Überlast führen können.

Anstelle dieser Architektur soll im folgenden die Tradingarchitektur betrachtet werden. Da der zentrale Trader Kenntnis über die verfügbaren Dienstangebote aller ihm zugeordneten Server besitzt, genügt für eine Kundenanfrage der Aufbau einer einzigen Verbindung. In diesem Falle liegen im Netz bei obiger Kundenanzahl nur m Verbindungen vor, d.h. die Komplexität reduziert sich von einer quadratischen auf eine lineare Größe. Dieser Sachverhalt bedingt eine Verringerung der Netzlast und führt zu einer besseren Modellierung der Kommunikation.

3.1.4 Unterschiede von Naming und Trading

Neben der Reduzierung der 1:n- auf eine 1:1-Kommunikation ist ein weiterer Grund, der für die Involvierung einer Tradingkomponente spricht, die Bereitstellung völlig neuer Funktionalitäten.

Vergleicht man das entstehende Konzept mit dem des Namensdienstes, so lassen sich einige Unterschiede feststellen. Namensverwaltungssysteme stellen letztendlich nur eine Abbildungsfunktion bereit, die eine Menge von Objektspezifikationen auf eine Menge von potentiell verfügbaren Objekt-Id's, d.h. Objektbezeichnern, abbilden [X.500], [Sch 92b]. In diesem Fall ist es die Aufgabe des Kunden, die vom System erhaltenen Informationen für seine konkrete Anwendung auszuwerten und einen geeigneten Server auszuwählen.

Das Konzept des Tradings geht über diesen Ansatz hinaus [Du 90], [AlAn 91]. Es versucht, diesen Auswahlprozeß gegenüber dem anfragenden Kunden transparent zu gestalten. Aus diesem Grund übergibt der Kunde dem Trader lediglich eine Beschreibung des benötigten Dienstes, beispielsweise den Diensttyp sowie zugehörige Eigenschaften. Der Trader übernimmt dann die Aufgabe der Vermittlungseinheit, d.h. er muß einen angeforderten Dienst mit zugehörigem Server, der den angeforderten Dienst erbringen kann, identifizieren und die Auswahl eines entsprechenden Dienstes zugunsten des Kunden optimieren [Bel 93], [HaAn 93]. Hier ist ein wesentlicher Unterschied im Gegensatz zum Naming zu sehen, denn der Trader entbindet den Kunden von der großen Informationskomplexität der Dienstverwaltung.

Weitere Unterschiede zwischen diesen beiden Konzepten bestehen in folgendem:

- beim Trading ist eine gesamtheitliche Sicht vorhanden, Zuordnungen, die zwischen Clients und Servern getroffen werden, sind bekannt, auch wenn bei dem Zusammenwirken von mehreren Tradern innerhalb einer Kooperation wieder Grundformen von Dezentralisierung vorhanden sind,
- innerhalb des Tradings besteht die Möglichkeit, Teile der Funktionalität auf Directorykonzepte auszulagern, so könnten z.B. statische Aufgaben durch das Naming, dynamische Funktionalitäten durch erweiterte Konzepte realisiert werden, und
- das Trading gestattet die periodische Sammlung von Bewertungsdaten.

In [Ke 93] wird angemerkt, daß die Unterschiede zwischen einem Namensserver und einem Trader als fließend anzusehen sind. Abbildung 3.2 nimmt eine Gegenüberstellung von Naming und Trading bezüglich einiger ausgewählter Kriterien vor.

Während attributierte Anfragen beim Naming noch prinzipiell möglich sind, hat der Client keinen Einfluß auf die Auswahl des Servers und die Auswahloptimierungsstrategie. Ferner liegt keine Servertransparenz vor. Beim Trading dagegen sind attributierte Anfragen notwendig, um z.B. Diensteigenschaften mit in die Betrachtung einzubeziehen. Durch die Angabe sogenannter Tradingkontexte hat der Kunde Einfluß auf die Server, und eine Angabe von Such- oder Auswahlstrategie ermöglicht ihm die Einschränkung der angebotenen Dienste.

Merkmal	Naming	Trading
Attributierte Anfragen	möglich	vorhanden
Auswahl des Servers	nicht möglich	vorhanden
Auswahloptimierung	nicht möglich	vorhanden
Servertransparenz	nicht möglich	möglich

Abb. 3.2: Unterschiede zwischen Naming und Trading

Abschließend soll angemerkt werden, daß die aktuellen Industrieprodukte und Forschungsarbeiten sehr für das Durchsetzen derartiger neuer Tradingarchitekturen sprechen. Geht man von verteilten Rechenumgebungen aus, so sind die thematisch relevantesten Arbeiten z.Z. wohl die folgenden.

DCE der OSF

Das *Distributed Computing Environment* (DCE) der *Open Software Foundation* (OSF) [BeBe 94], [BKR 93], [BSM+ 93], [DCE], [DME 91], [OSF 91a, b], [Sch 92a, 93] geht davon aus, mehrere Rechner eines Verteilten Systems zu einer DCE-Zelle zusammenzufassen. Diese Zellen bilden in der Regel die administrativen oder organisatorischen Einheiten eines Unternehmens. Diese Zellen können untereinander verbunden werden; für die Dienste in jeder Zelle gibt es Server, z.B. den *Cell Directory Service*.

CORBA der OMG

Die *Common Object Request Broker Architecture* (CORBA) der *Object Management Group* (OMG) [Gei 92b], [OMG 1, 2], [St 93] besitzt als wesentlichen dienstvermittelnden Bestandteil den *Object Request Broker* (ORB). Dieser ermöglicht die Kooperation zwischen Objekten. Dabei führt der ORB sowohl die Dienstverwaltung aus und das Binden der Objektschnittstellen, als auch die Steuerung der Operationsdurchführung. Er stützt sich auf sogenannte Objektdienste, welche die Erzeugung und Verwaltung von Objekten anbieten und die zugrundeliegende Betriebssystemschnittstelle verbergen.

ANSAware

Die ANSAware der *Advanced Network Systems Architecture* (ANSA) [ANSA 1-3] ist eine Plattform für die Entwicklung verteilter Anwendungen, die verschiedene Betriebssysteme und Transportdienste unterstützt. Auf dem jeweiligen Betriebssystem setzt der *Thread Service* auf, der vom RPC benötigt wird. Der RPC wiederum dient als Schnittstelle für *Notification Service*, *Factory* und Trader.

MELODY

Die *Management Environment for Large Open Distributed Systems* (MELODY) [BKS 91], [Ko 94] ist ein Forschungsprojekt, das mit dem Ziel entwickelt wurde, eine Managementumgebung für Verteilte Systeme zu erstellen. Schwerpunkt ist dabei die Vermittlung und Verwaltung von Diensten.

RHODOS

Das Forschungsprojekt RHODOS besitzt das Ziel der Kopplung Verteilter Systeme über ein Kommunikationsnetz [GoNi 94a, b]. Ein solches System besteht aus einer Menge von Rechnern und Peripheriegeräten, die ihre Autonomie soweit wie möglich behalten und über einen Trader zusammenwirken.

TRADE-Trader

Der TRADE-Trader [MüML 94] ist eine Implementierung, die auf dem DCE aufbaut. Dabei wird eine modulare Erweiterung bestehender verteilter Systemarchitekturen um die Funktionalität des Tradings vorgenommen.

DRYAD

Das Forschungsprojekt 'Directory Adventure' (DRYAD) [KuKu 94] basiert auf dem Modell des ODP-Traders, versucht jedoch, eine größere Benutzerfreundlichkeit anzubieten. Die Prototyprealisierung unterstützt sowohl explizites Trading, d.h., Benutzerfragen, die direkt an den Trader gerichtet werden, als auch implizites Trading, d.h., Anfragen, die über einen Sekretär in syntaktisch korrekte Traderanfragen umgeformt und an den Trader weitergeleitet werden. Implizites Trading befreit den Nut-

zer um die Kenntnis einer konkreten Aufrufsyntax und erhöht somit die
Benutzerfreundlichkeit.

Y-System
Diese Plattform, das sogenannte Y-System [PTT 91] wurde speziell für
die Unterstützung verteilter Multimedia-Anwendungen entwickelt. Y
bietet einen einheitlichen Zugriff auf alle Dienste, die in heterogenen Systemen angeboten werden.

Während die fünf letztgenannten Forschungsprojekte bereits Ansätze zum Trading sind, sind zu den erstgenannten Arbeiten Erweiterungen in der Entwicklung, die ein Trading realisieren sollen. Alle diese Arbeiten haben gemeinsam,
daß sie Implementierungen spezieller Aufgabenstellungen sind, die eine Aus-
richtung auf bestimmte Anwendungsgebiete besitzen. Eine einheitliche metho-
dische Grundlage bzw. ein Konzept, das Kompatibilität und Wechselwirken der
Produkte untereinander ermöglicht, fehlt jedoch.

3.2 Stellung des Traders in einer offenen verteilten Umgebung

Im folgenden soll untersucht werden, mit welchen Objekten einer offenen verteilten Umgebung ein Trader in Wechselwirkung tritt und aus welchen Komponenten eine komplexe Tradingarchitektur zusammengesetzt wird, bzw. welche
Vorschriften, Ge- und Verbote dabei bestehen.

3.2.1 Tradingkommune, Syndikat und Föderation

Die kleinste logische Einheit eines dienstvermittelnden Systems, die einen Trader als Bestandteil besitzt, wird als *Trading Community* (Tradinggemeinschaft,
TG) bezeichnet. Eine Tradinggemeinschaft enthält ferner die Mengen der Importer und Exporter, zwischen denen sie Dienste vermittelt. Ferner gehören zu
einer Tradinggemeinschaft der Tradingadministrator, Tradingverhaltensregel-
generator, Tradereigentümer, Interner Schiedsrichter, Exportverhaltenssteue-
rung und der Trader selbst, die zum Zwecke der Dienstvermittlung, durch eine
Trading Policy geleitet, zusammenwirken [PuRo 92]. Diese Architektur ist in
Abbildung 3.3 dargestellt.

Innerhalb eines administrativen Bereichs können mehrere verschiedene Tradinggemeinschaften vorhanden sein. Alle diese Tradinggemeinschaften haben
gemeinsam, daß sie den gleichen Tradingadministrator mit einer gemeinsamen
Menge von *Policies* enthalten. Die verschiedenen Tradinggemeinschaften besitzen so die Möglichkeit, untereinander in Wechselwirkung zu treten, um auf eine
möglichst umfassende Dienstangebotsmenge zugreifen zu können, die den Importern zugute kommt. Eine Architektur von verschiedenen Tradinggemeinschaften mit einem gemeinsamen Administrator, die zum Zwecke der Erweiterung der angebotenen Dienste auf andere Traderobjekte erstellt wurde, wird als
Trading Syndicate (Tradingsyndikat) bezeichnet.

Falls verschiedene administrative Bereiche betrachtet werden, so kann es vorkommen, daß Tradingsyndikate in Wechselwirkung treten. Dieser Vorgang dient dazu, auf Dienstangebote des jeweils anderen Syndikats zugreifen und Dienstangebote den jeweils anderen Importern unterbreiten zu können. Die verschiedenen Bereiche verfügen dabei über verschiedene Administratoren. Diese Kooperation von Tradingsyndikaten wird als Traderföderation oder Traderverbund bezeichnet.

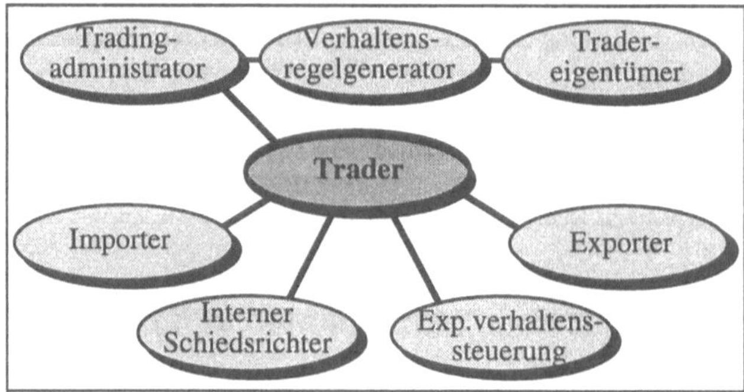

Abb. 3.3: Aufbau einer Tradinggemeinschaft

Eine Traderföderation ist eine Gemeinschaft von Tradingsyndikaten, von denen jede ihren eigenen Administrator besitzt, und einem Externen Schiedsrichter, die zum Zwecke des Verfügbarmachens von Dienstangeboten eines Tradingsyndikats für andere Tradingsyndikate gegründet wurde [BeRa 91], [MePo 93a]. Die Gesamtstruktur einer Traderföderation ist in Abbildung 3.4 dargestellt.

3.2.2 Strukturierung von Diensten innerhalb einer Traderföderation

Die Bedeutung der einzelnen Komponenten einer Traderföderation ist prinzipiell schon aus der Bezeichnung der Komponente ableitbar. Auf die genaue Beschreibung der Aufgaben jedes einzelnen Objekts soll an dieser Stelle nicht eingegangen, sondern stattdessen auf [SPM 94] und [PSW 95] verwiesen werden.

Innerhalb einer Traderföderation ist die Strukturierung der angebotenen Dienste von großer Bedeutung. Diese Aufgabe wird innerhalb von Tradingkontexten vorgenommen [BeRa 94]. Ein *Trading Context* (Tradingkontext, Tk) ist eine Menge von Dienstangeboten. Diese Menge kann eine beliebige Anzahl von Elementen beinhalten, ggf. auch leer sein. Ein Dienstangebot ist dann in mindestens einem Tradingkontext enthalten. Ein Tradingkontext selbst kann wiederum keinen oder beliebig viele andere Tradingkontexte enthalten und in keinem oder einer beliebigen Anzahl von anderen Tradingkontexten enthalten sein.

Die Vereinigung aller Tradingkontexte eines Traders wird als *Trading Offer Domain* (TOD, Angebotsbereich des Traders) bezeichnet. Darunter ist ein Tradingkontext zu verstehen, der in keinem anderen Tradingkontext enthalten ist. Ein *Trading Offer Domain* besitzt eine *Trading Policy*.

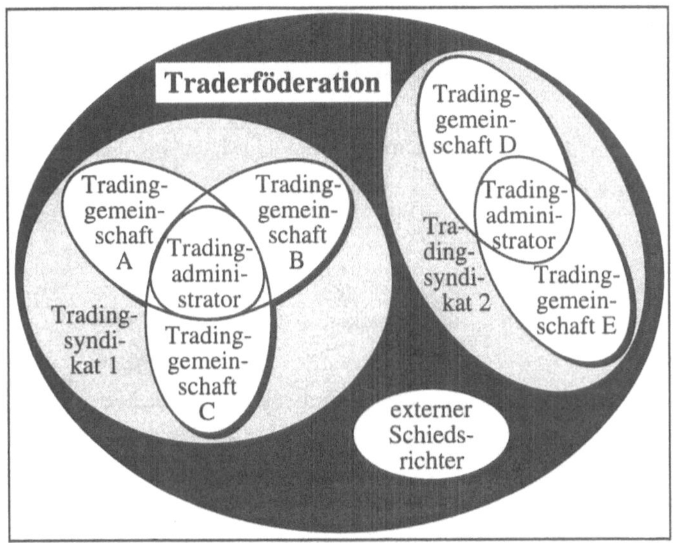

Abb. 3.4: Bestandteile einer Traderföderation

Der *Trading Offer Domain* umfaßt folglich die Menge aller Dienstangebote, die Objekten durch das Trading zur Verfügung gestellt werden können.

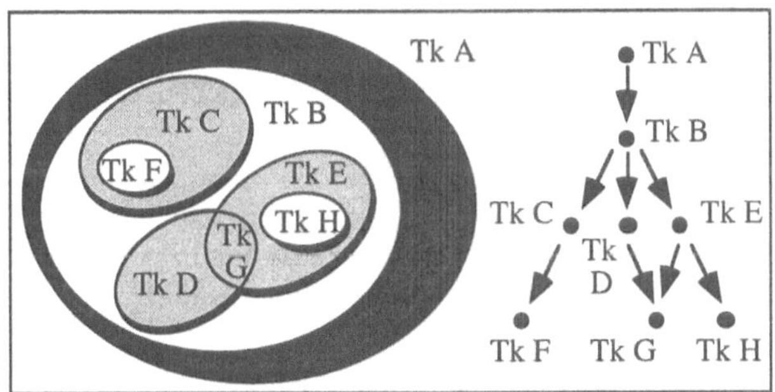

Abb. 3.5: Beispiel einer TOD-Struktur

Zunächst wird nur der Fall betrachtet, daß Dienstangebote innerhalb eines Traders vorliegen, im kommenden Abschnitt wird dieser Fall dann dahingehend erweitert, daß auch Dienstangebote von anderen Tradern, auf die innerhalb einer *Trader Federation* Zugriff besteht, mit in das Konzept einbezogen werden können.

Ein Beispiel für eine spezielle Struktur eines TODs ist in Abbildung 3.5 angegeben. Es ist möglich, die Struktur des TODs auch in Form eines gerichteten azyklischen Graphen anzugeben, wobei die Knoten des Graphen die eigentlichen Tradingkontexte darstellen. In diesem Sinne kann der Graph als Informationsmodell genutzt werden, das die Struktur des TODs umsetzt. Der entsprechende Graph ist in Abbildung 3.5 der Struktur des TODs gegenübergestellt.

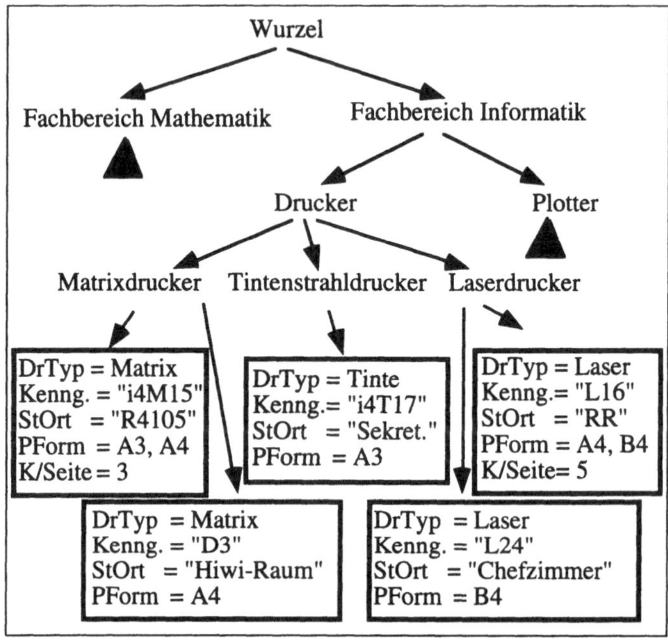

Abb. 3.6: Beispiel zur Strukturierung von Dienstangeboten

Ein geeignetes praktisches Beispiel zur Demonstration dieses Konzepts ist der Druckdienst. Der TOD kann in nutzer- und administrationsspezifische Teilbereiche untergliedert werden; dieser Sachverhalt ist in Abbildung 3.6 für den Tradingangebotsbereich dargestellt. Dabei stellen die Menge und der Graph die gleichen Relationen dar.

Nach einer Untersuchung der Anordnung von Dienstangeboten innerhalb eines Traders bzw. innerhalb einer Traderföderation soll im folgenden Abschnitt untersucht werden, unter welchen Bedingungen auf die einzelnen Tradingkontexte zugegriffen werden kann.

3.2.3 Wirkungsweise einer Traderföderation

Innerhalb einer Traderföderation ist es nicht uneingeschränkt möglich, seitens eines Traders auf die Dienstangebote eines anderen Traders zuzugreifen. Dies erfordert das vorherige Abschließen eines sogenannten Föderationsvertrags, der sich aus einem Import- und einem Exportvertrag zusammensetzt. Der Importvertrag (*Import Contract*) existiert bei dem entsprechenden Importer, der Exportvertrag (*Export Contract*) analog bei dem exportierenden Trader. Der Durchschnitt der von Import- und Exportvertrag enthaltenen Informationen braucht nicht leer zu sein, vergleiche Abbildung 3.7. Für die einzelnen Komponenten, aus denen die Verträge bestehen, soll noch einmal auf [PSW 95] verwiesen werden.

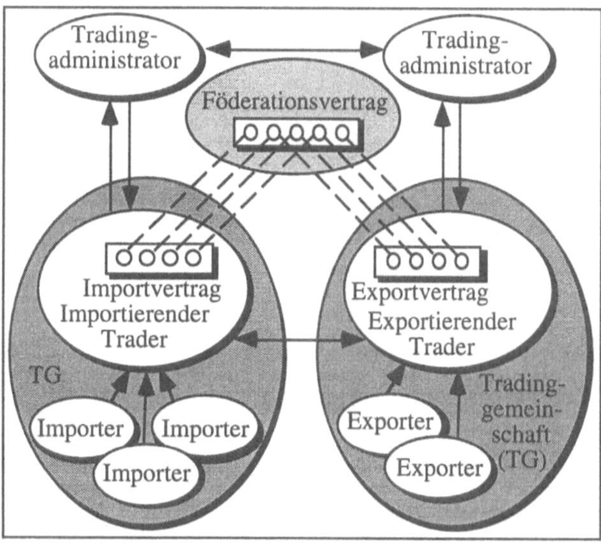

Abb. 3.7: Import-, Export- und Föderationsvertrag

Sowohl Import- als auch Exportvertrag sind Bestandteile der Verhandlungen zwischen einem importierenden und einem exportierenden Trader. Der Föderationsvertrag muß zwischen Tradern aushandeln, wie, wo und an welchen Dienstangeboten Trader teilhaben können.

Abbildung 3.7 stellt das Zustandekommen eines Föderationsvertrags dar. Zunächst wendet sich ein importierender Trader an seinen Administrator und teilt diesem den Wunsch einer Föderation mit einem entfernten Trader mit. Der entsprechende Administrator kontaktiert dann den entsprechenden Tradingadministrator des anderen Traders und handelt mit diesem einen Föderationsvertrag aus. Wird dieser akzeptiert, so kann seitens des importierenden Traders auf die Dienstangebote des exportierenden Traders zugegriffen und den Importern ein Dienstangebot eines Exporters des entfernten Traders unterbreitet werden.

Aus Sicht eines importierenden Traders ist es auch möglich, über mehrere Trader hinweg bzw. durch Verknüpfung verschiedener Föderationsverträge auf die

Dienstangebote entfernter Trader zuzugreifen. Dieser Sachverhalt ist in Abbildung 3.8 dargestellt. Fragt ein Importer seinen ihm zugeordneten Trader 1 nach einem speziellen Dienstangebot, so erstellt dieser Trader bzw. sein Administrator einen Importvertrag, der zusammen mit dem Exportvertrag eines Traders 2 einen Föderationsvertrag ergibt. Durch den Föderationsvertrag ist beispielsweise festgelegt, daß Nutzer mit Zugriffsberechtigung zum Tradingkontext O auch auf den Tradingkontext D des Traders 2 zugreifen können. Technisch wird dieser Sachverhalt durch sogenannte Pointer oder Links realisiert. Innerhalb des Traders 2 besteht der Tradingkontext D aus zwei Tradingkontexten, wobei Tradingkontext C bereits auf den Tradingkontext E eines entfernten Traders verweist, mit dem ein Föderationsvertrag besteht.

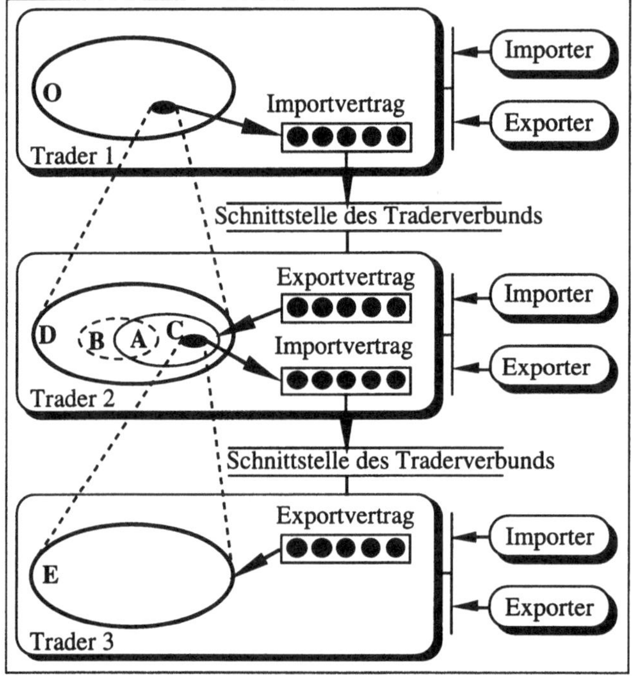

Abb. 3.8: Suchpfad über zwei Traderföderationen

Durch Aneinanderkettung der Möglichkeiten, auf einzelne Tradingkontexte entfernter Trader zuzugreifen, besitzt der Trader 1 auch Zugriff auf Dienstangebote des Traders 3. Innerhalb der Trader entsteht ein Pfad, über den nacheinander die bestehenden Föderationsverträge in Anspruch genommen werden.

Da dieser Pfad unidirektional ist, sind dafür besondere Begriffe geprägt worden, die des *Upstream* und des *Downstream Linkings*. Die Bereitschaft des importierenden Traders, Anfragen anderer Trader an den exportierenden Trader weiterzuleiten, wird als *Upstream Linking* (Upstreamverbindung) bezeichnet. Dieser Begriff bezeichnet auch die Bereitschaft des exportierenden Traders, Anfragen, die der importierende Trader von anderen Tradern erhalten hat, zu akzeptieren.

Auf der anderen Seite bezeichnet man als *Downstream Linking* (Downstraemverbindung) die Bereitschaft des importierenden Traders, eigene Anfragen an weitere, mit dem exportierenden Trader in Verbindung stehende Trader weiterreichen zu lassen, oder auch die Bereitschaft des exportierenden Traders, Anfragen des importierenden Traders an andere Trader weiterzuleiten. Diese Eigenschaften sind in Abbildung 3.9 dargestellt.

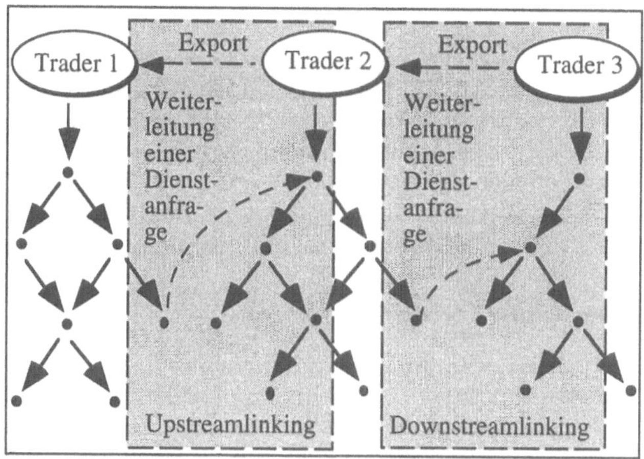

Abb. 3.9: Upstream- und Downstreamverbindung

Durch die Kombination von *Upstraem* und *Downstream Linking* entsteht Transitivität. Hat beispielsweise der Trader A einen Importvertrag mit Trader B, und Trader B einen Importvertrag mit Trader C, so können die Dienstanfragen des Traders A auf indirektem Wege über Trader B auch von Trader C bearbeitet werden.

Zu diesem Zwecke müssen zwei Bedingungen erfüllt sein, erstens: Trader A und B müssen *Downstraem Linking* erlauben, d.h., Trader A als importierender Trader die Weiterreichung seiner Dienstanfrage an andere, mit B in Verbindung stehende Trader erlaubt und Trader B als exportierender Trader die Weiterleitung von Importeranfragen an andere Trader gestattet. Zweitens muß auch die folgende Bedingung erfüllt sein: Trader B und C gestatten *Upstream Linking*, d.h., Trader B als importierender Trader leitet die erhaltene Dienstanfrage weiter, und Trader C als exportierender Trader akzeptiert es, wenn er Dienstanfragen auch dann weitergeleitet bekommt, wenn diese nicht direkt von seinen Importern stammen.

3.3   Beschreibung der Informationsflüsse bei Ausführung des Tradings

In diesem Abschnitt soll gemäß dem *Information Viewpoint* des ODP-Referenzmodells beschrieben werden, welche Anforderungen auf diesem Abstraktionsniveau an das Trading zu stellen sind. Dabei stehen die Arten der Informationen im Mittelpunkt der zu definierenden ODP-Tradingfunktion.

Der ODP-Traderstandard [ODP Tr] beschreibt die Informationsspezifikation in der in Teil 3 des ODP-Referenzmodells definierten Informationssprache und interpretiert - sofern dies notwendig erscheint - die Sprache in Termen der formalen Spezifikationssprache Z [Sp 88, 89].

Neben den Traderspezifikationen in Z gibt es auch Arbeiten, die sich mit SDL, Estelle und LOTOS befassen [Vis 90], [FPV 93], hier soll jedoch nur eine informelle Beschreibung der Anforderungen gegeben werden. Die folgenden Ausführungen beziehen sich dabei wesentlich auf die in Abschnitt 2.1.2 bereits definierten Begriffe des Dienstes, der Diensttypen, Diensteigenschaften und das Dienstangebot, die nicht noch einmal betrachtet werden.

3.3.1 Zugrundeliegende Konzepte

Da die bereits betrachteten Begriffe nicht ausreichen, um Informationsanforderungen an die Dienstvermittlung zu spezifizieren, sollen im folgenden die Relationen zwischen Diensten und Schnittstellen und die Tradingverbindungen, sogenannte *Trading Links*, betrachtet werden, die insbesondere zur Realisierung einer Föderation von Bedeutung sind.

Für die im 2. Kapitel verwendeten Begriffe des Dienstes und Diensttyps sowie der Schnittstelle sind hier noch einige zusätzliche Ausführungen notwendig. Während der Dienst von einem Objekt an einer Schnittstelle angeboten wird, benötigt man zur Lokalisierung des Dienstangebots *Interface Identifier* (Schnittstellenbezeichner). Unter einem Schnittstellenbezeichner versteht man die Darstellung der Informationen zur Lokalisierung einer Rechenschnittstelle, an der ein Dienst angeboten wird. In der Regel wird der Schnittstellenbezeichner immer im Zusammenhang mit dem Schnittstellentyp angegeben, d.h., man betrachtet geordnete Paare <Interface_type, Interface_identifier>.

Neben den bislang genannten Typen gibt es zur Beschreibung des Tradings noch sogenannte Kriterien (*Criteria*). Diese unterteilen sich in drei Arten, die Matching-, Auswahl- und Suchkriterien. Matchingkriterien (*Matching Criteria*) sind Regeln, die auf die Gesamtmenge der Dienstangebote angewendet werden, um eine kleinere Menge von akzeptablen Dienstangeboten zu erhalten. Ein Spezialfall dieser Matchingkriterien sind die sogenannten Selektions- oder Auswahlkriterien (*Selection Criteria*), in deren Ergebnis ein einzelnes Dienstangebot ausgewählt wird. Suchkriterien (*Search Constraints*) bestimmen eine Strategie für das Auswählen der Dienstangebote, die den vom Importer geforderten Bedingungen entsprechen. Diese Kriterien beinhalten Regeln zur Limitierung des Suchraumes und richten eine Suche auf spezielle Traderobjekte aus. Auf diese Kriterien wird im folgenden Kapitel näher eingegangen werden, wenn eine Beschreibungstechnik mit formaler Syntax und Semantik vorgestellt wird, die diese Kriterien spezifiziert.

3.3.2 Tradingoperationen

Die Möglichkeiten der dynamischen Veränderungen einer Traderkonfiguration sollen im folgenden kurz betrachtet werden.

Zur Modifikation einer bestehenden Traderkonfiguration wird eine Menge von Operationen verwendet, die das Verhalten eines bestehenden Traders beschreiben. An dieser Stelle sollen sieben Operationen kurz erläutert werden, die auf eine Traderkonfiguration angewendet werden können.

Exportoperationen

Die erste Operation ist der Export. Der Export beschreibt das Verhalten des Traders, wenn ein Dienstangebot an den Trader gerichtet wird. Zur Ausführung dieser Operation benötigt der Trader eine Größe *Offer* vom Typ Dienstangebot und eine *Offer Identity* vom Typ Dienstangebotsbezeichner, die noch nicht in einer Teilmenge des Dienstangebotsbereichs gespeichert ist.

Bei einem erfolgreichen Export eines Dienstangebots wird das neue Dienstangebot als ein Input der Exportoperation angesehen. Ist die Ausführung der Operation beendet, so ist das neue Dienstangebot einem entsprechenden, bereits existierenden Traderangebotsbereich hinzugefügt, indem die *Offer Identity* auf das neue Dienstangebot abgebildet wird.

Unter Umständen kann der Bezeichner des Dienstangebots auch dem Dienstanbieter zurückgegeben werden, obwohl dies nicht explizit notwendig ist. Notwendig ist jedoch die Einhaltung der Vorbedingung, daß der Bezeichner dieses Dienstangebots nicht schon in Benutzung ist. Beim Ausführen der Exportoperation werden die innerhalb des Traders vorhandenen Traderverbindungsbereiche und die Tradereigenschaften nicht erweitert oder modifiziert.

Eine zweite Operation, die eine Modifikation der vom Trader gespeicherten Daten bewirkt, ist die Operation Withdraw.

Diese Operation löscht ein Dienstangebot aus dem Traderangebotsbereich eines Traders. Zur Ausführung dieser Operation wird eine Variable *Withdraw Offer* vom Typ Dienstangebotsbezeichner benötigt. Nach der Kontrolle, ob dieser Bezeichner ein Element der Menge aller Dienstangebote des zum Trader gehörenden Traderangebotsbereichs ist, wird dieser Bezeichner aus der Menge der Dienstangebote entfernt, was gleichbedeutend damit ist, daß nachfolgenden

Dienstanfragen das entsprechende Dienstangebot nicht mehr zur Verfügung gestellt werden kann. Analog zur Ausführung der Exportoperation ändern sich auch hier die Tradereigenschaften und der Traderverbindungsbereich nicht.

Als dritte Operation soll das sogenannte Modify betrachtet werden.

Sie definiert das Verhalten, das mit der Änderung der Diensteigenschaften und Dienstangebotseigenschaften eines Dienstangebots verbunden ist. Als ihren Input erfordert diese Operation den Bezeichner des zu modifizierenden Dienstangebots, die neuen Diensteigenschaften bzw. eine Aussage, welche der existierenden Diensteigenschaften geändert werden sollen, sowie die zu modifizierenden Dienstangebotseigenschaften.

Damit die Modifyoperation erfolgreich ausgeführt werden kann, ist zunächst zu überprüfen, ob die Identität des Dienstangebotsbezeichners einem vorhandenen Dienstangebot entspricht. Nachfolgend wird mit der Ausführung der Operation fortgefahren, indem die entsprechenden Dienst- bzw. Dienstangebotseigenschaften geändert werden. Eine mögliche Ausführung der Operation kann in zwei Stufen erfolgen: zunächst wird eine Definition der Anforderungen an die Operation angegeben, danach wird diese Definition auf das identifizierte Dienstangebot angewendet, so daß die entsprechenden Eigenschaften geändert werden können. Die Modifikation der Diensteigenschaften und Dienstangebotseigenschaften schließt mit ein, daß solche Eigenschaften auch hinzugefügt, entfernt oder geändert werden können. Allerdings gestattet es die Ausführung dieser Operation nicht, den Schnittstellenbezeichner des den Dienst anbietenden Objekts oder aber den entsprechenden Schnittstellentyp zu ändern. In Analogie zu den o.g. Operationen Export und Withdraw hat auch die Modifyoperation keinen Einfluß auf den Traderverbindungsbereich sowie die Tradereigenschaften.

Verbindungsoperationen

Um eine Kommunikation zwischen Tradern zu gewährleisten, werden sogenannte *Trader Links* (Traderverbindungen) genutzt. Ein *Trader Link* beschreibt das Wissen eines Traders, das dieser von einem anderen Trader besitzt. Ein *Trader Link* besteht aus einer Menge von Verbindungseigenschaften und einem Bezeichner der Schnittstelle, an welcher der andere Trader seinen Tradingdienst anbietet. Dabei ist zu beachten, daß solche Verbindungen unidirektional sind.

Als vierte Operation wird die Operation Add_Link betrachtet. Sie definiert das Verhalten des Traders, das durch Hinzufügen einer Verbindung zum Verbindungsbereich des Traders entsteht. Von der Struktur der Operation ist die Ausführung mit der des Exports vergleichbar, wobei neben den Tradereigenschaften bei der Anwendung dieser Operation auch der Traderangebotsbereich unverändert bleibt. Als Input der Operation ist die Angabe einer Traderverbindung anzusehen. Der zugehörige Traderverbindungsbezeichner wird der Menge der im Traderverbindungsbereich bereits gespeicherten Traderverbindungen hinzugefügt, sofern ein solcher Bezeichner in dieser Menge nicht schon enthalten ist.

Das Gegenstück zur Add_Link-Operation ist die Remove_Link-Operation, die als fünfte Operation betrachtet werden soll. Diese Operation entfernt einen in der Menge der Traderverbindungsbezeichner des Traderverbindungsbereichs gespeicherten Bezeichner aus dieser Menge, nachdem die Identität dieses Bezeichners in der Menge kontrolliert worden ist. Von ihrer Struktur her hat diese Operation Gemeinsamkeiten mit der Withdrawoperation. Allerdings bleiben bei der Ausführung der Remove_Link-Operation die Tradereigenschaften und der Traderangebotsbereich ungeändert.

Importoperationen

Schließlich sollen auch noch zwei Importoperationen betrachtet werden: die Such- und die Auswahloperation. Aus Sicht der Informationsbetrachtung eines Traders sind diese beiden Operationen sowohl statisch als auch dynamisch. Die Suchoperation (Searchoperation) wählt aus der Menge aller Dienstangebote eines Traderangebotsbereichs eine Menge von Dienstangeboten aus, die einige Matchingkriterien in dem im vorangegangenen Abschnitt definierten Sinne erfüllen. Neben diesen Matchingkriterien sind auch die Diensttypen der geforderten Angebote Input der Suchoperation. Die Suchoperation ändert den Zustand des Traders in keiner Weise, da sie vielmehr eine Leseoperation ist, d.h. der Output der Operation ist die Menge von Dienstangeboten.

Schließlich besitzt die Auswahloperation die Aufgabe, aus einer Menge von in Betracht kommenden Dienstangeboten ein einzelnes Dienstangebot auszuwählen. Die Auswahloperation kann damit als Spezialfall der Suchoperation angesehen werden, auch wenn sie einen grundlegend anderen Ergebnistyp besitzt.

3.3.3 Typen beim Trading

Im folgenden sollen einige Begriffe eingeführt und erläutert werden, die zur Realisierung der Tradingoperationen von Bedeutung sind.

Ein Constrainttyp (*Constraint Type*) ist ein logischer Ausdruck über Eigenschaften. Dieser logische Ausdruck kann sowohl logische als auch relationale Operatoren enthalten. Ein ähnlicher Typ ist der Kriterientyp (*Criteria Type*). Dieser bezeichnet einen einfachen Ausdruck, der eine Superlativfunktion, d.h., die Minimierung oder Maximierung einer Größe, oder eine nicht notwendigerweise zufällige Auswahl beinhaltet. Eine solche Superlativfunktion wird auf Diensteigenschaften oder auch Dienstangebotseigenschaften angewendet. Eine Kombination von Constrainttypen und Kriterientypen wird als Constraintkriterientyp (*Constraint Criteria Type*) bezeichnet.

Der Dienstbeschreibungstyp (*Service Description Type*) ist eine Sammlung von Daten, welche eine Signatur, das Verhalten, Umgebungsbedingungen und Rollentypen umfassen. Dieser Typ kann in verschiedenen Formen dargestellt werden, die bereits im Abschnitt 2.1.2 vorgestellt wurden. Im Falle des Auftretens eines Fehlers ist die Angabe eines Fehlerkodetyps (*Error Code Type*) notwendig. Der damit beschriebene Fehlertyp spezifiziert den bei der Ausführung einer Operation aufgetretenen Fehler.

Der Eigenschaftstyp (*Property Type*) besitzt vier Untertypen. Dies sind im einzelnen der Verbindungseigenschaftstyp (*Link Property Type*), der Diensteigenschaftstyp (*Service Property Type*), der Tradereigenschaftstyp (*Trader Property Type*) und der Dienstangebotseigenschaftstyp (*Service Offer Property Type*). Weitere Begriffe, die im folgenden von Bedeutung sind, sind der Diensttyp (*Service Type*), dieser wurde im zweiten Kapitel bereits ausführlich behandelt und damit in Verbindung der Rechenschnittstellentyp (*Computational Interface Type*), der Signaturtyp (*Signature Type*), der Verhaltenstyp (*Behaviour Type*), der Umgebungsconstrainttyp (*Environment Constraint Type*) und der Rollentyp (*Role Type*).

Diese Typen finden im folgenden insbesondere bei der Beschreibung von Dienstanfragen Verwendung. Kapitel vier wird diese Begriffe z.T. an Beispielen erklären.

KAPITEL 4

Modellierung eines Diensteszenarios auf der Basis von Managementkonzepten

*„Verachte die klein scheinende Kraft nicht,
der Regentropfen, der von der Rinne fällt, durchlöchert den Felsen."*
Johann Heinrich Pestalozzi

In diesem Kapitel soll die Verwaltung der einzelnen Ressourcen zum Zweck der Dienstvermittlung untersucht und ein Modell vorgestellt werden, mit dessen Hilfe eine Dienstvermittlung erfolgen kann. Bei diesen Überlegungen steht der Dienstexport im Vordergrund der Untersuchungen.

Es wurde eine formale Sprache, die *Service Request Description Language*, entwickelt, welche das Aufrufen von `search`- und `select`-Operationen zum Zwecke des Dienstimports gestattet. Mittels der in Backus-Naur-Form gegebenen Syntax ist es dem Importer möglich, eine genaue Spezifikation des von ihm benötigten Dienstes, einschließlich der entsprechenden Dienstattribute anzugeben. Diese Sprache wird in ihrer Syntax und Semantik vorgestellt und an verschiedenen Beispielen in ihrer Wirkungsweise verdeutlicht. Schließlich wird auf die Qualität von Diensten bei der Vermittlung eingegangen.

4.1 Anforderungen des ODP-Referenzmodells an die Dienstvermittlung

Neben dem Schnittstellentyp sind bei einer Dienstsuche oder -auswahl die Dienstattribute des angebotenen Dienstes von Bedeutung. Deshalb befaßt sich dieser Abschnitt mit einer genaueren Studie der Diensteigenschaften und ihren entsprechenden Werten. Wichtig ist die zugrundeliegende Einteilung von Diensteigenschaften in statische und dynamische Eigenschaften. Während die statischen Diensteigenschaften sich quasi nicht verändern, ist eine Modifikation der dynamischen Diensteigenschaftswerte in der Regel häufiger, als das zugehörige Dienstangebot in Betracht kommt. Man spricht in diesem Zusammenhang auch von den Fähigkeiten eines Dienstes, die einem statischen Trading gleichgesetzt werden, und der Verfügbarkeit eines Dienstes, die mit dem dynamischen Trading identifiziert wird. Diese beiden Begriffe sollen im folgenden detailliert untersucht werden.

Abbildung 4.1 stellt eine Menge von Diensten bzw. Diensteigenschaften mit der zugehörigen Häufigkeit einer auftretenden Änderung der Diensteigenschaftswerte dar. Diese Anzahl ist relativ zu einem bestimmten Intervall zu sehen, macht jedoch nur eine vergleichende und keine absolute Aussage. Auf der Ordinate wird nun ein Wert y festgelegt, der von verschiedenen Bedingungen abhängen kann. Alle Diensteigenschaften, die sich weniger häufig als der angegebene Wert y ändern, werden als statische Diensteigenschaften bezeichnet, alle Diensteigenschaften, die sich häufiger als y ändern, werden dynamische Diensteigenschaften genannt. Die statischen Diensteigenschaften eines Dienstangebots bieten sich in günstiger Art und Weise dazu an, vom Trader in seiner Datenbasis gespeichert zu werden, die dynamischen Diensteigenschaften lassen sich weniger gut speichern, da die Häufigkeit des Änderns der Werte sehr hoch sein würde.

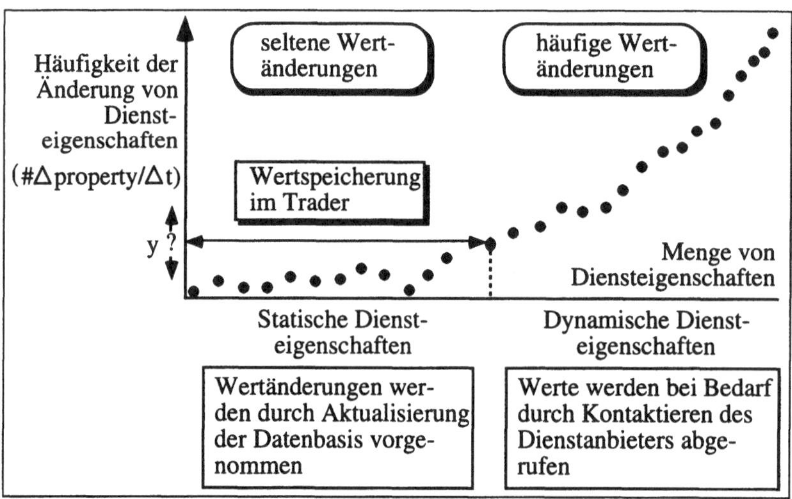

Abb. 4.1: Statische und dynamische Diensteigenschaften

Wird ein Dienstangebot mehreren Tradern unterbreitet, so würde das Aktualisieren dieses sich häufig ändernden Werts einen hohen Kommunikationsaufwand innerhalb des Systems verursachen. Deshalb empfiehlt es sich, die Werte der dynamischen Diensteigenschaften nicht in der Traderdatenbasis zu speichern. Alternativ wird dann, wenn dieser Wert angefragt wird, ein Lesezugriff auf das entsprechende Objekt vorgenommen und die dynamische Diensteigenschaft abgefragt.

4.1.1 Fähigkeiten eines Dienstes

Im Traderstandard [ODP Tr] des ODP-Referenzmodells ist die Unterteilung in statische und dynamische Diensteigenschaften nur Gegenstand des Anhangs A, ansonsten wird auf diese Klassifikation nicht eingegangen.

Zunächst soll auf die statischen Diensteigenschaften eingegangen werden. Die zugehörigen Werte werden vom Exporter angegeben und in der Datenbank des Traders (*Trader Data Base*, TDB) gespeichert. Beispiele für statische Diensteigenschaften sind die Geschwindigkeit eines Druckers oder der Ort, an dem sich dieser befindet. Die zu diesen Diensteigenschaften gehörenden Werte werden entsprechend angegeben.

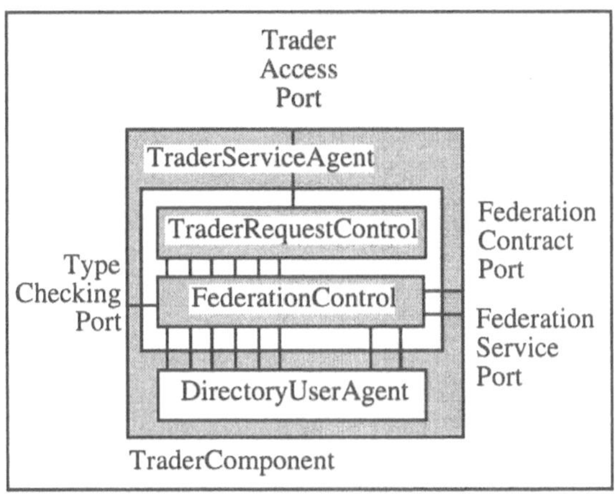

Abb. 4.2: Grobarchitektur des Traders unter Nutzung des X.500-Directories

Als Beispiel soll der geläufige Fall eines Druckdienstes untersucht werden. Der Name dieses Diensttyps soll im folgenden mit PRINTER bezeichnet werden. Ein zugehöriger, aus statischen Diensteigenschaften bestehender Diensteigenschaftstyp PRINTER könnte dann wie folgt definiert werden:

```
Druckertyp: Punktmatrix, Laser
Identifizierung: String
Standort: String
Papierformat: A3, A4, A5
Kosten_pro_Seite: Integer.
```

Ein Dienstangebot als spezieller Wert eines Diensttyps, der durch einen Exporter angeboten wird, muß dem definierten Diensteigenschaftstyp genügen.

Auch für ein solches Dienstangebot soll ein Beispiel angegeben werden:

```
Druckertyp: Laser
Identifizierung: D94/2/i4
Standort: Sekretariat_i4
Papierformat: A4, A5
Kosten_pro_Seite: 0,18.
```

Der Diensttyp selbst gehört auch zu den statischen Diensteigenschaften und wird damit in der Traderdatenbasis gespeichert. Neben diesem ist auch die Syntax eines Dienstes als statische Größe anzusehen.

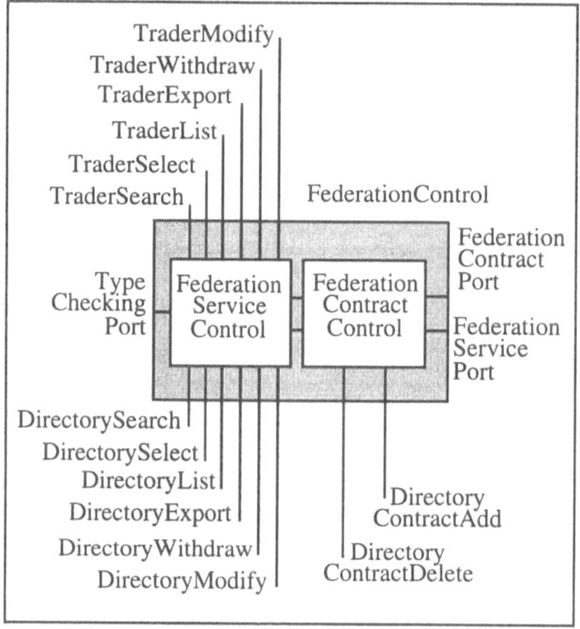

Abb. 4.3: Darstellung der *Federation Control*

Wird eine *Interface Definition Language* zur Beschreibung der Schnittstelle eines Dienstes verwendet, so sind die darin verzeichneten Datentypen und ihre bereitgestellten Operationen zwar statische Größen, jedoch ist zu überlegen, ob sich eine Speicherung dieser umfangreichen Informationen innerhalb der Traderdatenbasis anbietet.

Zur Speicherung der Dienstangebote und ihrer zugehörigen statischen Eigenschaften in einer Traderdatenbank empfiehlt es sich, auf bestehende Verzeichnisdienste zurückzugreifen. Insbesondere besteht die Möglichkeit, den X.500-Dienst für diese Zwecke in einer leicht modifizierten Form zu nutzen [ZhSe 92]. Dieser Dienst nutzt einen Datenspeicher, um Abbildungen zwischen Namen und physikalischen Adressen in einer sogenannten *Directory Information Base* (DIB, Verzeichnisinformationsbasis) zu speichern. Dabei liegt dem Verzeichnis eine Baumstruktur zugrunde, die *Directory Information Tree* (DIT, Verzeichnisinformationsbaum) genannt wird.

Nutzt man X.500 zur Realisierung der Datenbank eines Traders, so ist es notwendig, die entsprechenden Traderinformationen in der Verzeichnisinformationsbasis zu speichern. Abbildung 4.2 stellt eine Traderarchitektur dar, die über einen *Directory User Agent* (DUA, Verzeichnisnutzeragenten) auf ein X.500-Directory zugreift. Dabei wird gleichzeitig eine Modularisierung der internen Traderaufgaben vorgenommen. Über den *Trader Access Port* (TAP, Traderzugriffspunkt) werden Anfragen an den Trader gestellt, die in der *Trader Request Control* (TRC, Traderanfragekontrolle) in Ex- und Importeranfragen verschiedener Operationen zerlegt werden.

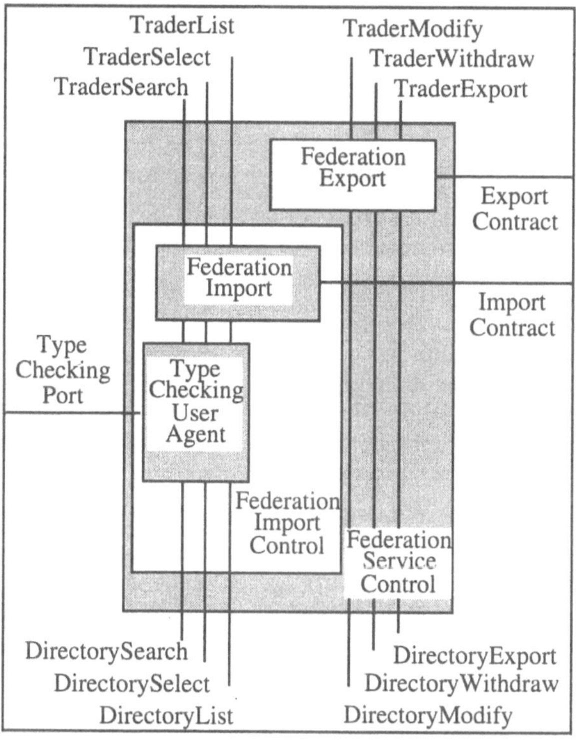

Abb. 4.4: Aufbau der *Federation Service Control*

Die *Federation Control* (FC, Föderationskontrolle) übernimmt das Eintragen bzw. Weiterleiten von Dienstanfragen oder -angeboten an die entsprechenden Komponenten.

Die genauere Darstellung der Aufgaben, die von der FC ausgeführt werden, ist in Abbildung 4.3 dargestellt, während sich die in den *Federation Export* (FE) und die *Federation Import Control* (FIC) unterteilende *Federation Service Control* (FSC, Föderationsdienstkontrolle) primär mit der Handhabung von Dienstanfragen beschäftigt, ist die *Federation Contract Control* (FCC, Föderationsvertragskontrolle) dafür zuständig, im Falle einer notwendigen Weiterleitung von Dienstanfragen über einen Vertrag mit einem anderen Trader in Kontakt zu kommen. Abbildung 4.4 gibt einen Überblick über die Funktionalität der FSC. Innerhalb dieser Architekturen wird primär auf sechs Operationen eingegangen, die beispielsweise in [PSW 95] erläutert werden. Diese Operationen sind sowohl Import- als auch Exportoperationen, eine Unterscheidung wird seitens des Traders in der TRC durch die Art der gestellten Anfrage vorgenommen. Die Realisierung eines Traders auf der Basis von X.500 ist in [PoMe 93] ausführlich erläutert.

Sind Diensteigenschaften nicht speziell gekennzeichnet, so wird davon ausgegangen, daß es sich um statische Diensteigenschaften handelt. Die Gesamtheit dieser statischen Diensteigenschaften beschreibt die Fähigkeiten eines Dienstes.

4.1.2 Verfügbarkeit eines Dienstes

Die Verfügbarkeit eines Dienstangebots kann eine sehr variable Größe sein. Deshalb wird sie durch die oben bereits erwähnten dynamischen Diensteigenschaften beschrieben. Dynamische Diensteigenschaften sind solche Werte, die sich häufig ändern.

Innerhalb der vorliegenden Arbeit werden dynamische Diensteigenschaften durch die Hinzufügung der Zeichenkette "/d" im Anschluß an den Diensteigenschaftsnamen der dynamischen Diensteigenschaft kenntlich gemacht. Der oben als Beispiel angeführte Diensteigenschaftstyp könnte durch die folgende dynamische Diensteigenschaft noch erweitert werden:

Länge_der_Druckerwarteschlange/d: Integer.

Die Häufigkeit, mit der sich der dynamische Diensteigenschaftswert ändert, ist größer als die Frequenz, mit der ein Trader diese Eigenschaft innerhalb der Auswahl eines Dienstangebots benötigt. Demzufolge erweist es sich als die günstigste Lösung, daß der Trader den Wert dieser dynamischen Diensteigenschaft zum Zeitpunkt des Imports abfragt. Sie wird nicht innerhalb der Traderdatenbasis gespeichert, jedoch wird der aktuelle Wert der Eigenschaft durch den Trader bereitgestellt, wenn dies in einer Importeranfrage gefordert ist.

Die Verwaltung der dynamischen Diensteigenschaften ist von besonderer Bedeutung, da wegen der hohen Häufigkeit des Änderns der Werte eine Abfrage zum spätestmöglichen Zeitpunkt erforderlich ist. Aus diesem Grunde wurde ein zweistufiger Algorithmus vorgeschlagen, der zunächst statische Diensteigenschaften auswertet, bevor die Betrachtung der dynamischen Werte erfolgt. Auf diesen Algorithmus wird in den nächsten Abschnitten eingegangen werden.

4.1.3 Statische und dynamische Diensteigenschaften

Neben der bereits genannten syntaktischen Unterscheidung, d.h. dem Weglassen eines Suffixes oder dem Hinzufügen von "/d" tritt zunächst das Problem auf, daß bereits vor der Implementierung eines individuellen Dienstes z.T. unterschieden werden muß, ob die entsprechende Diensteigenschaft als statisch oder dynamisch klassifiziert wird. Die Verwendung von statischen Diensteigenschaften eignet sich besonders für die Bezeichnung von Exportern oder deren Diensten sowie anderen Informationen des Exporters, die eine einheitliche Namensgebung des Dienstangebots bewirken oder Autentifizierungsmechanismen unterstützen.

Eigenschaften eines Dienstes, die von seiner Umgebung beeinflußt werden oder mit der Auslastung dieses Dienstes zu tun haben, bieten sich eher für die Klassifizierung als dynamische Diensteigenschaften an. Da solche Eigenschaften auch innerhalb des Managements Verteilter Systeme von Bedeutung sind, ist eine Nutzung von bereits definierten Begriffe von großem Vorteil.

4.1.4 Die aus dem ODP-Referenzmodell resultierenden Anforderungen an ein Dienstmanagement

In verallgemeinernden Betrachtungen wird die Aufgabe des Traders als "Directory plus Management" beschrieben. Dieser Sachverhalt basiert auf der folgenden Annahme des Tradingstandards von ODP. Bei der Beschreibung des Traders wird davon ausgegangen, daß dieser zwei Funktionen ausführt:

- die *Domain Space Management Function* (DSMF) und
- die *Type Space Management Function* (TSMF).

Die DSMF besitzt die Aufgabe, die Dienstangebote eines Traderkontextes zu verwalten. Der TSMF obliegt es, die Kompatibilität der Dienstangebote im Verhältnis zur Dienstanfrage zu gewährleisten. Während die DSMF nach Aussage von [ODP Tr] durch das OSI-Directory ausgeführt werden kann, ist es Aufgabe der TSMF, das Management der Type/Subtype-Beziehungen zu übernehmen, also die Voraussetzungen für ein Matching bereitzustellen. Diese Aufgabe kann jedoch noch allgemeiner gefaßt werden, da zur Erbringung eines Dienstes wesentlich mehr Anforderungen zu erfüllen sind, die unter den Aufgabenbereich der Verfügbarkeit eines Dienstes fallen.

Abbildung 4.5 stellt diese Zweiteilung der Anforderungen eines Traders dar. Dabei werden die Fähigkeiten eines Dienstes wegen ihrer relativ festbleibenden Charakteristiken mit den statischen Diensteigenschaften identifiziert, die Verfügbarkeit eines Dienstes spiegelt sich in den dynamischen Diensteigenschaften wieder.

Da die statischen Diensteigenschaften und die Voraussetzungen zum Matching bereits Gegenstand des 2. Kapitels waren, soll im folgenden viel mehr auf die dynamischen Diensteigenschaften und die Verwaltung von Dienstangeboten eingegangen werden. Zum Zwecke dieser Realisierung sollen Konzepte des OSI-Managements aufgegriffen und in einer geeigneten Form angewendet werden.

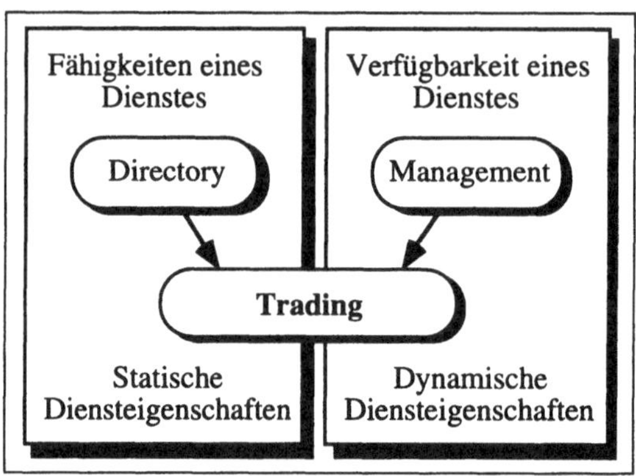

Abb. 4.5: Einteilung der Aufgabenbereiche eines Traders

Der folgende Abschnitt gibt zunächst einen Überblick über die grundlegenden Konzepte des OSI-Managements, bevor danach eine Einbettung dieser Konzepte in den ODP-Kontext vorgenommen wird.

4.2 Modellierung der ODP-Dienstvermittlung unter Nutzung von OSI-Managementkonzepten

Die bestehenden Arbeiten zum OSI-Management [OSI MF, MI, SM] liefern Mechanismen für das Monitoring, die Kontrolle sowie die Koordination von sogenannten *Managed Objects*. Die von der OSI-Managementtheorie bereitgestellten Konzepte zum *Systems Management*, *(N)-Layer-Management* und den *(N)-Layer-Operations* sollen hier durch ein darauf aufbauendes *Service Management* ergänzt werden.

4.2.1 Funktionale Managementbereiche

Die Aufgaben des OSI-Managements umfassen die Kontrolle, Koordination und das Überwachen von Kommunikationsressourcen einer OSI-Umgebung. Dazu gehört das Bereitstellen von Informationen des Offenen Systems, um Supervisorfunktionen und die Kontrolle der Kommunikationsressourcen zu übernehmen, und die Gewährleistung von Kooperation des Offenen Systems, um Supervisorfunktionen und die Kontrolle der OSI-Umgebung durchzuführen.

Das OSI-Management besitzt die Aufgabe, einer Vielzahl von Anforderungen gerecht zu werden. Deshalb wurden fünf verschiedene Kategorien eingeführt, denen die einzelnen Managementfunktionen zugeordnet werden [HeAb 93, Ro 90a]. Dabei ist nicht ausgeschlossen, daß OSI-Managementmechanismen allgemein gehalten sind und unter Umständen auch die Anforderungen von mehr als einem funktionalen Bereich erfüllen. Im einzelnen sind die fünf funktionalen Bereiche das

- *Fault Management* (Fehlermanagement)
- *Accounting Management* (Abrechnungsmanagement)
- *Configuration Management* (Konfigurationsmanagement)
- *Performance Management* (Leistungsmanagement) und das
- *Security Management* (Sicherheitsmanagement).

Das Konfigurationsmanagement besitzt einen sehr umfangreichen Aufgabenbereich, der für die Unterstützung der ODP-Umgebung von besonderer Bedeutung ist [Sl 90]. Die Aufgaben des Konfigurationsmanagements bestehen darin, Offene Systeme zu identifizieren, Kontrolle über diese Systeme auszuüben und Daten über offene Systeme bereitzustellen und zu sammeln [Pa 91]. Diese Aktivitäten dienen dem Zweck, die Erbringung und das Wechselwirken von Diensten vorzubereiten, zu initialisieren sowie die Kontinuität und Terminierung von Wechselwirkungen zu gewährleisten.

4.2.2 Struktur des OSI-Managements

Die Struktur des OSI-Managements wird mittels einer Menge von Managementprozessen realisiert. Diese Prozesse müssen nicht unbedingt in einem lokalen System vorhanden sein, sondern können auch über eine Reihe von Systemen verteilt werden. Wenn Managementprozesse in verschiedenen Teilsystemen innerhalb einer OSI-Umgebung miteinander kommunizieren müssen, so wird dies mit Hilfe von OSI-Managementprotokollen realisiert [CMIP, CMIS].

OSI-Management wird durch das Zusammenwirken von drei Komponenten ausgeführt,

- das Systemmanagement (*Systems Management*),
- das (N)-Schichtenmanagement (*(N)-Layer Management*) und
- die (N)-Layeroperationen (*(N)-Layer Operations*).

Das Systemmanagement stellt Mechanismen für die Überwachung, Kontrolle und Koordination von *Managed Objects* durch den Gebrauch von Systemmanagementprotokollen der Anwendungsschicht bereit. Eine auf den Systemmanagementfunktionen basierende OSI-Kommunikation wird durch eine Anwendungseinheit des Systemmanagements (*Systems Management Application Entity*, SMAE) realisiert. Das Systemmanagement als Ganzes kann für das Management von beliebigen Objekten innerhalb eines offenen Systems oder assoziiert damit angewendet werden [Ro 89, 90b].

Das *(N)-Layer Management* stellt Mechanismen für die Überwachung, Kontrolle und Koordination von *Managed Objects* bereit, die mit der Kommunikation innerhalb der N-ten Schicht verbunden sind. Die Ausführung dieser Tätigkeit wird durch die Verwendung spezieller Managementprotokolle innerhalb der N-ten Schicht gewährleistet.

Die (N)-Schichtenoperationen stellen schließlich Mechanismen für die Überwachung und Kontrolle einer einzelnen Kommunikationsinstanz dar.

Die Kommunikation von sogenannten *Common Management Inforamtion Services* (CMIS) wird über das *Common Management Information Protocol* (CMIP) realisiert. Dabei wird zwischen Agenten und Managern unterschieden.

4.2.3 Das Managementframework

In diesem Abschnitt sollen die wichtigsten Konzepte des OSI-Managements vorgestellt werden, die dann im Zusammenhang mit dem *Open Distributed Processing* von Bedeutung sein werden.

4.2.3.1 Managed Objects

Das Informationsmodell des OSI-Managements befaßt sich mit dem Begriff des *Managed Objects*. Darunter versteht man Abstraktionen von Ressourcen der Datenverarbeitung und Datenkommunikation zum Zwecke des Managements. Diese Ressourcen existieren unabhängig von der Notwendigkeit, daß sie gemanagt werden müssen.

Ein *Managed Object* (MO) ist die Betrachtung einer Ressource, die Gegenstand des Managements ist. Eine solche Ressource kann beispielsweise eine Entität einer OSI-Schicht sein, eine Verbindung oder eine einzelne Komponente, die Gegenstand der physikalischen Kommunikationsrealisierung ist [Ker 93].

Folglich ist ein *Managed Object* eine abstrakte Sichtweise auf eine solche Ressource, die deren Eigenschaften für Managementzwecke zum Ausdruck bringt.

Eine Klasse von *Managed Objects* ist als eine Sammlung von Paketen (*Packages*) definiert, von denen wiederum jedes Paket als eine Sammlung von Attributen, Operationen, Meldungen und dem zugeordneten Verhalten beschrieben wird. Die Definition einer Klasse von *Managed Objects* wird durch Templates vorgenommen. *Managed Objects*, welche die gleiche Definition besitzen, sind Werte der selben Klasse von *Managed Objects* oder *Managed Object Class* (MOC).

4.2.3.2 Die Managementinformationsbasis

Die Gesamtheit der Informationen innerhalb eines offenen Systems, die durch die Benutzung von OSI-Managementprotokollen beeinflußt oder übertragen werden können, wird als Managementinformationsbasis (*Management Informa-*

tion Base, MIB) bezeichnet. Die MIB kann auch als Menge aller *Managed Objects* innerhalb eines offenen Systems angesehen werden. Dabei sollen jedoch nur die *Managed Objects* betrachtet werden, die in irgendeiner Beziehung zur OSI-Umgebung stehen. Die logische Struktur der MIB ist stets formal zu spezifizieren. Abbildung 4.6 stellt eine MIB dar, in der *Managed Objects* hierarchisch angeordnet sind.

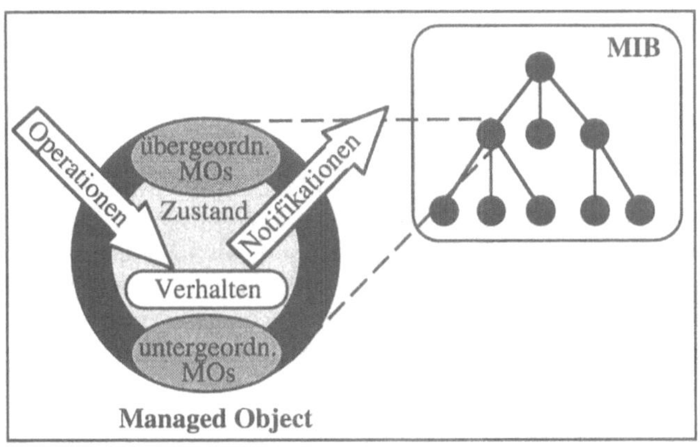

Abb. 4.6: Ein *Managed Object* und dessen Einordnung in die MIB

4.2.3.3 Die Guidelines for the Definition of Managed Objects

Da als Hauptgegenstand dieses Kapitels ein ODP-Szenario mit Hilfe von Managementkonzepten definiert werden soll, ist es notwendig, sich dieser Thematik noch etwas vertiefter zu widmen. Zu diesem Zweck sollen im folgenden die *Guidelines for the Definition of Managed Objects*, kurz GDMO, vorgestellt werden. GDMO erlaubt die Modellierung von Klassen von MOs unter Zuhilfenahme von Techniken der objektorientierten Programmierung. Zu diesem Zwecke müssen Sprachkonstrukte definiert werden, die eine geeignete Definition ermöglichen.

Die Formalisierung dieser Charakteristiken geschieht mit Hilfe sogenannter Templates. Dabei handelt es sich um unterschiedliche Konstrukte, die eine Beschreibung der MOs ermöglichen.

Im OSI-Managementstandard wird zur Zeit von neun verschiedenen Templates ausgegangen [GDMO]. Diese werden im folgenden kurz aufgelistet.

Managed Object Class Template
Das *Managed Object Class Template* bildet die Grundlage für die formale Definition von *Managed Objects*. Elemente dieses Templates ermöglichen es dieser Klasse, die Wurzel des entsprechenden Vererbungsbau-

mes zu bilden, verschiedenartigste Charakteristiken der Klasse zu spezifizieren und das Verhalten zu definieren.

Die Definition der *MO-Class* beinhaltet die Definition der Packages für das Verhalten, die Attribute, Operationen und Notifikationen, die eine vollständige Spezifikation des charakteristischen Verhaltens aller Werte dieser Klasse bilden. Weitere bedingte Packages können nur dann vorhanden sein, wenn spezifizierte Bedingungen erfüllt sind.

Package Template

Das Package Template stellt eine zentrale Rolle bei der Definition von Templates dar. Es besteht aus einer Kombination von Verhaltensdefinitionen, Attributen, Attributgruppen, Operationen, Notifikationen und Parametern.

Mit dieser Spezifikation beschreibt ein Package Template das vollständige Verhalten eines *Managed Objects*, die Wirkung der Operationen und die Umstände, unter denen Notifikationen, also Meldungen vom *Managed Object* erzeugt werden. Neben den Attributen werden Bedingungen an Operationen berücksichtigt und die Wechselwirkung von MOs mit anderen, in Beziehung stehenden MOs der gleichen oder auch einer anderen Klasse beschrieben.

Parameter Template

Ein Parametertemplate ermöglicht die Spezifikation von Parametersyntaxen und damit verbundenem Verhalten, das mit speziellen Attributen, Operation und Notifikationen innerhalb der Package-, Attribut-, Aktions- und Notifikationstemplates vorkommen kann.

Ein Parameter im Sinne des MO-Modells verfügt über einen Bezeichner zu seiner Identifikation und enthält den Wert eines bestimmten Datentyps. Desweiteren ist festgelegt, an welcher Stelle im Managementprotokoll CMIP er übertragen wird. Parameter dienen zur Übermittlung von beispielsweise Fehlermeldungen oder Daten bzgl. eines Aktions- oder Notifikationstemplates.

Attribute Template

Das Attributtemplate wird genutzt, um Attribute eines *Managed Objects* zu definieren. Dies geschieht durch Angabe eines Attributbezeichners und den Verweis auf ein ASN.1-Modul, welches die zugehörigen Datentypen enthält.

Attribute Group Template

Mit dem *Attribute Group Template* können beliebig viele Attribute zu einer Gruppe zusammengefaßt werden. So müssen Operationen, die sich auf eine große Anzahl von Attributen beziehen, nur einmal ausgeführt werden.

Behaviour Template

Das *Behaviour Template* wird genutzt, um die Verhaltensaspekte einer *MO-Class*, des *Name Bindings*, der Parameter, Attribute, Aktionen und

Notifikationen zu definieren. Diese Definition erfolgt anhand einer natürlichsprachlichen Beschreibung.

Action Template

Mit dem *Action Template* wird eine Operation beschrieben, welche auf die Ressource, die das zugehörige *Managed Object* beschreibt, angewendet wird. Die Syntax der Operation wird dabei durch spezielle Konstrukte sowie den Verweis auf ASN.1-Datentypen festgelegt, die Semantik durch ein *Behaviour Template* beschrieben.

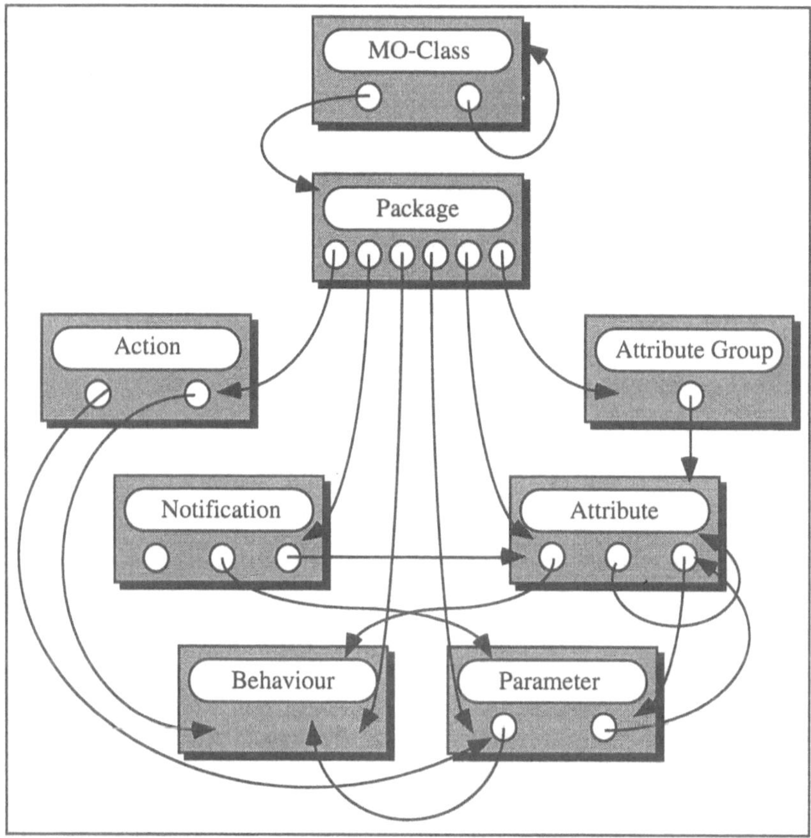

Abb. 4.7: Zugriffe auf Templates in GDMO

Notification Template

Ressourcen müssen beim Eintreten bestimmter Ereignisse oder bei Ausführung spezieller Operationen in der Lage sein, Meldungen auszusenden. Diese Meldungen werden mit dem *Notification Template* spezifiziert. Das Ereignis, bei dem eine Meldung ausgesendet wird, ist dabei durch ein *Behaviour Template* beschrieben.

Name Binding Template
Die Nutzung dieses Templates ermöglicht die Definition von alternativen Namensstrukturen für MOs einer gegebenen *MO-Class*, die mit Mitteln des *Name Bindings* bereitgestellt werden. Dazu wird ein Namensattribut ausgewählt, um den *Relative Distinguished Name* (RDN) eines untergeordneten Objekts einer *MO-Class* zu konstruieren. Dabei wird von dem Objektbezeichner, der dem Attributtyp zugeordnet ist, und dem Wert der entsprechenden Attributinstanz ausgegangen. Der *Distinguished Name* (DN) des untergeordneten Objekts wird durch Anhängen des RDN an den DN des übergeordneten Objekts erhalten.

Die Beziehungen zwischen diesen Templates sind in Abbildung 4.7 dargestellt. Ein Pfeil zwischen zwei Templates bedeutet dabei, daß das Template, von dem der Pfeil ausgeht, bei seiner Definition das zum Pfeil zeigende Template verwenden kann. Rekursive Beziehungen sind ebenfalls möglich.

Die allgemeine Struktur dieser Templates ist einheitlich und kann recht einfach angegeben werden. Die grundlegende Struktur einer Templatedefinition hat die in Abbildung 4.8 dargestellte Struktur.

```
<template-label> TEMPLATE-NAME
CONSTRUCT-NAME [<construct-argument>];
[CONSTRUCT-NAME [<construct-argument>];]*
[REGISTERED AS <object-identifier>];
[supporting productions
<definition-label> -> <syntactic definition>
[<definition-label> -> <syntactic definition>]*];
```

Abb. 4.8: Verallgemeinerte Struktur eines GDMO-Templates

Dabei sind die Terminalsymbole TEMPLATE-NAME und CONSTRUCT-NAME von dem jeweils zu definierenden Template abhängig und werden dann durch die für das entsprechende Template definierten Ausdrücke ersetzt. Nach der Angabe eines eindeutigen template-label's, durch den das Template von anderen Werten der gleichen Klasse abgegrenzt referenziert werden kann, wird die Beschreibung syntaktisch begonnen. Daran schließen sich ein oder mehrere Konstrukte an, die durch einen CONSTRUCT-NAME bezeichnet werden und über ein Argument verfügen können. Das null- oder einmalige Auftreten einer Anweisung wird durch eckige Klammern bezeichnet, ist an diese ein kleines Sternchen angehängt, so kann der in den Klammern befindliche Ausdruck beliebig oft hintereinander aufgeführt werden. Ein REGISTERED AS-Konstrukt ordnet dem Template einen Wert eines ASN.1-Objektbezeichners zu, unter dem dieses spezielle Template registriert ist. Ein Semikolon wird verwendet, um das Ende jeder Anweisung und das Ende des spezifizierten Templates zu markieren.

ODP-Konzept	GDMO-Konzept	Bedeutung
• Objekt	• *Managed Object*	Ein *Managed Object* beschreibt ein Verhalten, das im Verhaltenstemplate definiert wird. Der Zustand kann durch Attribute dargestellt werden. Darüber hinaus sind die Wechselwirkungen zu anderen MOs beschreibbar.
• Komposition/ Dekomposition	• Enthaltenseins-beziehung	Während das Zerlegen und Zusammensetzen von ODP-Objekten mittels Komposition und Dekomposition erfolgt, ist die GDMO-Enthaltenseinsbeziehung von statischem Charakter. Umordnen ist nur durch Löschen und erneutes Kreieren möglich. Trotzdem prinzipiell geeignet.
• Typen und Klassen	• *MO-Class* und *MO-Type*	MOs werden von einer Klasse abgeleitet, die durch das *MO-Class Template* beschrieben werden kann. Die Bedeutung der Klassen und Typen ist konform, da sie in beiden Fällen durch Prä-dikate beschrieben werden können.
• *Subtyping* und *Subclassing*		Für das ODP-Verständnis des *Subtypings* existieren in GDMO keine Mechanismen. Diese Beziehung läßt sich lediglich implizit durch das Einbinden von Packages erreichen. Beispiel: Die MO-Klasse C1 ist eine Unterklasse von MO-Klasse C2, wenn diese aus dem Package P1 besteht, wohingegen C1 aus P1 und P2 bestand.
• Templates	• MO-*Class Template*	Das MO-*Class Template* ist auch ein Template im Sinne von ODP, da nur dieses Template eine Instanziierung gestattet.
• Inkrementelle Vererbung	• "Derived From"	Die inkrementelle Vererbung ist durch das Konstrukt "Derived From" in dem MO-*Class Template* der GDMO gewährleistet.

Abb. 4.9: Gegenüberstellung von ODP- und Managementkonzepten

Die *Abstract Syntax Notation One* (ASN.1) ist ein Standard zur Definition von abstrakten Datentypen. Sie stellt eine Reihe von einfachen Datentypen zur Verfügung, die sich umbenennen lassen und zu größeren Datenstrukturen zusammengefaßt werden können [ASN.1].

Diese Form der Beschreibung wird innerhalb der GDMO verwendet, um Datentypen zu beschreiben. Die *Basic Encoding Rules* (BER) ermöglichen die Übertragung von Daten samt der zugehörigen Datentypen innerhalb eines Managementprotokolls [BER].

4.2.4 Modellierung von ODP-Konzepten mittels Managementkonstrukten der GDMO

Im folgenden sollen die verschiedenen Konzepte und Techniken des *Open Distributed Processings* denen des Managements gegenübergestellt werden. Bei den Managementkonzepten ist besonders die GDMO von Interesse. Eine Zusammenfassung dieser Gegenüberstellung ist in einer bewertenden Form in der Tabelle der Abbildung 4.9 dargestellt.

4.2.4.1 Objekte

Das grundlegende ODP-Konstrukt ist das Objekt, siehe Abschnitt 2.2.1. Während das ODP-Objekt durch sein Verhalten und seinen Zustand gekennzeichnet ist und über die *Reference Points* (RPs, Referenzpunkte) mit seiner Umgebung kommuniziert, wird ein *Managed Object* durch Attribute, Operationen, Notifikationen (d.h. Meldungen) und die Relation zu anderen MOs beschrieben. Es besteht jedoch die Möglichkeit, das Verhalten des ODP-Objekts mittels des im *Behaviour Template* ausdrückbaren Verhaltens zu beschreiben und den Zustand des in ODP modellierten Objekts durch die Attribute des *Managed Objects* auszudrücken. Die Wechselbeziehung mit der Umgebung entspricht schließlich der Relation eines MOs zu anderen MOs. Damit lassen sich die Objekte in der in ODP verwendeten Art und Weise durch *Managed Objects* darstellen.

4.2.4.2 Komposition/Dekomposition

In ODP wird eine Komposition von Objekten gefordert, d.h., eine Kombination von zwei oder mehreren Objekten ergibt wieder ein neues Objekt. Die Charakteristiken des neuen Objekts werden durch die zu kombinierenden Objekte und die Art und Weise der Kombination bestimmt. Desweiteren wird in ODP die Kombination von Verhalten gefordert, bei der zwei bestehende Verhalten ein neues Verhalten ergeben. Auch in diesem Fall wird das entstehende Verhalten durch die zu kombinierenden Verhalten und die Art und Weise der Kombination bestimmt. Die Dekomposition ist die Spezifikation eines gegebenen Objekts als Komposition, wobei aus der Komposition deren Bestandteile wieder ableitbar sind. Beim Management ist eine Komposition und Dekomposition von *Managed Objects* nicht vorgesehen. In diesem Fall geht ODP über die vom Management bereitgestellten Konzepte deutlich hinaus. Es besteht lediglich die Möglichkeit, die Strukturierungstechnik des *Contained Managed Objects* anzuwenden, d.h. zu einem Objekt die darin enthaltenen Objekte zu spezifizieren. Auftretendes Problem ist, eine gewisse Vollständigkeit zu erhalten, das heißt abzusichern, daß eine Menge von in einem MO enthaltenen Objekten die Funktionalität des Ausgangs-MOs bereitstellt, und die Objekt an sich disjunkt sind.

4.2.4.3 Typen und Klassen

In ODP versteht man unter dem Typ eines Objekts, einer Schnittstelle oder einer Aktion ein Prädikat, das dieses Objekt, diese Schnittstelle oder diese Aktion charakterisiert. Das betrachtete Objekt besitzt oder erfüllt den gewissen Typ, falls das Prädikat dafür erfüllt ist.

Der Begriff des Typs klassifiziert auf indirektem Wege Entitäten in Kategorien, die in einer geeigneten Weise spezifizierbar sein sollen. Umgekehrt ist eine Klasse von Objekten die Menge aller Objekte, die dem Typ genügen. Die Elemente dieser Klasse werden dann als Mitglieder dieser Klasse bezeichnet. Es ist zu beachten, daß auch Fälle denkbar sind, in denen eine Klasse keine Mitglieder besitzt.

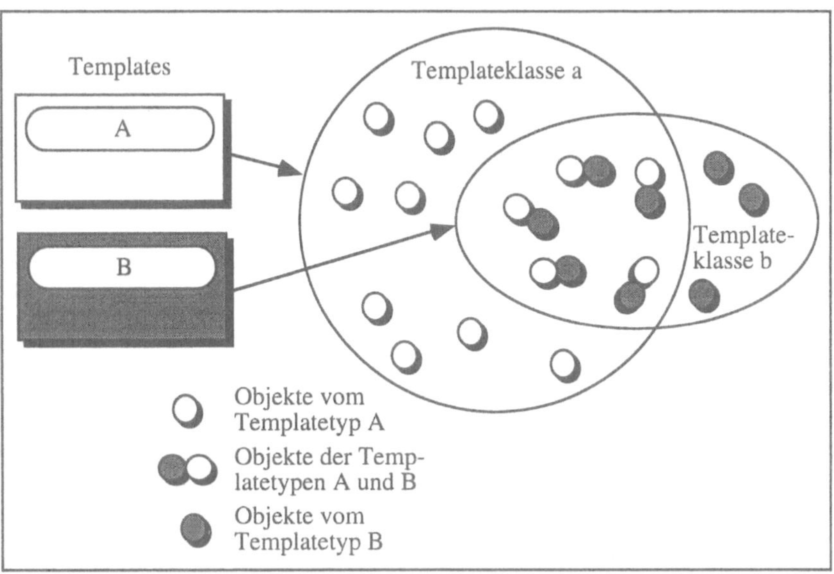

Abb. 4.10: Beziehungen zwischen Objekten, Templates und Templateklassen

Weitere ODP-Begriffe sind der Templatetyp und die Templateklasse. Unter einem Templatetyp eines Objekts versteht man ein Prädikat, das ein Objekt darstellt und ein Wert eines Objekttemplates ist. Ein Templatetyp ist ein Spezialfall eines Typs, er wird genutzt, um zum Beispiel Objekte zu typisieren. Außerdem ist er mit einem speziellen Template assoziiert, das definiert wurde. In Abbildung 4.10 sind zwei verschiedene Templates vom Typ A und B dargestellt, wobei A beispielsweise die Firma eines Druckers, z.B. HP, und B die Druckart, zum Beispiel Laser, charakterisiere. In diesem Fall werden von den zugehörigen Templates Objekte instanziiert, die einer gemeinsamen Templateklasse angehören. Genügt ein Objekt sowohl A als auch B, handelt es sich also beispielsweise um einen HP-Laserjet, so gehört das entsprechende Objekt beiden Template-klassen an.

Eine Templateklasse von Objekten ist die Menge aller Objekte, die einen Objekttemplatetyp erfüllen, d.h. die Menge aller Objekte, die Werte eines Objekttemplates sind.

Es ist anzumerken, daß jedes Template eine einzelne Templateklasse definiert, so daß Werte eines Templates auf Werte der Templateklasse zurückgeführt werden können. Der Begriff der Klasse wird verwendet, um auf eine generelle Klassifikation von Objekten zu verweisen. Der Begriff der Templateklasse ist ein eher restriktiver Begriff, wobei die Mitglieder einer Templateklasse eingeschränkt sind auf solche, die von dem Template oder einer dessen Teiltypen instanziiert sind, d.h. die Mitglieder einer Templateklasse sind eingeschränkt auf solche Objekte, die den Objekttemplatetyp erfüllen.

Im Management werden *Managed Objects* mit gemeinsamen Eigenschaften zu *Managed Object Classes* zusammengefaßt. Auch wenn der Begriff des Typs im Managementstandard X.700 nicht explizit eingeführt wird, so kann man die in der MO-Klasse enthaltenen MOs als zu der MO-Klasse des entsprechenden Typs zuordnen. Die entsprechende Templateklasse ist in diesem Fall das *Managed Object Class Template*.

Damit gibt es für die ODP-Begriffe des Typs und der Klasse eine adäquate Beschreibung im Management.

4.2.4.4 Subtyping und Subclassing

In ODP wird eine Klasse als eine Subklasse oder auch Teilklasse einer anderen, sogenannten Super- oder Oberklasse, bezeichnet, wenn die erste Klasse eine Teilmenge der zweiten Menge ist. Diese Teilklassenrelation kann als reflexiv und transitiv auf einer Menge von Templates angesehen werden.

Ein Typ ist ein Subtyp eines zweiten Typs genau dann, wenn die mit dem ersten Typ assoziierte Klasse eine Teilklasse der mit dem zweiten Typ assoziierten Klasse ist. Die Begriffe des *Subtypings* und *Subclassings* sind in den Managementarbeiten nicht enthalten. Implizit lassen sich jedoch auch hier Subtyping und Subclassing-Relationen ausdrücken, wenn man davon ausgeht, daß durch das Einbinden von *Managed Objects* bzw. deren Klassen in andere *Managed Object Classes* eine Enthaltenseinsbeziehung entsteht.

Bezogen auf das in Abschnitt 4.2.4.3 gegebene Beispiel kann es sein, daß als Kriterien HP-Geräte und Laserdrucker betrachtet werden. In diesem Fall ist die Menge der Objekte, die von den HP-Geräte- und Laserdruckertemplates instanziiert wurde, eine Teilmenge der von dem HP-Gerätetemplate instanziierten Objekte. Der Typ der erstgenannten Klasse ist folglich ein Subtyp der letztgenannten Klasse.

Im X.722-Standard [GDMO] wird die Möglichkeit der Subclass als *Structuring Technique* angegeben, um eine Spezialisierung zu erhalten. *Managed Object Classes*, die noch nicht instanziiert worden sind, können definiert werden, um eine gemeinsame Basis zu liefern, von der Subclasses spezialisiert werden. Die Regeln für die Vererbung limitieren jedoch die Art und Weise, in der *Required Value Sets* und *Permitted Value Sets* von Attributen einer *Managed Object Class* modifiziert werden können, wenn eine Subclass einer Klasse abgeleitet wird, siehe auch Abbildung 4.11. Allerdings sichern diese Regeln auch ab, daß die Teilklasse kompatibel zu ihrer Superklasse ist.

Wird eine MO-Klasse definiert, die eine Superklasse einer MO-Klasse ist, so ist es sinnvoll, für diese Art der Erweiterung Unterstützung zu liefern. Implizit folgt aus dem *Subclassing* auch ein *Subtyping*, wobei die untergeordneten Klassen auf die Typen abgebildet werden. Somit ist eine Übertragung auf das *Sub-* und *Supertyping* bzw. *-classing* möglich. Die durch das Management bereitgestellten Konstrukte eignen sich also, um die von ODP geforderten Eigenschaften darzustellen.

4.2.4.5 Templates

Das ODP bedient sich in Part 2 einer Reihe von Templates wie zum Beispiel dem *Object Template*, *Interface Template* oder dem *Action Template*. Diese Templates haben gemeinsam, daß das Template die Spezifikation gemeinsamer Merkmale einer Sammlung von Objekten, Schnittstellen bzw. Aktionen ist. In Abhängigkeit davon, auf welche Art von Objekten sich das jeweilige Template bezieht, werden die einzelnen Begriffe verwendet.

Das Template kann durch die Verwendung von Parametern spezifiziert werden, wobei der spezielle Parametertyp diese Spezifikation noch beeinflussen kann. Templates können entsprechend gewissen Kalkülen kombiniert werden. Man sagt, daß ein Objekt ein Wert eines spezifizierten Objekttemplates ist, wenn dieses Objekt eine Instantiierung eines Objekttemplates darstellt, das eine Teilklasse des spezifizierten Objekttemplates ist.

Im Management versteht man unter einem Template ein Standardformat für die Dokumentation von *Name Binding*, *Managed Object Classes* und deren Komponenten. In diesem Sinne entsprechen die im Management verwendeten Templates, die sich auch der Verwendung von Parametern bedienen, denen des ODP, gehen sogar noch darüber hinaus, indem sie eine formale Beschreibungsvorschrift für die Darstellung der Komponenten vorschlagen.

Soll eine explizite Zuordnung gegeben werden, so ist das *Managed Object Class Template* Ausgangspunkt, um *Object Templates* des ODP zu beschreiben. Diese Zuordnung ist auch deshalb notwendig, da nur das *MO Class Template* eine Instantiierung neuer Templates gestattet.

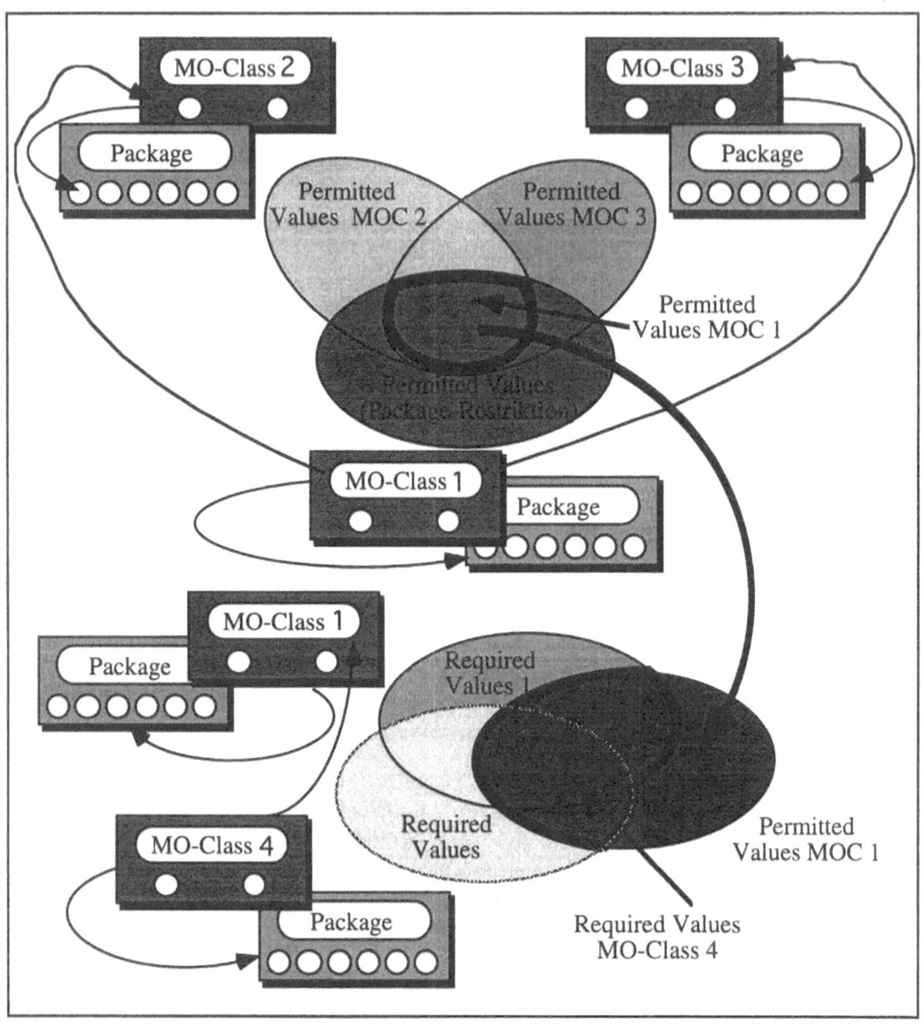

Abb. 4.11: Bildung der *Permitted Values* und *Required Values* bei Ableitung einer MO-*Class* 1 aus den MO-*Classes* 2 und 3

4.2.4.6 Inkrementelle Vererbung

Die Ableitung neuer Templates durch inkrementelle Modifikation existierender Elterntemplates wird als inkrementelle Vererbung bezeichnet. Dabei wird der Typ des abgeleiteten Templates als abgeleiteter Typ bezeichnet, der Typ des Elterntemplates heißt Elterntyp. Falls ein Template mehr als ein direkt vorangegangenes Elterntemplate besitzt, so sagt man, daß eine multiple Vererbung vorliegt.

Im folgenden sollen zwei MO-Klassen von *Managed Objects* betrachtet werden, die jeweils eine Menge von Druckern beschreiben. MOC 2 erlaubt dabei Papiergrößen A2, A3, A4 und A5; wohingegen MOC 3 die Papiergrößen A4, A5 und A6 gestattet. Aus diesen beiden MO Classes sollen Eigenschaften an eine MO Class 1 weitervererbt werden. Als Schnittmenge der Eigenschaften, d.h. Durchschnitt der erlaubten Papierformate ergeben sich die Elemente A4 und A5. Zusätzlich verfügt MOC 1 über eigene erlaubte Papiergrößen, die in diesem Fall nicht beschränkt sind, so daß die Schnittmenge zwischen den erlaubten Werten von MOC 1 und der Schnittmenge von MOC 2 und 3 gleich dem ursprünglichen Wert ist. Ferner soll eine MO Class 4 betrachtet werden. Diese erfordert Werte A4 und B4. Die von MOC 1 geforderten Papiergrößen beschränken sich auf A5. Somit ergibt sich aus der Vereinigung der letztgenannten geforderten Größen geschnitten mit den erlaubten Werten die Vereinigungsmenge bestehend aus den Elementen A4 und A5.

Das Management unterstützt die Vererbung durch das Bilden von Klassenhierarchien, d.h., durch das Ableiten von Unter- aus Oberklassen entsteht eine Klassenhierarchie, wobei eine Klasse auch mehrere Oberklassen besitzen kann. In diesem Sinne ist die in ODP geforderte multiple Vererbung durch die vom Management bereitgestellte *Strict Multiple Inheritance* realisierbar [DHL 92]. Hier ist eine problemlose Übertragung der ODP-Konzepte auf die Managementkonstrukte möglich.

4.3 Das Dienstmanagement

Ausgehend von der Idee, daß das OSI-Management für beliebige Objekte innerhalb eines offenen Systems angewendet werden kann, soll nun die Verwaltung von Diensten und diensterbringenden sowie -vermittelnden Komponenten im Sinne des ODPs unterstützt werden. Als Bezeichnung dieses Aufgabenbereichs wird der Begriff des Dienstmanagements verwendet.

Zu diesem Zweck wird zunächst untersucht, in welchen Forschungsbereichen und welchem Sinn der Begriff des Dienstmanagements bereits Verwendung findet. Daran schließt sich eine Einordnung dieser Thematik in den Kontext des OSI-Managements an, bevor schließlich das eigentliche Dienstmanagement im Sinne des *Open Distributed Processings* in Form eines Szenarios zum Management von ODP-Diensten vorgestellt wird.

4.3.1 Bisherige Ansätze zum Dienstmanagement

Der Begriff des Dienstmanagements wurde Ende der 80er Jahre geprägt. Die erste auffindbare Veröffentlichung mit diesem Namen ist [GeMa 87], die später auch unter [GeMa 93] publiziert wurde. In dieser Arbeit wird sogar schon der Zusammenhang zu ODP dargestellt, allerdings ist die Thematik unabhängig von der Dienstvermittlung, vielmehr wird ein Bezug zu den ODP-*Viewpoints* hergestellt.

Dienstmanagement wird von den Autoren in [GeMa 93] als Schlüsselgebiet des zukünftigen *Telecommunications Management Network* (TMN) bezeichnet, wobei eine Einordnung in die Breitbandkommunikationsnetze vorgenommen wird. Die Definition des Dienstmanagements erfolgt in dem Sinne, daß darunter die Aktivitäten zur Absicherung einer sauberen Handhabung von Diensten verstanden wird. Im weiteren Verlauf wird ein Bezug zu den fünf ODP-*Viewpoints* hergestellt und ein Systementwurf vorgestellt, der diese *Viewpoints* einbezieht.

Unabhängig von diesen Arbeiten entstanden weitere Artikel, die auf das gleiche Anwendungsgebiet zielten. [Sk 90] geht von der Notwendigkeit eines Dienstmanagements aus, um die große Vielfalt der in heterogenen Systemen angebotenen Dienste handhaben zu können. In dem Artikel wird dann für das spezielle Aufgabengebiet der Mobilfunknetze eine Konzeption angegeben, die zur Lösung der allgemeinen Aufgabenstellung beitragen soll.

Ebenfalls auf den Bereich der Telekommunikation beziehen sich die Ergebnisse eines RACE-Projekts, das in [Pl 93] ein RACE-Telekommunikationsdienstmanagement vorstellt und die Arbeit [SiMo 91], die den Versuch eines integrierten Dienstmanagements unternimmt.

Interessant ist die Arbeit [Stew 93], die auf die prinzipiellen Unterschiede zwischen dem Telekommunikationsmanagement und dem Dienstmanagement aufmerksam macht. Leider ist diese Idee jedoch so allgemein gehalten, daß keine Aussage gemacht wird, inwiefern sich beide Entwicklungen ausschließen bzw. miteinander vereinbar sind.

Eine breite Verwendung fand der Begriff des Dienstmanagements danach im Zusammenhang mit Intelligenten Netzen (INen). Zahlreiche Veröffentlichungen demonstrieren die Relevanz dieser Thematik im Kontext der INe, vergleiche [Lj 90], [APD 90], [KrGo 90] und [Su 92].

Andere Anwendungsbereiche des Dienstmanagements sind die Satellitenkommunikation [Schu 93] und Virtuelle Privatnetze [MTW 93], [HMR+ 93].

Bei diesen bislang vorgestellten Ansätzen ist immer von speziellen Anwendungsgebieten ausgegangen worden. Dabei ist ein Fehlen von allgemeinen Überlegungen zu beobachten, die Dienste an sich zu managen. [Ai 90] geht auch von einem verallgemeinerten *Network Service Management* aus, das Netzwerkressourcen auf Dienstmanagementfunktionen abbildet, [Ma 91] beschreibt erstmals Dienste mit Hilfe von *Managed Objects* und führt eine *Service Managed Object Class* ein, beide sind dabei jedoch nicht konform zu den in [ODP Tr] beschriebenen Anforderungen.

Das im folgenden vorgestellte Dienstmanagement unterscheidet sich grundlegend von den bislang diskutierten Ansätzen. Es basiert auf den informell in

[ODP Tr] beschriebenen Richtlinien und Vorstellungen und geht dabei nicht von speziellen Diensten, sondern der Struktur der Dienste aus.

In Analogie zu [Ma 91] wird auch wieder die Idee aufgegriffen, einen Dienst auf ein *Managed Object* abzubilden, allerdings wird aufbauend auf den Arbeiten [PoKue 94], [Po 93] und [Kü 93, Kü 94] die Einordnung des Dienstes in die Begriffe Diensttyp und Dienstangebot vorgenommen, wodurch eine Klassifikation von insbesondere heterogenen Diensten möglich wird, da diese bei gleicher Funktionalität dem gleichen Diensttyp genügen. Bevor das eigentliche Szenario vorgestellt wird, soll im folgenden Abschnitt eine Zurückführung einzelner ODP-Komponenten auf das OSI-Management vorgenommen werden.

4.3.2 Einbettung des Dienstmanagements in die Struktur des OSI-Managements

Als Ausgangspunkt für die Einbettung eines Dienstmanagements in die bestehenden Konzepte des OSI-Managements ist die Struktur dieses OSI-Managements zu betrachten. Diese dreistufige Architektur wird um eine weitere Ebene, das sogenannte Dienstmanagement, erweitert.

Erste Ideen zu einem solchen Ansatz sind vom Autor bereits in [PoKM 93], [PoKM 94] und [KüPo 94] diskutiert worden. Da ein Dienst eine Anwendung eines Verteilten Systems sein kann, hat es sich als notwendig erwiesen, diesen allgemeiner als die von OSI bereits betrachteten Bereiche des *Systems Management*, *(N)-Layer Management* und der *(N)-Layer Operations* anzuordnen, die in Abschnitt 4.2.2 vorgestellt wurden [Sch 92e].

Geht man davon aus, daß bei einem Sieben-Schichten-Modell, wie es im OSI-Standard vorgeschlagen wird, Anwendungsdienste über der obersten Ebene betrachtet werden, so muß das Dienstmanagement auch funktional über dem *(N)-Layer Management* und erst recht den *(N)-Layer Operations* liegen [Po 93], [PoKue 94]. Geht man nun noch davon aus, daß ein Dienst die von einem Objekt bzw. einem System bereitgestellte Funktionalität verkörpert, und Dienste hier als von Verteilten Systemen angebotene Funktionalitäten betrachtet werden, so ist es offensichtlich, daß das Dienstmanagement auch über dem Systemmanagement einzuordnen ist. Diese Einbettung ist logisch sinnvoll und - wie sich im Laufe der Betrachtungen herausstellen wird - von sehr großem Vorteil bezüglich neuer Modellierungsansätze.

Überlegt man nun umgekehrt aus Sicht des Dienstmanagements, ob eine solche Einordnung sinnvoll ist, so ist ein Dienst stets an ein Objekt, hier allgemein als System modelliert, geknüpft. Die im System geltenden Vorschriften und Einschränkungen liegen der Dienstbereitstellung und -anbietung zugrunde, daher müssen sie bei der Modellierung auch berücksichtigt werden. Gleiches gilt für die Wechselwirkungen zwischen und innerhalb der sieben Schichten.

Die sich insgesamt ergebene Architektur bei Einbeziehung des Dienstmanagements in die vom OSI-Management bereitgestellten Konzepte ist in Abbildung 4.12 dargestellt.

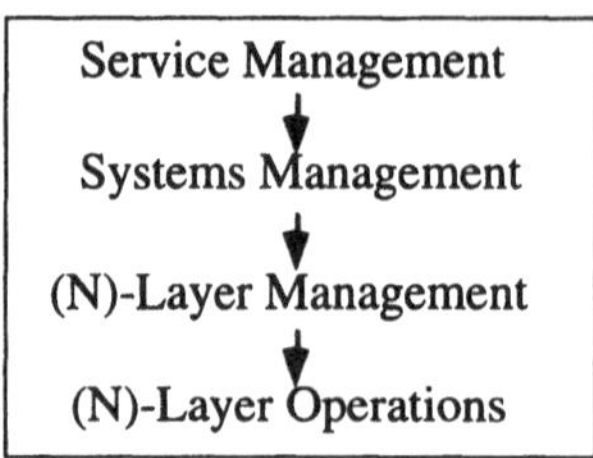

Abb. 4.12: Einbettung des Dienstmanagements in die vom OSI-Management
bereitgestellten Konzepte

4.3.3 Ein Szenario zum Management von ODP-Diensten

Mit Hilfe der im Abschnitt 4.2.3.3 beschriebenen Formalen Beschreibungstechnik GDMO soll nun ein Managementszenario entworfen werden, das die vom ODP-Referenzmodell betrachteten Konzepte modelliert und deren Eigenschaften berücksichtigt. Zu diesem Zwecke wird als Ansatz eine Abbildung von ODP-Komponenten auf *Managed Objects* durchgeführt [PoKM 93]. Um welche ODP-Objekte es sich im einzelnen handelt, wird im folgenden detailliert ausgeführt.

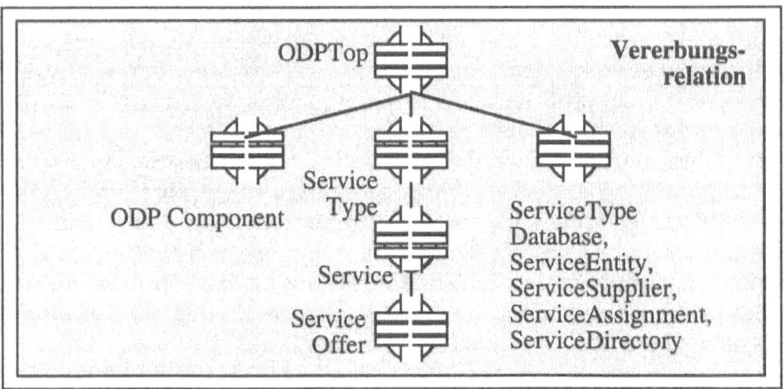

Abb. 4.13: Vererbungsrelation des Dienstmanagements

Ausgangspunkt der Betrachtungen ist entsprechend der GDMO eine generische Klasse, von der alle weiteren Objekte abgeleitet werden. Diese generische Klasse wird als `ODPTop` bezeichnet. Von dieser Klasse `ODPTop` werden Klassen abgeleitet, die zunächst allgemein als `ODPComponent`, `ServiceType` u.ä. bezeichnet werden, vergleiche Abbildung 4.13. Später stehen diese ODP-Komponenten für

die Objekte innerhalb eines Systems zur Dienstvermittlung, also insbesondere
für den ODP-Trader und seine Exporter. Diese Komponenten werden weiter
verfeinert, bis schließlich eine hinreichende Detaillierung vorgenommen worden
ist, so daß auch Dienste bzw. Dienstangebote beschrieben werden können.

Unabhängig von der zugrundeliegenden Vererbungsrelation ist die *Management
Information Base*, in welcher die *Managed Objects* angeordnet werden, von Bedeutung. Die entsprechende Enthaltenseinsbeziehung ist in Abbildung 4.14 dargestellt.

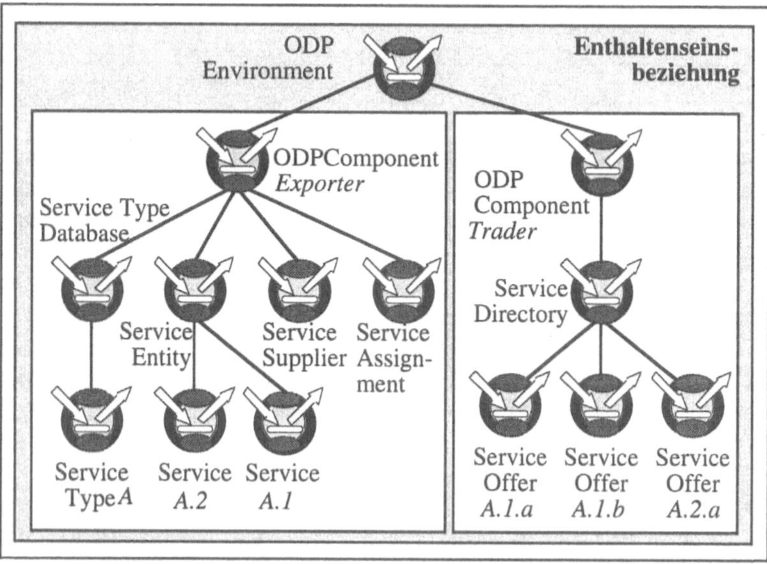

Abb. 4.14: Enthaltenseinsbeziehung des Dienstmanagements

4.3.3.1 Die generische Klasse ODPTop

Unter generischen Klassen versteht man innerhalb des Managements solche
Klassen, die nicht für die Instantiierung vorgesehen sind. Eine generische Klasse ist eine Oberklasse, aus der sich alle weiteren Klassen ableiten lassen. Sie ist
eine MO-Klasse, in der das Konstrukt DERIVED FROM nicht vorkommt. Da im
OSI-Standard festgelegt wurde, daß die Klasse Top die Wurzel eines jeden Vererbungsbaumes von MO-Klassen darstellen muß, folgt die Namensgebung
dieser Klasse aus dieser Bedingung und der semantischen Assoziation des Zu-
satzes. Durch diese Namensbildung ist ferner sichergestellt, daß jede MO-Klasse bestimmte Elemente enthält, die für ihre Instantiierung oder für das Verhalten ihrer Instanz innerhalb der MIB des Systems unentbehrlich sind. Eine
solche generische Klasse ist daher auch für Systeme einer ODP-Umgebung absolut erforderlich.

Im folgenden soll für das ODP-Trading die Klasse `ODPTop` definiert werden, die formale Darstellung ist in Abbildung 4.15 dargestellt.

```
ODPTop MANAGED OBJECT CLASS
   CHARACTERIZED BY
      ODPTopPackage PACKAGE
         ATTRIBUTES       objectClass GET,
                          nameBinding GET;
   CONDITIONAL PACKAGES
      packagesPackage PACKAGE
         ATTRIBUTES packages GET;
      REGISTERED AS {ServManagODPPackages 1};
      PRESENT IF   "außer diesem Package in der MO-Class
                    weitere Packages enthalten sind";
REGISTERED AS {ServManagODPTopMOClass 1};
```

Abb. 4.15: GDMO-Spezifikation der MO-Klasse `ODPTop` mit Darstellung des
Package Templates

Entsprechend den o.g. Bemerkungen entfällt hier die Angabe DERIVED FROM des MO-*Class Templates*, da es sich um die Wurzel des Vererbungsbaumes handelt. Vergleicht man diese Spezifikation weiter mit der allgemeinen Templatestruktur, so folgt auf den Schlüsselbegriff CHARACTERIZED BY die Angabe des *Package Labels* `ODPTopPackage`, wobei anschließend von der Möglichkeit der in-line-Darstellung, d.h. der Einbeziehung der Packagespezifikation in das MO-*Class Template* Gebrauch gemacht wird.

Die gleiche Darstellung ist bei der Angabe der CONDITIONAL PACKAGES verwendet worden. Betrachtet man die allgemeine Struktur eines *Package Templates*, so ist auffallend, daß weder Verhalten noch Attributgruppen, Aktionen oder Notifikationen spezifiziert wurden, sondern die Darstellung der *Packages* sich auf die Angabe von Attributen beschränkt.

Bei dem unbedingten PACKAGE `ODPTopPackage` sind zwei *Attribute Label* `objectClass` und `nameBinding` angegeben, auf die eine in der *Property List* gewählte Operation GET folgt, die Angabe eines *Parameter Labels* ist nicht vorhanden. Die Darstellung des CONDITIONAL PACKAGES ist in andoger Weise erfolgt.

Zusätzlich zu den Konstrukten, die im PACKAGE bereits verwendet wurden, ist hier der Ausdruck REGISTERED AS mit der Angabe eines *Object Identifiers* verwendet worden und der obligatorische Ausdruck PRESENT IF mit nachfolgender Spezifikation der Bedingung, unter der dieses Package auftritt, vorhanden.

Die abschließende Zeile REGISTERED AS ist kein Bestandteil einer PACKAGE-Definition, sondern gehört zur generischen Klasse `ODPTop`.

Die Spezifikation der *Attribut Templates* nameBinding und objectClass soll im folgenden vorgenommen werden. Dazu wird keine in-line-Spezifikation durchgeführt, sondern eine Angabe als separate Templates gewählt. Die formale Darstellung von nameBinding ist in Abbildung 4.16 aufgeführt.

```
nameBinding ATTRIBUTE
   WITH ATTRIBUTE SYNTAX ODP-Top-ASN1Module.NameBinding;
   MATCHES FOR EQUALITY;
   BEHAVIOUR nameBindingBehaviour;
REGISTERED AS {ServManagODPTopAttribute 1};

nameBindingBehaviour BEHAVIOUR
   DEFINED AS "dieses Attribut enthält das für die MO-Instanz
   gültige Label der Name-Binding-Templateinstanz";
```

Abb. 4.16: Das Attributtemplate nameBinding mit zugehörigem *Behaviour Template*

In der Darstellung des nameBinding-Attributtemplates wird kein DERIVED FROM Konstrukt, sondern alternativ die WITH ATTRIBUTE SYNTAX Anweisung verwendet, auf die eine type-reference folgt. Nach dem Schlüsselausdruck MATCHES FOR ist aus der Liste der qualifier mit Hilfe der Produktionsregeln der Begriff EQUALITY ausgewählt worden, dieser Zusatz ermöglicht das Testen des Attributwertes auf Übereinstimmung mit anderen gegebenen Werten.

Das Verhalten des Attributs wird in einem separaten Template nameBinding-Behaviour angegeben. Dieses ist im Anschluß an die Attributdefinition aufgeführt, besteht jedoch lediglich aus der informellen Beschreibung der Verhaltensweise des Templates.

Die Spezifikation der Attributklasse objectClass ist in Abbildung 4.17 dargestellt.

```
objectClass ATTRIBUTE
   WITH ATTRIBUTE SYNTAX ODPTop-ASN1Module.ObjectClass;
   BEHAVIOUR objectClassBehaviour;
   MATCHES FOR EQUALITY;
REGISTERD AS {ServManagODPTopAttribute 2};

objectClassBehaviour BEHAVIOUR
   DEFINED AS "mit diesem Attribut läßt sich zu jeder MO-
   Instanz die zugehörige Klasse ermitteln"
```

Abb. 4.17: Die Attributklasse objectClass mit zugehörigem Verhalten

Die Spezifikation der Attributklasse objectClass ist von ihrer Struktur her mit der Spezifikation der Attributklasse nameBinding vergleichbar. Deshalb soll auf die einzelnen Anweisungen nicht genauer eingegangen werden. In den CONDITIONAL PACKAGES der Klasse ODPTop ist die Verwendung einer Attributklasse packages erfolgt. Diese wird in Abbildung 4.18 genauer spezifiziert.

```
packages ATTRIBUTE
  WITH ATTRIBUTE SYNTAX ODPTop-ASN1Module.Packages;
  BEHAVIOUR packagesBehaviour;
  MATCHES FOR EQUALITY, SET-COMPARISON, SET-INTERSECTION;
REGISTERED AS {ServManagODPTopAttribute 3}

packagesBehaviour BEHAVIOUR
  DEFINED AS "in diesem mehrwertigen Attribut werden
              sämtliche in der MO-Instanz enthaltenen
              Packages archiviert"
```

Abb. 4.18: Die Attributklasse packages mit zugehörigem Verhalten

Der Aufbau dieser Klasse ist mit den beiden o.g. Klassen nameBinding und objectClass vergleichbar, lediglich die Angabe der auf MATCHES FOR folgenden qualifier ist hier nicht ein einzelnes Element der in den Produktionsregeln gegebenen Ausdrücke, sondern eine Menge von diesen. SET-COMPARISON bedeutet, daß der Attributwert auf Teilmengenbeziehung gegenüber einem gegebenen Wert getestet werden darf, so daß eine Subset- oder Supersetbeziehung zwischen den Werten bestimmt werden kann; SET-INTERSECTION gibt an, ob es zwischen dem Attributwert und einem gegebenen Wert einen nicht leeren Durchschnitt gibt.

In allen drei Attributklassen ist ein Ausdruck ODPTop-ASN1Module.x als type-reference auf das Schlüsselwort WITH ATTRIBUTE SYNTAX folgend angegeben worden. Die Syntax dieses Ausdrucks ist in Abbildung 4.19 dargestellt.

```
ODPTop-ASN1Module {iso nationalbodies(2) germany(49) aachen
   (241) rwth (80) i4 (214)ODP(9) management (4) 1}
DEFINITIONS ::=
BEGIN
  NameBinding ::= OBJECT IDENTIFIER
  Packages    ::=  SET OF OBJECT IDENTIFIER
  ObjectClass    ::=   CHOICE
                   {globalForm OBJECT IDENTIFIER; localForm
                      INTEGER}
END
```

Abb. 4.19: Die Syntax des Konstrukts ODPTop-ASN1Module

ASN.1 stellt eigens für Zwecke der Registrierung den Typ OBJECT IDENTIFIER zur Verfügung, der als Wert sämtliche Bezeichner annehmen kann, die den Regeln eines Internationalen Standards entsprechen. In diesem Szenario werden in allen Konstrukten REGISTERED AS Beispielwerte verwendet, die nicht konform mit dem erwähnten Standard sein müssen.

4.3.3.2 Die Klasse ODPComponent

Im Gegensatz zu der Klasse ODPTop, welche in Verbindung mit der Vererbungsrelation von Objekten steht, betrachtet die Klasse ODPComponent die physikalischen Beziehungen von Objekten zueinander.

Unabhängig davon, ist ODPComponent jedoch ODPTop untergeordnet, d.h. diese Klasse besitzt alle Eigenschaften, die von ODPTop vorgegeben werden. Während ODPTop also eine generische Klasse ist und die Wurzel der Vererbungshierarchie darstellt, bei der es sich um eine Klassenhierarchie handelt, ist ODPComponent keine generische Klasse. Sie bildet im Gegensatz zu ODPTop die Wurzel jeder Enthaltenseinsbeziehung, die sich auf Instanzen bezieht. Instanzen der MO-Klasse ODPComponent bilden die Wurzel jeder Enthaltenseinsbeziehung in einem System, das sich konform zum ODP-Standard verhält.

Die durchgeführten Spezifikationen sind von so allgemeinem Charakter, daß sie nur die Bestandteile einer ODP-Umgebung enthalten, die allen Objekten gemeinsam sind und damit absolut notwendig für die Beschreibung der einzelnen Komponenten.

ODPTop modelliert die Vererbungsrelation durch das Konstrukt DERIVED FROM, das in jeder Klasse Verwendung findet. Folglich sind alle *Packages*, aus denen sich ODPTop zusammensetzt, in allen Instanzen jeder Klasse enthalten. Im Gegensatz dazu wird die Enthaltenseinsbeziehung der Klasse ODPComponent durch Name-Binding-Instanzen verwirklicht.

Die ODPComponent spezifizierenden *Packages* sind durch diese Relation jedoch in keiner anderen Instanz enthalten, es sei denn, die zugehörige Klasse hat unabhängig von der Enthaltenseinsbeziehung Eigenschaften von ODPComponent geerbt.

Innerhalb eines ODP-Szenarios werden an dieser Stelle nur die Komponenten betrachtet, die beim Anbieten von Diensten und bei deren Vermittlung und Bereitstellung von Bedeutung sind. Insbesondere sind dies die Exporter, Trader und Administratoren. Diese Komponenten werden als Vertreter der Klasse ODPComponent modelliert. Um die Ausführungen nicht zu sehr in die Breite gehen zu lassen, wird im folgenden jedoch eine Beschränkung auf die Komponenten Exporter und Trader vorgenommen, die Modellierung des Administrators erfolgt in einer ähnlichen Art und Weise.

In Abbildung 4.20 ist die Spezifikation der MO-Klasse ODPComponent explizit aufgeführt.

```
ODPComponent MANAGED OBJECT CLASS
  DERIVED FROM ODPTop;
  CHARACTERIZED BY
      IdentificationPackage    PACKAGE
          ATTRIBUTES  Name                GET-REPLACE;
                      Identifier      GET;
          NOTIFICATIONS   UsageStateChange,
                          OperationalStateChange;
      REGISTERED AS {ServManagODPComponentPackage 1};
      StatePackage      PACKAGE
          ATTRIBUTES  operationalState    GET,
                      usageState          GET;
      REGISTERED AS {ServManagODPComponentPackage 2};;
  CONDITIONAL PACKAGES
      AdministrativeStatePackage PACKAGE
          ATTRIBUTES  administrativeState GET,
                      usersInQueue        GET;
          ACTIONS     Lock, Unlock, ShutDown;
      REGISTERED AS {ServManagODPComponentPackage 3};
  PRESENT IF  "es von der betreffenden Instanz unterstützt
          wird";
REGISTERD AS    {ServManagODPComponentMOClass 1};
```

Abb. 4.20: Spezifikation der MO-Klasse <code>ODPComponent</code>

Diese Spezifikation der MO-Klasse `ODPComponent` ist so vorgenommen worden, daß jeder Vertreter in einer ODP-Umgebung Elemente für Zwecke seiner Identifikation enthält, außerdem ist die Anzeige der Zustände der jeweiligen Komponenten berücksichtigt worden. Bei diesen Zuständen wird Bezug auf die im Standard beschriebenen Zustände genommen, im einzelnen sind dies der *Operational State*, der *Usage State* und der *Administrative State*.

Die Zustände sind durch ihre Zustandsübergangsdiagramme gekennzeichnet und in Abbildung 4.21 dargestellt.

Die Identifikation der MO-Klasse `ODPComponent` erfolgt innerhalb von `IdentificationPackage` durch die Attribute `Name` und `Identifier`. `Name` ist dabei ein spezieller lokaler Bezeichner, der für das *Name Binding* benötigt wird und beliebig verändert werden kann. `Identifier` ist im Gegensatz zum lokalen Bezeichner Identifier ein globaler Bezeichner, d.h. dieser Bezeichner wird bei der Interaktion mit anderen Vertretern der ODP-Umgebung zur Identifikation und Lokalisierung des Systems verwendet. Er kann nicht beliebig verändert werden, sondern wird von einer übergeordneten Instanz vorgegeben. Die formale Beschreibung dieser beiden Attribute besitzt dabei die in Abbildung 4.22 dargestellte Form.

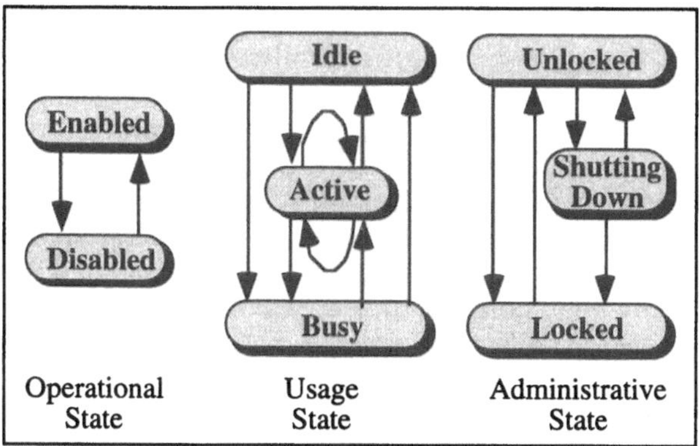

Abb. 4.21: Dynamische Zustände und Zustandsübergänge

Der Zustand des Systems ist in der Spezifikation der MO-Klasse `ODPComponent` durch `operationalState`, `usageState` und `administrativeState` beschrieben, deren Semantik und Werte in Abbildung 4.23 erläutert werden.

```
Name ATTRIBUTE
   WITH ATTRIBUTE SYNTAX ODPComponent-ASN1Module.Name;
   MATCHES FOR EQUALITY;
REGISTERD AS {ServManagODPComponentAttribute 1};

Identifier ATTRIBUTE
   WITH ATTRIBUTE SYNTAX ODPComponent-ASN1Module.Identifier;
   MATCHES FOR EQUALITY;
REGISTERED AS {SemiDatenkomODPComponentAttribute 2};
```

Abb. 4.22: Spezifikation von Attributen der MO-Klasse `ODPComponent`

Das Attribut `operationalState` in der Spezifikation der MO-Klasse zeigt die generelle Betriebsbereitschaft der entsprechenden Komponente an. Der Zustandswert `enabled` bezeichnet dabei die teilweise oder vollständige Verfügbarkeit der Ressource, `disabled` gibt die Nichtverfügbarkeit der Ressource an. Der Wert dieses Zustandes resultiert aus der Verfügbarkeit der Ressource selbst, er kann von der Managementinstanz nur gelesen, nicht jedoch modifiziert werden.

`UsageState` gibt den aktuellen Nutzungsgrad der Ressource an. Dabei bedeutet der Zustandswert `idle`, daß die Ressource momentan nicht genutzt wird, `active` beschreibt den Sachverhalt, daß eine Nutzung zwar erfolgt, jedoch keine Auslastung der Ressource vorhanden ist und `busy` bedeutet die volle Auslastung dieser Ressource für den Fall, daß weiter keine Kapazität vorhanden ist. Auch dieses Attribut kann nur gelesen werden, da die Zustände selbst von ressourcen-internen Größen bestimmt werden.

Schließlich soll noch das Attribut `administrativeState` betrachtet werden, was ein grundsätzlich anderes Verhalten aufweist. Dieses Attribut besitzt die Eigenschaft, daß es durch eine Managementinstanz auch bestimmt werden kann. Sein Status bestimmt, ob die Ressource aus administrativen Gründen für Benutzer zugänglich ist, oder nicht. Letzteres ist dadurch gekennzeichnet, daß der `administrativeState` sich im Zustand `locked` befindet. Bei Vorliegen des Zustands `shuttingDown` werden noch alle in der Warteschlange befindlichen Anfragen abgearbeitet, bevor die Ressource dann gesperrt wird. Im Falle des Zustands `unlocked` liegt keine administrative Sperrung der Ressource vor. Wichtig ist es, an dieser Stelle zu erwähnen, daß der administrative Status des Systems nicht durch ein bloßes Verändern der Attributwerte möglich ist.

Da bei dem administrativen Zustand das interne Verhalten des Systems bzw. der Ressource beeinflußt wird, wurden entsprechend den Zustandsübergängen Funktionen `lock`, `unlock` und `shutting down` eingeführt, die das System entsprechend überführen. Angewendet wird jede der drei Funktionen auf eine Ressource des Systems, der Output bei der Anwendung jeder dieser Funktionen ist der neue administrative Zustand, als `administrativeState` bezeichnet und eine Größe `UsersInQueue`. Die Semantik dieser Funktionen ist der verfeinerten Spezifikation der *Attribut Templates*, die in Abbildung 4.23 angegeben ist, zu entnehmen.

```
operationalState ATTRIBUTE
   WITH ATTRIBUTE SYNTAX ODPComponent-
   ASN1Module.OperationalState;
   MATCHES FOR EQUALITY;
REGISTERED AS {ServManagODPComponentAttribut 3};

usageState ATTRIBUTE
   WITH ATTRIBUTE SYNTAX ODPComponent-ASN1Module.UsageState;
   MATCHES FOR EQUALITY;
REGISTERED AS {ServManagODPComponentAttribut 4};

administrativeState ATTRIBUTE
   WITH ATTRIBUTE SYNTAX ODPComponent-
   ASN1Module.AdministrativeState;
   MATCHES FOR EQUALITY;
REGISTERED AS {ServManagODPComponentAttribut 5};

UsageStateChange NOTIFICATION
   BEHAVIOUR UsageStateChangeBehaviour;
   WITH INFORMATION SYNTAX ODPComponent-
   ASN1Module.UsageStateChangeNot
      AND ATTRIBUTE IDS NewUsageState usageState;
   WITH REPLY SYNTAX ODPComponent-ASN1Module.Confirmation;
```

```
REGISTERED AS {ServManagODPComponentNotification 1};

UsageStateChangeBehaviour BEHAVIOUR
  DEFINED AS "Notification, d.h. Meldung, die bei einer
  Änderung von usageState automatisch generiert wird und
  dann an den zuständigen Managementprozeß ausgesandt wird.
  Diese Meldung enthält den neuen Wert von usageState und
  den Zeitstempel, der den Zeitpunkt der Änderung angibt."

OperationalStateChange NOTIFICATION
  BEHAVIOUR OperationalStateChangeBehaviour;
  WITH INFORMATION SYNTAX
    ODPComponent-ASN1Module.OperationalStateChangeNot
    AND ATTRIBUTE IDS NewOperationalState operationalState;
  WITH REPLY SYNTAX ODPComponent-ASN1Module.Confirmation;
REGISTERED AS {ServManagODPComponentNotification 2};

OperationalStateChangeBehaviour BEHAVIOUR;
  DEFINED AS "Analog zum o.g. UsageStateChangeBehaviour";

Lock ACTION
  BEHAVIOUR LockBehaviour;
  MODE CONFIRMED;
  WITH REPLY SYNTAX ODPComponent-
  ASN1Module.AdministrativStateReply;
REGISTERED AS {ServManagODPComponentAction 1};

LockBehaviour BEHAVIOUR
  DEFINED AS "Diese Operation sperrt die mit dem MO verbun-
  dene Ressource. Es werden keine neuen User in die Queue
  aufgenommen, sämtliche in der Queue befindlichen User
  werden entfernt, AdministrativeState wird auf locked
  gesetzt. Als Bestätigung erhält der Auslöser eine
  Information bestehend aus Zeitpunkt der Ausführung,
  aktualisiertem AdministrativeState und der Anzahl der
  User in der Queue.";

Unlock ACTION
  BEHAVIOUR UnlockBehaviour;
  MODE CONFIRMED;
  WITH REPLY SYNTAX ODPComponent-
  ASN1Module.AdministrativeStateReply;
REGISTERED AS {ServManagODPComponentAction 2};

UnlockBehaviour BEHAVIOUR
```

```
DEFINED AS "Diese Operation entsperrt die mit dem MO
verbundene Ressource. AdministrativeState wird auf
unlocked gesetzt. Als Bestätigung erhält der Auslöser
eine Information bestehend aus Zeitpunkt der Ausführung,
aktualisiertem AdministrativeState und Anzahl der User
in der Queue.";

ShutDown ACTION
BEHAVIOUR ShutDownBehaviour;
MODE CONFIRMED;
WITH REPLY SYNTAX ODPComponent-
ASN1Module.AdministrativeStateReply:
REGISTERED AS {ServManagODPComponentAction 3};

ShutDownBehaviour BEHAVIOUR
DEFINED AS "Diese Operation sperrt die mit dem MO
verbundene Ressource, alle in der Queue befindlichen
User werden jedoch noch bedient, AdministrativeState
wird auf shuttingDown gesetzt. Nach Abarbeiten der letz-
ten Useranfrage wird die Ressource automatisch gesperrt
und verhält sich wie unter lockedBehaviour BEHAVIOUR be-
schrieben. Als Bestätigung erhält der Auslöser eine
Information bestehend aus Zeitpunkt der Ausführung,
aktualisiertem AdministrativeState und Anzahl der User
in der Queue. Nach Abarbeiten der letzten Useranfragen
erhält der Auslöser diese Information erneut.";
```

Abb. 4.23: Syntax und Semantik der *Attribut Templates*

Bei der GDMO-Spezifikation ist keine formale Semantik der Verhaltensbe-
schreibungen vorgesehen. Aus diesem Grund muß auf natürlichsprachliche
Beschreibungsmöglichkeiten zurückgegriffen werden, um Verhalten auszudrücken.

Als Ergänzung der hier beschriebenen BEHAVIOUR, ACTION, NOTIFICATION und
ATTRIBUTE Templates soll nun noch auf die ausstehenden Beschreibungen der
ASN.1-Datentypen eingegangen werden. Diese ist in Abbildung 4.24 dargestellt.

```
ODPComponet-ASN1Module {iso nationalbodies (2) germany (49)
  aachen (241) rwth (80) i4 (214) ODP (9) management (4) 2}
DEFINITIONS ::=
BEGIN
IMPORTS
  TimeStamp
FROM "ISO/IEC JTC1/SC21/WG7 N807": Attribute-ASN1Module
  {2.9.x.x.x.x}
```

```
Name                        ::=   PrintableString
Identifier                  ::=   OBJECT IDENTIFIER
OperationalState            ::=   ENUMERATED
                                  {disabled(0), enabled(1)}
UsageState                  ::=   ENUMERATED
                                  {idle(0), active(1), busy(2)}
AdministrativeState         ::=   ENUMERATED
                                  {locked(0), unlocked(1),
                                  shuttingDown(2)}
UsersInQueue                ::=   INTEGER;
AdministrativeStateReply    ::=   SEQUENCE
                                  {TimeStamp, AdministrativeState
                                   UsersInQueue}
UsageStateChangeNot         ::=   SEQUENCE
                                  {TimeStamp, NewUsageState,
                                  UsageState}
OperationalStateChangeNot   ::=   SEQUENCE
                                  {TimeStamp,
                                  NewOperationalState,
                                  OperationalState}
Confirmation                ::=   NULL
END
```

Abb. 4.24: Spezifikation der Datentypen mittels ASN.1

Nach der Einbeziehung dieser ASN.1-Konstrukte in die Spezifikation der vorangehend vorgestellten Templates für die MO-Klasse ODPComponent ist die formale Beschreibung dieser Enthaltenseinswurzel vollständig und soll damit abgeschlossen werden. Im folgenden wird das Interesse vielmehr auf die Beschreibung der konkreten ODP-Komponenten, welche nun in der Klasse ODPComponent enthalten sind, gerichtet.

4.3.3.3 Dienstanbietende und dienstvermittelnde Komponenten einer ODP-Umgebung

Für die bislang geschaffenen Grundlagen des Managementszenarios soll nun ein Modell vorgestellt werden, das den internen Aufbau eines Exporters und eines Traders wiedergibt. Dieser Ansatz ist an das vorangegangene Kapitel 3 und das ODP-Referenzmodell angelehnt, erhebt jedoch keinen Anspruch auf Vollständigkeit. Vielmehr soll die Definition der später eingeführten dienstspezifischen MO-Klassen unterstützt werden.

Die im folgenden verwendete Architektur eines Exporters ist in Abbildung 4.25 dargestellt. Sie enthält vier logische Einheiten mit den Bezeichnungen *Service Assignment*, *Service Type Database*, *Service Supplier* und *Service Entity*, zwischen denen verschiedene Arten von Wechselbeziehungen stattfinden. Darüber hinaus gibt es zwei Zugänge zu der Exportereinheit namens *Trader Supplier Port* (TSP) und *Importer Access Port* (IAP). Der TSP ist die Schnittstelle für den Dienstexport. Über diese Schnittstelle wird ein Dienst an Kunden zur Verfügung gestellt. In Analogie dazu ermöglicht der IAP den Zugang zu den Diensten des Exporters, d.h., während der TSP im wesentlichen für die Angebotsunterbreitung bei der Dienstvermittlung von Bedeutung ist, erfolgt die eigentliche Dienstbereitstellung über den IAP.

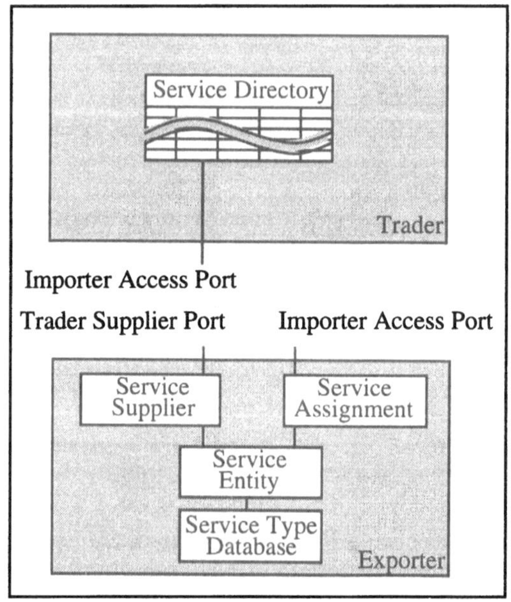

Abb. 4.25: Der interne Aufbau von Komponenten einer ODP-Umgebung

Die *Service Type Database* ist eine Menge, die zu allen vom Exporter angebotenen Diensten die *Service Types* enthält. Ein *Service Type* besteht in Anlehnung an die im Kapitel 2 gemachten Ausführungen unter anderem aus der Angabe einer Signatur, also der Angabe von Operationen und Datentypen und darüber hinaus aus *Service Property Types*, die spezifische Eigenschaften des Dienstes angeben.

Die *Service Entity* beinhaltet alle vom Exporter angebotenen Dienste und stellt somit den logischen Ort dar, an dem die Dienste verwaltet werden. Ein Dienst ist auch hier ein Wert eines Diensttyps in der in Kapitel 2 dargestellten Art und Weise. Damit entspricht das Verhältnis zwischen Dienst und Diensttyp auch dem zwischen MO-Klassen und ihren Instanzen. Es ist durchaus normal, daß zu einem Diensttyp mehrere Dienste angeboten werden, die sich dann durch ihre *Service Properties* voneinander unterscheiden. Dabei sind die unterschiedlichen

Service Properties jedoch Werte ein und desselben *Service Property Types*, vergleiche Kapitel 2.

Die in Abbildung 4.25 zwischen der *Service Type Database* und der *Service Entity* angedeutete Beziehung symbolisiert die Instantiierung eines Dienstes. Der *Service Supplier* stellt die Verbindung zwischen der *Service Entity* und dem Trader durch den TSP her. Der Trader beinhaltet ein *Service Directory*, welches die von den Exportern gemachten *Service Offers*, also Dienstangebote aufnimmt. Dieser von einem Exporter angebotene Dienst wird analog zu Kapitel 2 auch hier wieder durch den *Service Identifier*, *Service Type Identifier* und Werte für die *Service Property Types* beschrieben. Zu einem Dienst können analog zur Dienst/Diensttyp-Relation wieder verschiedene Dienstangebote existieren, die ggf. auch in verschiedenen Tradingkontexten plaziert werden können. Außerdem verfügen die Dienstangebote auch im Kontext des Managements über die in [ODP Tr] geforderten *Service Offer Properties* vom Typ *Service Offer Property Type*. Der in Abbildung 4.25 dargestellte Zusammenhang zwischen *Service Supplier* und *Service Entity* beruht auf dem Zusammenhang zwischen den Diensten und ihren zugeordneten Dienstangeboten.

```
ServiceTypeNameBinding NAME BINDING
  SUBORDINATE OBJECT CLASS ServiceType;
  NAMED BY SUPERIOR OBJECT CLASS ServiceTypeDatabase;
  WITH ATTRIBUTE ServiceTypeIdentifier;
  CREATE;
  DELETE DELETES-CONTAINED-OBJECTS;
REGISTERED AS {ServManagServiceTypeNameBinding 1}

ServiceNameBinding NAME BINDING
  SUBORDINATE OBJECT CLASS Service;
  NAMED BY SUPERIOR OBJECT CLASS ServiceEntity;
  WITH ATTRIBUTE ServiceIdentifier;
REGISTERED AS {ServManagServiceNameBinding 1}

ServiceOfferNameBinding NAME BINDING
  SUBORDINATE OBJECT CLASS ServiceOffer;
  NAMED BY SUPERIOR OBJECT CLASS ServiceDirectory;
  WITH ATTRIBUTE OfferIdentifier;
REGISTERED AS {ServManagServiceOfferNameBinding 1}
```

Abb. 4.26: Spezifikation von `nameBinding`-Templateinstanzen

Die Einheit *Service Assignment* des Exporters weist dem *Service Consumer* des Importers , mit dem sie durch den IAP verbunden ist, die gewünschten Dienste zu und übernimmt dabei Aufgaben der Zugriffskontrolle, Synchronisation usw. Die Kanten zur *Service Entity* deuten die Anzahl der Importer an, die gleichzeitig bedient werden können. Die Enthaltenseinsbeziehung zwischen diesen einzelnen Komponenten ist bereits in Abbildung 4.14 dargestellt.

In der Abbildung zum Zusammenhang der Enthaltenseinsbeziehung zwischen Managementinstanzen spielen die Klassen `ServiceType`, `Service` und `ServiceOffer` eine besondere Rolle. Aus diesem Grund soll die Spezifikation der `nameBinding`-Templateinstanzen in Abbildung 4.26 vorgenommen werden, bevor dann im Anschluß daran diese Klassen einzeln betrachtet werden.

Die in diesen drei Spezifikationen enthaltenen Attribute sind später bei der Betrachtung der einzelnen Szenariobestandteile genauer erläutert. Der wesentliche Unterschied zwischen den drei Spezifikationen liegt jetzt in der Verwendung der Konstrukte `CREATE` und `DELETE`. Diese Operationen werden lediglich in der Spezifikation der Klasse `ServiceType` verwendet. `CREATE` und `DELETE` erlauben die Instantiierung bzw. Eliminierung von Instanzen im Sinne des *Name Bindings* durch gewöhnliche Operationen des Systemmanagements. Die Existenz von Instanzen in allen übrigen MO-Klassen ist von Operationen abhängig, die wiederum auf Instanzen anderer Klassen ausgeführt werden.

4.3.3.4 Die Spezifikation der Klasse ServiceType

Jeder Dienst, der durch einen Exporter angeboten wird, ist ein Wert eines Diensttyps, wie in Abschnitt 2.1.2.1 beschrieben wurde. Alle speziellen Dienste dieses Diensttyps erben dessen Eigenschaften. Aus diesem Grund soll im folgenden mit der Spezifikation des Diensttyps begonnen werden, bevor daran anschließend die formale Beschreibung von Dienst und Dienstangebot vorgenommen wird.

Jeder Diensttyp wird über eine eigene Instanz eines *Managed Objects* gemanagt. Für diese Zwecke muß das *Managed Object* über Attribute verfügen, mit denen sowohl die Identifizierung eines Diensttyps als auch dessen Beschreibung möglich sind. Bei Berücksichtigung dieser Anforderungen ist die in Abbildung 4.27 gegebene Spezifikation der Klasse `ServiceType` sinnvoll.

```
ServiceType MANAGED OBJECT CLASS
   DERIVED FROM ODPTop;
   CHARACTERIZED BY ServiceTypeIdentificationPackage;
   CONDITIONAL PACKAGES ServiceTypeActionPackage
       PRESENT IF   "es handelt sich um eine Instanz der
                     Klasse Service und nicht um eine
                     Unterklasse von Service."
REGISTERED AS {ServManagServiceTypeMOClass 1}


ServiceTypeIdentificationPackage PACKAGE
   ATTRIBUTES ServiceTypeIdentifier          GET,
           ServiceTypeDescription            GET,
           ServicePropertyTypeIdentifiers    GET,
```

```
              InterfaceTypeIdentifier            GET;
   ACTION        Create;
REGISTERED AS {ServManagServiceTypePackage 1}


ServiceTypeActionPackage     PACKAGE
   ACTION        Create;
REGISTERED AS {ServManagServiceTypePackage 2}
```

Abb. 4.27: Spezifikation eines Diensttyps

Der `InterfaceTypeIdentifier` resultiert aus der Notwendigkeit der Angabe eines Schnittstellenbezeichners, der mit dem Diensttyp verbunden ist. Außerdem ist die Angabe von Bezeichnern für Diensteigenschaftstypen erforderlich, die hier mit `ServicePropertyTypeIdentifiers` bezeichnet wurden. Zur Identifizierung des Diensttyps wird das Attribut `ServiceTypeIdentifier` verwendet. Das Attribut `ServiceTypeDescription` dient zur Beschreibung des Diensttyps, die hier in einer eher informellen Art und Weise vorgenommen werden soll. Dieses sowie die anderen Attribute werden in Abbildung 4.28 genauer erläutert.

```
ServiceTypeIdentifier   ATTRIBUTE
  WITH ATTRIBUTE SYNTAX Service-
  ASN1Module.ServiceTypeIdentifier;
  MATCHES FOR EQUALITY;
REGISTERED AS {ServManagServiceType Attribute 1}


InterfaceTypeIdentifier ATTRIBUTE
  WITH ATTRIBUTE SYNTAX Service-
  ASN1Module.InterfaceTypeIdentifier;
  MATCHES FOR EQUALITY;
REGISTERED AS {ServManagInterfaceType Attribute 2}


ServicePropertyTypeIdentifiers   ATTRIBUTE
  WITH ATTRIBUTE SYNTAX Service-
  ASN1Module.ServicePropertyTypeIdentifiers;
  MATCHES FOR EQUALITY, SET-INTERSECTION; SET-COMPARISON;
REGISTERED AS {ServManagServiceType Attribute 3}


ServiceTypeDescription  ATTRIBUTE
  WITH ATTRIBUTE SYNTAX Service-
  ASN1Module.ServiceTypeDescription;
  MATCHES FOR EQUALITY, SUBSTRING;
REGISTERED AS {ServManagServiceType Attribute 4}
```

Abb. 4.28: Spezifikation von Attributen zur Diensttypbeschreibung

Durch die oben aufgeführte Operation `Create` kann ein Dienst - ausgehend von einem Diensttyp - instanziiert werden. Eingangsparameter bei der Ausführung dieser Operation sind der `ServiceTypeIdentifier` und entsprechende `ServicePropertyValues`, im Ergebnis der Abarbeitung der Operation `Create` wird ein `ServiceIdentifier` generiert bzw. eine `ErrorCode` bei Auftreten eines Fehlers erzeugt. Die Semantik dieser Operation ist in Abbildung 4.29 als GDMO-Spezifikation angegeben.

```
Create ACTION
  BEHAVIOUR CreateBehaviour;
  MODE CONFIRMED;
  WITH INFORMATION SYNTAX Service-ASN1Module.CreateInfo;;
  WITH REPLY SYNTAX Service-ASN1Module.CreateReply;
REGISTERED AS {ServManagServiceTypeAction 1}

CreateBehaviour BEHAVIOUR
  DEFINED AS "Mit dieser Operation wird ein neuer Dienst des
  Diensttyps, den der ServiceTypeIdentifier bezeichnet,
  eingerichtet. Für den neuen Dienst wird eine Instanz der
  MO-Klasse Dienst an der Stelle eingerichtet, die das Name-
  Binding dafür vorsieht."
```

Abb. 4.29: Aktionen und Verhalten der Operation `Create`

4.3.3.5 Die Klasse Service

Mit den *Managed Objects* dieser Klasse lassen sich alle auftretenden Dienste von Exportern beschreiben. In Analogie zu der Klasse `ServiceType` muß ein solches `Managed Object` die Identifikation und Beschreibung der Dienste ermöglichen. Dies bedingt eine Einbeziehung der Identifikation und Beschreibung des zugehörigen Diensttyps. Daher werden die bei der Spezifikation von `ServiceType` zuständigen Attribute durch Vererbung in die Klasse `Service` eingebracht. Innerhalb der Klasse `Service` sind diese Attribute nicht explizit sichtbar, jedoch existieren sie. Das Vorhandensein einer Operation `CREATE` innerhalb der Klasse `Service` ist nicht sinnvoll, da die Instantiierung nur durch den Diensttyp erfolgen soll. Aus diesem Grund wurde die Operation in ein speziell zu diesem Zweck definiertes `Package` eingebunden, das in den Unterklassen von `ServiceType` nicht enthalten ist. Die Spezifikation der MO-Klasse `Service` ist in Abbildung 4.30 angegeben.

Da ein Dienst eine wichtige aktive Einheit ist, die zum einen von Importern häufig in Anspruch genommen wird, zum anderen aber auch selbst wichtige Ressourcen wie z.B. Speicher- oder Rechenkapazität in Anspruch nimmt, ist eine Überwachung des Dienstes mit Hilfe der in `ODPComponent` bereits spezifizierten Zustandsattribute sinnvoll. Um die große Vielzahl der Packages, über die `ODPComponent` in der ausgereiftesten Darstellung der Eigenschaften verfügt, nicht alle zu verwenden, ist der Einsatz der Vererbungsrelation unter Umständen nicht unbedingt empfehlenswert. Aus diesem Grund ist die direkte Einbindung von `StatePackage` und `AdministrativePackage` in der obigen Spezifikation erfolgt.

```
Service MANAGED OBJECT CLASS
  DERIVED FROM ServiceType;
  CHARACTERIZED BY ServiceIdentificationPackage;
  CONDITIONAL PACKAGES
        ServiceActionPackage
     PRESENT IF   "es handelt sich um eine Instanz der
                   Klasse Service und nicht um eine
                   Unterklasse davon",
        StatePackage
     PRESENT IF   "es handelt sich um eine Instanz der
                   Klasse Service und nicht um eine
                   Unterklasse davon",
        AdministrativePackage
     PRESENT IF   "es handelt sich um eine Instanz der
                   Klasse Service und nicht um eine
                   Unterklasse davon";
REGISTERED AS {ServManagServiceMOClass 1}


ServiceIdentificationPackage PACKAGE
  ATTRIBUTES ServiceIdentifier                     GET,
        ServiceOfferPropertyTypeIdenitfiers        GET,
        ServicePropertyValues                      GET;
REGISTERED AS {ServManagServicePackage 1}


ServiceActionPackage PACKAGE
  ACTIONS     Export, Destroy;
REGISTERED AS {ServManagServicePackage 2}
```

Abb. 4.30. Spezifikation der MO-Klasse `Service`

In der o.g. Spezifikation wird der Dienst selbst durch die Angabe von `ServiceIdentifier` und `ServicePropertyValues` sowie `ServiceOfferPropertyTypeIdentifiers` beschrieben. Hierbei wird der Zusammenhang zwischen einem Diensttyp und dem eigentlichen Dienst sowie dem Dienst und den dann später zugeordneten Dienstangeboten deutlich. Während bei der Spezifikation des Diensttyps die Definition des `ServicePropertyTypeIdentifiers` vereinbart wurde, wird zu diesem Typbezeichner des Diensttyps nun die Angabe von `ServicePropertyValues`, d.h. der zugehörigen Werte vorgenommen. In Analogie dazu wird dann bei den Dienstangeboten die zu dem bei der Klasse Service vereinbarten `ServiceOfferPropertyTypeIdentifier` die Angabe der `Servi-`

`ceOfferPropertyValues` vorgenommen. Die genauere Spezifikation dieser Attribute ist Gegenstand der Abbildung 4.31.

```
ServiceIdentifier ATTRIBUTE
  WITH ATTRIBUTE SYNTAXService-ASN1Module.ClientIdentifier;
  MATCHES FOR EQUALITY;
REGISTERED AS {ServManagServiceAttribute 1}

ServiceOfferPropertyTypeIdentifiers ATTRIBUTE
  WITH ATTRIBUTE SYNTAX Service-
  ASN1Module.ServiceOfferPropertyTypeIdentifiers;
  MATCHES FOR EQUALITY, SET-COMPARISON; SET-INTERSECTION;
REGISTERED AS {ServManagServiceAttribute 2}

ServicePropertyValues ATTRIBUTE
  WITH ATTRIBUTE SYNTAX Service-
  ASN1Module.ServicePropertyValues;
  MATCHES FOR EQUALITY, SET-COMPARISON; SET-INTERSECTION;
REGISTERED AS {ServManagServiceAttribute 3}
```

Abb. 4.31: Spezifikation von dienstrelevanten Attributen

Die Operation `Export`, die im `ServiceActionPackage` der obigen Spezifikation der MO-Klasse `Service` verwendet wurde, bindet ein Dienstangebot, d.h. ein `ServiceOffer` in einen Tradingkontext eines zugehörigen Traders ein. Dabei benötigt diese Operation eine Reihe von Eingabeparametern, im einzelnen sind dies:

- der `ClientIdentifier`,
- der `Kontextidentifier`,
- die `ServiceTypeDescription`,
- der `ServiceIdentifier`,
- entsprechend den `ServicePropertyTypeIdentifiern` geforderte `ServicePropertyValues`,
- einen `PolicyControllerIdentifier` und
- `ServiceOfferPropertyValues`.

Im Ergebnis der erfolgreichen Ausführung der Operation `Export` erfolgt die Rückgabe eines `OfferIdentifiers`, der den Export des Dienstes kennzeichnet. Ist ein solcher `Export` nicht möglich oder sinnvoll, so wird die Angabe eines `ErrorCodes` gemacht.

Im Falle der Operation `Destroy` wird der durch das MO repräsentierte Dienst wieder eliminiert. Hierbei sind die Parameter

- `ServiceTypeIdentifier` und
- `ServiceIdentifier`

zur Eingabe notwendig. Bei erfolgreicher Ausführung dieser Operation erfolgt keine Werterückgabe, tritt jedoch ein Fehler auf, so wird ein `ErrorCode` angegeben.

Die Semantik dieser Operationen ist der GDMO-Spezifikation zu entnehmen, die in Abbildung 4.32 dargestellt ist.

```
Export ACTION
  BEHAVIOUR ExportBehaviour;
  MODE CONFIRMED;
  WITH INFORMATION SYNTAX Service-ASN1Module.ExportInfo;
  WITH REPLY SYNTAX Service-ASN1Module.ExportReply;
REGISTERED AS {ServManagServiceAction 1}

ExportBehaviour BEHAVIOUR
  DEFINED AS "Mit dieser Operation wird ein neues Dienst-
  angebot des Dienstes, den der ServiceIdentifier bezeich-
  net, in das Service Directory des zuständigen Traders
  eingetragen. Für das neue Dienstangebot wird eine Instanz
  der MO-Klasse ServiceOffer an der Stelle eingerichtet,
  die das Name-Binding dafür vorsieht."

Destroy ACTION
  BEHAVIOUR DestroyBehaviour;
  MODE CONFIRMED;
  WITH INFORMATION SYNTAX Service-ASN1Module.DestroyInfo;
  WITH REPLY SYNTAX Service-ASN1Module.DestroyReply;
REGISTERED AS {ServManagServiceAction 2}

DestroyBehaviour BEHAVIOUR
  DEFINED AS "Mit dieser Operation wird der Dienst zurück-
  gezogen, der durch dieses MO repräsentiert wird. Diese
  Operation hat zur Folge, daß alle Dienstangebote, die
  durch den ServiceIdentifier dieses Dienstes bezeichnet
  werden, aus dem Service Directory des Traders gelöscht
  werden. MOs, welche diese Dienstangebote repräsentieren
  und das MO, welches den Dienst selbst repräsentiert,
  werden ebenfalls gelöscht. Diese Operation sollte nur
  ausgeführt werden, wenn der administrative Zustand
  administrativeState zuvor auf locked gestellt wurde."
```

Abb. 4.32: Spezifikation der Operationen `Export` und `Destroy`

Mit der Angabe dieser Operationssemantiken soll die Beschreibung der MO-Klasse `Service` nun abgeschlossen werden. Was übrig bleibt, ist die formale Beschreibung eines Dienstangebots, das in der Klasse `ServiceOffer` spezifiziert wird.

4.3.3.6 Die Klasse ServiceOffer

Die *Managed Objects*, welche die Dienstangebote repräsentieren, werden in der *Management Information Base* des Traders unterhalb des MOs für das `ServiceDirectory` positioniert.

Die Definition der zugehörigen MO-Klasse ist in Abbildung 4.33 dargestellt, wobei ein DERIVED FROM Konstrukt dazu verwendet wird, ein Dienstangebot von einem Dienst abzuleiten.

```
ServiceOffer MANAGED OBJECT CLASS
   DERIVED FROM Service;
   CHARACTERIZED BY ServiceOfferPackage;
REGISTERED AS {ServManagServiceOfferMOClass 1}


ServiceOfferPackage PACKAGE
   ATTRIBUTES OfferIdentifier              GET,
              ContextIdentifier            GET,
              PolicyControllerIdentifier   GET,
              ServiceOfferPropertyValues   GET;
   ACTIONS    Replace, Withdraw
REGISTERED AS {ServManagServiceOfferPackage 1}
```

Abb. 4.33: Spezifikation der MO-Klasse `ServiceOffer`

Durch Vererbung erhält die Klasse Attribute, welche sowohl den Diensttyp, als auch den zugehörigen Dienst charakterisieren, ohne jedoch die mit den beiden analogen MO-Klassen verbundenen Operationen zu übernehmen. Diese Operationen sind in den Klassen `ServiceType` und `Service` durch bedingte Pakete eingebunden, die eine Instantiierung in ihren Unterklassen nicht zulassen.

Darüber hinaus wird das Dienstangebot detailliert durch solche Attribute beschrieben, die eine Lokalisierung des Angebots in dem TOD ermöglichen. Zu diesen Attributen gehören `OfferIdentifier` und `ContextIdentifier`. Das Attribut `PolicyControllerIdentifier` verbindet das Dienstangebot mit der entsprechenden *Export Policy*.

Die genannten Attribute sind in Abbildung 4.34 genauer spezifiziert.

Die in der obigen Spezifikation verwendeten Operationen `Replace` und `Withdraw` sind konform zum ODP-Traderstandard [ODP Tr]. Sie unterstützen die Manipulation und das Entfernen von Dienstangeboten.

Bei der Operation `Replace` werden im wesentlichen die Eingangsparameter verwendet, die auch bei Export obligatorisch waren, allerdings wird anstelle der

ServiceTypeDescription und des ServiceIdentifiers der im Ergebnis der Exportoperation berechnete OfferIdentifier verwendet. Alle übrigen Parameter sind die gleichen. Da die Anwendung der Operation Replace der Hintereinanderausführung des Löschens und einem erneuten Eintrag entspricht, kann das Ergebnis dieser Replaceoperation einfach abgeleitet werden. Da sich der OfferIdentifier eines Dienstangebots nicht ändert, erfolgt kein Output, jedoch im Falle eines auftretenden Fehlers die Angabe eines ErrorCodes.

```
OfferIdentifier ATTRIBUTE
   WITH ATTRIBUTE SYNTAX Service-ASN1Module.OfferIdentifier;
   MATCHES FOR EQUALITY;
REGISTERD AS {ServManagServiceOfferAttribute 1}

ContextIdentifier ATTRIBUTE
   WITH ATTRIBUTE SYNTAX Service-
   ASN1Module.ContextIdentifier;
   MATCHES FOR EQUALITY;
REGISTERD AS {ServManagServiceOfferAttribute 2}

PolicyControllerIdentifier ATTRIBUTE
   WITH ATTRIBUTE SYNTAX Service-
   ASN1Module.PolicyControllerIdentifier;
   MATCHES FOR EQUALITY;
REGISTERD AS {ServManagServiceOfferAttribute 3}

ServiceOfferPropertyValues ATTRIBUTE
   WITH ATTRIBUTE SYNTAX Service-
   ASN1Module.ServiceOfferPropertyValues;
   MATCHES FOR EQUALITY, SET-COMPARISON, SET-INTERSECTION;
REGISTERD AS {ServManagServiceOfferAttribute 4}
```

Abb. 4.34: Spezifikation der zu einem Dienstangebot gehörenden Attribute

Die Operation Withdraw ermöglicht das Zurückziehen eines Dienstangebots, das bereits unterbreitet worden ist. Zur Ausführung dieser Operation werden die Parameter

- ClientIdentifier,
- ContextIdentifier und
- OfferIdentifier

benötigt, im Falle der erfolgreichen Ausführung dieser Operation erfolgt keine Werterückgabe, beim Auftreten eines Fehlers wird wieder ein ErrorCode angegeben. Die Semantik dieser beiden Operationen ist in Abbildung 4.35 noch einmal in Form einer GDMO-Spezifikation angegeben.

```
ReplaceBehaviour ACTION
  BEHAVIOUR ReplaceBehaviour;
  MODE CONFIRMED;
  WITH INFORMATION SYNTAX Service-ASN1Module.ReplaceInfo;
  WITH REPLY SYNTAX Service-ASN1Module.ReplaceReply;
REGISTERED AS {ServManagServiceOfferAction1}

Replace BEHAVIOUR
  DEFINED AS "Mit dieser Operation werden Attribute des
  durch OfferIdentifier bezeichneten Dienstangebots in dem
  ServiceDirectory des zuständigen Traders manipuliert. Die
  Manipulation hat Auswirkungen auf die entsprechenden
  Attribute des Managed Objects."

Withdraw ACTION
  BEHAVIOUR WithdrawBehaviour;
  MODE CONFIRMED;
  WITH INFORMATION SYNTAX Service-ASN1Module.WithdrawInfo;
  WITH REPLY SYNTAX Service-ASN1Module.WithdrawReply;
REGISTERED AS {ServManagServiceOfferAction2}

WithdrawBehaviour BEHAVIOUR
  DEFINED AS "Mit dieser Operation wird das Dienstangebot,
  welches durch dieses Managed Object repräsentiert wird,
  aus dem Service Directory des zuständigen Traders
  eliminiert. Anschließend wird das MO gelöscht."
```

Abb. 4.35: Die Operationen `Replace` und `Withdraw`

Abschließend soll als Bestandteil der GDMO-Spezifikation noch die Darstellung der ASN.1-Module angegeben werden, in der Form, wie sie hier in den o.g. GDMO-Spezifikationen verwendet wurden.

Diese Spezifikationen sind in Abbildung 4.36 dargestellt.

```
Service-ASN1Module    {iso nationalbodies(2) germany(49)
  aachen(241) rwth(80) i4(214) ODP(9) management(4) 3}
DEFINITIONS  ::=
IMPORTS
  ClientIdentifier, ContextIdentifier, ErrorCode,
  InterfaceTypeIdentifier, ServiceIdentifier,
  ServiceOfferPropertyTypeIdentifier,
  ServiceOfferPropertyValues, ServicePropertyTypeIdentifier,
  ServciePropertyValues, ServiceTypeDescription,
  ServiceTypeIdentifier
```

```
FROM "ISO/IEC JTC1/SC21/WG7 N807":     AttributeASN1Modu-
                                       le{2.9.x.x.x.x}
BEGIN
  ServicePropertyTypeIdentifiers::=       SET OF
                    ServicePropertyTypeIdentifier
  ServcieOfferPropertyTypeIdentifiers::=  SET OF
                    ServiceOfferPropertyTypeIdentifier
  ExportInfo  ::= SEQUENCE
                    {ClientIdentifier, ContextIdentifier,
                    ServiceTypeDescription, ServiceIdentifier
                    ServciePropertyValues,
                    PolicyControllerIdentifier,
                    ServiceOfferPropertyValues}
  ExportReply ::= CHOICE
                    {OfferIdentifier, ErrorCode}
  ReplaceInfo ::= SEQUENCE
                    {ClientIdentifier, ContextIdentifier,
                    OfferIdentifier, ServicePropertyValues,
                    ServiceOfferPropertyValues,
                    PolicyControllerIdentifier}
  ReplaceReply   ::= CHOICE
                    {NULL, ErrorCode}
  WithdrawInfo ::=   SEQUENCE
                    {ClientIdentifier, ContextIdentifier,
                    OfferIdentifier}
  WithdrawReply ::=  CHOICE
                    {NULL, ErrorCode}
  CreateInfo  ::= SEQUENCE
                    {ClientIdentifier, ServiceTypeIdentifier,
                    ServciePropertyValues}
  CreateReply ::= CHOICE
                    {ServiceIdentifier, ErrorCode}
  DestroyInfo ::= SEQUENCE
                    {ClientIdentifier, ServiceTypeIdentifier,
                    ServiceIdentifier}
  DestroyReply   ::= CHOICE
                    {NULL, ErrorCode}
```

Abb. 4.36: Spezifikation der dienstangebotsrelevanten Datentypen

Mit dieser Angabe der zugehörigen ASN.1-Module soll die Spezifikation von
Komponenten zum ODP-Trading abgeschlossen werden.

Eine Zusammenfassung der erreichten Ergebnisse und eine Einordnung der
Leistungen als Beitrag zum Dienstmanagement wird im nächsten Abschnitt gegeben.

4.3.3.7 Einordnung der Dienstspezifikationen in das Dienstmanagement

Das in diesem Abschnitt vorgestellte Managementszenario stellt ein Modellierungskonzept für Ressourcen einer dienstvermittelnden ODP-Umgebung bereit. Da einerseits in den bisherigen Standardisierungsarbeiten zum ODP-Trader lediglich auf eine Z-basierte Beschreibung einer Dienststruktur zurückgegriffen werden kann, ist mit der GDMO-basierten Dienstdarstellung ein wesentlicher Beitrag zur formalen und damit eindeutigen und präzisen Beschreibung von Diensten im Kontext des ODP unternommen worden. Auf der anderen Seite hört innerhalb des Managementstandards und der aktuellen Arbeiten zum Management die Einbeziehung von Anwendungen beim Systemmanagement auf.

Mit der Spezifikation der Dienste in GDMO ist daher auch ein Beitrag für eine feingranularere Beschreibung von Anwendungsdiensten geleistet worden. Als Randergebnis ist eine Schnittstelle zwischen zwei bedeutenden Dokumenten, dem Managementstandard X.700 und dem ODP-Standard X.900 erbracht worden.

Neben diesen allgemeinen Ergebnissen ist jedoch auch noch ein anderes Resultat zu verzeichnen. Während im ODP-Standard die Beschreibung eines dienstvermittelnden Szenarios aus im wesentlichen drei verschiedenen Sichtweisen und damit auch auf drei verschiedenen Abstraktionsniveaus erfolgt, ist hier, ausgehend von der Unternehmenssicht, in der die Komponenten und deren Wechselwirkungen beschrieben werden, die Spezifikation von Exportern, Tradern und die mögliche Einbeziehung von Administratoren angegeben worden. In dieses Gebilde eingebettet wurde dann die Betrachtung von Diensten und deren Relation zu ihren Dienstanbietern.

Schließlich wurde die Verfeinerung so detailliert fortgesetzt, daß die interne Struktur der Dienste betrachtet wurde und Operationen, die auf den Diensten ausgeführt werden können, aus Sicht des Managements mit in die Betrachtungen einbezogen wurden. Diese Gesamtstruktur ist sowohl in sich abgeschlossen als auch vollständig. Damit wurde gezeigt, daß sich die vom Management bereitgestellten Konzepte aufbauend auf den *Managed Objects* durchaus eignen, um alle von ODP geforderten Objekte und Eigenschaften wie zum Beispiel Einkapselung, Vererbung, Subtyping usw. mit Hilfe der Managementkonzepte darstellen zu können.

4.3.4 Realisierung des Dienstexports

Nachdem im Abschnitt 4.3.3 detailliert das Managementszenario für eine ODP-Umgebung vorgestellt wurde, soll in diesem Abschnitt noch einmal kurz auf den Dienstexport eingegangen werden. Im folgenden wird vorgestellt, wie dieser Dienstexport innerhalb des Managementszenarios speziell abläuft.

Abbildung 4.37 stellt die für den Dienstexport relevanten Operationen noch einmal geeignet zusammen. Ausgehend von einem Diensttyp wird unter Verwendung der Operation Create ein Dienst generiert, der sich von dem Diensttypen durch die in Abbildung 4.36 eingetragenen Eigenschaften unterscheidet. Erfolgt nun ein spezielles Dienstangebot, das von einem Exporter unterbreitet wird, so geschieht dies unter Verwendung der Operation Export. Es entsteht das zugehörige *Managed Object* der Klasse ServiceOffer. Dieses kann mittels der Operation Replace ersetzt werden. Wird ein Dienstangebot durch seinen Exporter zurückgezogen, nutzt der Exporter dazu die Operation Withdraw, soll der zu einem Diensttyp generierte Dienst zurückgezogen werden, so wird die Operation Destroy verwendet.

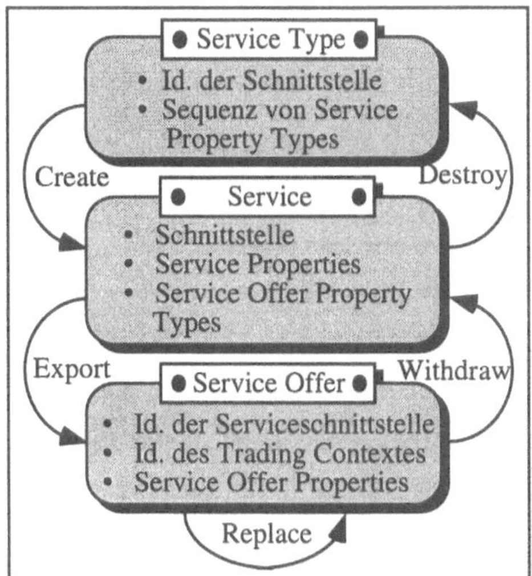

Abb. 4.37: Eintrag eines Dienstexports aus Managementsicht

Ausgehend von einem Diensttyp ist der für die Generierung eines Dienstangebots notwendige, zweistufige Ablauf des zugehörigen Prozesses in Abbildung 4.37 dargestellt. Zur Veranschaulichung dieses Sachverhalts ist das Beispiel eines Druckdienstes gewählt worden.

Das Zurückziehen des in Abbildung 4.38 generierten Dienstes erfolgt in analoger Art und Weise, wobei die durch die Operationen Create und Export bezeichneten Pfeile in entgegengesetzter Richtung mit den analogen, in Abbildung 4.36 genannten Bezeichnungen verlaufen müßten. Die Hintereinanderausführung der Operationen Withdraw und Export - in dieser Reihenfolge - kann dabei durch die Operation Replace ersetzt werden, da es sich um ein und denselben Dienst handelt.

Für die Handhabung von Spezialfällen, welche Attribute wann und wie ersetzt werden können usw., ist die formale Spezifikation der in Abschnitt 4.3.3 angegebenen GDMO-Spezifikation entsprechend einzusehen.

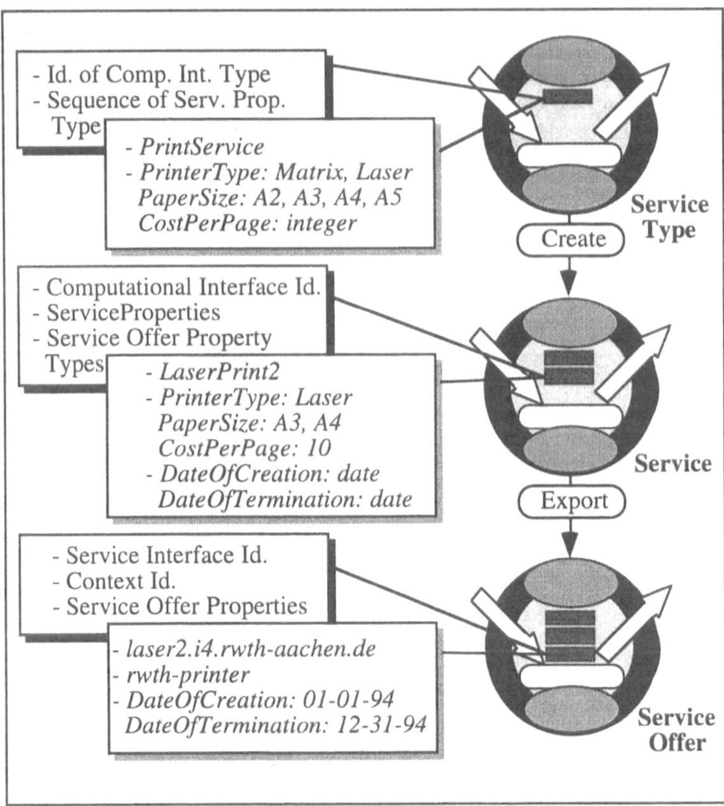

Abb. 4.38: Ein Beispiel zum Export von Druckdiensten

Mit diesem Beispiel soll das eigentliche ODP-Dienstmanagement abgeschlossen werden. Da der Dienstexport mit den vorgestellten Konzepten modellierbar ist, soll der folgende Abschnitt das Interesse auf den Dienstimport legen, der noch nicht explizit behandelt wurde.

4.4 Die Service Request Description Language zum Import von Dienstangeboten

Nachdem ein Konzept zur Verwaltung von Dienstangeboten und dienstvermittelnden Objekten vorgestellt und darin der Export von Diensten formal beschrieben wurde, ist der Import von Diensten eine noch nicht betrachtete Fragestellung, der sich der folgende Abschnitt widmet. Er stellt eine Anfragesprache vor, mittels derer ein Trader eine Abbildung auf in Frage kommende Dienstangebote seiner Traderdatenbasis vornehmen kann. Diese Anfragesprache könnte beispielsweise eine Schnittstelle zwischen einer gewöhnlichen Datenbankabfragesprache und dem Nutzer darstellen. Sie zeichnet sich dadurch aus, daß der Anwender im Falle der Verwendung dieser Anfragesprache keine Kenntnis von der Struktur der Datenbank zu haben braucht, sondern sich vielmehr auf die Anforderungen an seinen gewünschten Dienst konzentrieren kann.

Die vorgestellte Sprache, deren Idee bereits in [PoMe 94] vorgestellt wurde, besitzt eine formale in Backus-Naur-Form gegebene Syntax und eine formale, in vier Stufen unterteilte Semantik. Nach der Vorstellung der Syntax im folgenden Abschnitt wird daran anschließend auch die formale Semantik vorgestellt werden.

4.4.1 Beschreibung von Matchingkriterien und Selektionskriterien

Im folgenden wird auf der Beschreibung eines Dienstangebots in der im zweiten Kapitel der vorliegenden Arbeit dargestellten Art und Weise aufgebaut. Ausgegangen wird von der Darstellung eines Dienstangebots als Tupel, bestehend aus der Adresse, an welcher der Dienst angeboten wird, dem Typ der Rechenschnittstelle, den Diensteigenschaften sowie Dienstangebotseigenschaften. In dieser Darstellung wird auf den Eintrag in der Traderdatenbank dadurch zurückgegriffen, daß die Adresse, an welcher der Dienst angeboten wird, auf den *Export Identifier* zusammen mit dem *Service Interface Identifier* abgebildet wird. Der Typ der Rechenschnittstelle entspricht dem *Interface Type*. Die Diensteigenschaften werden in statische und dynamische Diensteigenschaften unterteilt und die Dienstangebotseigenschaften werden dahingehend ausgewertet, daß ein Dienstangebot nur dann zur Verfügung steht und vermittelt werden kann, wenn seitens der Dienstangebotseigenschaften hinsichtlich der zur Verfügung stehenden Zeit keine Einschränkungen diesbezüglich bestehen. Die verbleibenden relevanten Daten sind in Abbildung 4.39 noch einmal zusammengefaßt.

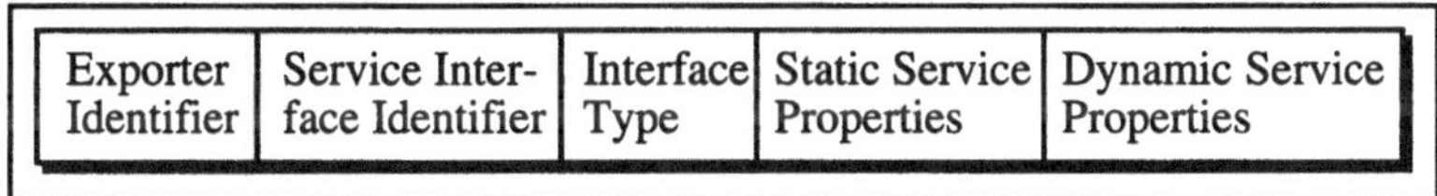

Exporter Identifier	Service Interface Identifier	Interface Type	Static Service Properties	Dynamic Service Properties

Abb. 4.39: Darstellung eines Dienstangebots in der Traderdatenbasis

Entsprechend dem Traderstandard [ODP Tr] verfügt ein Importer über zwei verschiedene Funktionen, die beide genutzt werden, um entsprechende Dienstangebote aus der Traderdatenbasis auszuwählen. Diese beiden Funktionen werden als `search` und `select` bezeichnet. Sie unterscheiden sich dadurch, daß das `search` alle geeigneten Dienstangebote, die den Anforderungen eines Nutzers entsprechen, heraussucht, während das `select` eine Auswahl des optimalen Dienstes entsprechend den Nutzerrestriktionen vornimmt.

Im folgenden soll zunächst nur die `search`-Operation untersucht werden, die unabhängig von der danach vorgestellten `select`-Operation vorgestellt wird.

Die search-Operation sucht aus der Menge aller verfügbaren Dienstangebote die geeigneten heraus und gibt an das anfragende Objekt die Dienste zurück, welche den spezifizierten sogenannten Matchingkriterien genügen. Die Anforderungen eines Matchingkriteriums umfassen dabei zwei Bestandteile:

- das angeforderte Verhalten des Dienstes, das durch eine Diensttypbeschreibung gegeben wird, und
- die angeforderten Diensteigenschaften, auf die im Matchingkriterium Bezug genommen wird.

Um eine search-Operation ausführen zu können, muß das entsprechende Matchingkriterium noch detaillierter untersucht werden. Ein Matchingkriterium ist eine Menge von Regeln, die auf die Gesamtmenge von Dienstangeboten angewendet wird, um eine nicht notwendigerweise kleinere Menge akzeptabler Dienste auswählen zu können. Das Ergebnis der Anwendung einer search-Operation ist demzufolge die Menge der Dienstangebote, die über den korrekten Diensttyp verfügen und ein Matchingconstraint erfüllen. In diesem Sinne versteht man unter einem Matchingkriterium eine Anforderung an Diensteigenschaften, gemäß denen eine Suche von geeigneten Diensten erfolgt. Die erfolgreiche Ausführung der Operation gibt eine Liste von Schnittstellenbezeichnern, Diensteigenschaften und zugehörigen Dienstangebotseigenschaften an die anfragende Einheit zurück.

Bislang sind von der ISO in ihren Standards keine Empfehlungen gegeben worden, in welcher Art und Weise die search- und auch select-Operation ausgeführt werden sollen. ANSAware [ANSA] gibt lediglich eine reduzierte Syntax für Matchingconstraints an, die jedoch nicht standardkonform zu [ODP Tr] ist.

Im folgenden wird ein Konzept entwickelt, in dem Matchingkriterien als Boolsche Ausdrücke spezifiziert werden. Dabei wird eine in der Art des LOTOS-Standards bereits verwendete Backus-Naur-Form (BNF) genutzt, die den folgenden Regeln zugrunde liegt. Die hier vorgestellte Sprache wird als *Service Request Description Language* (SRDL) bezeichnet, was einfach nur Dienstanfragesprache bedeuten soll. Eine SRDL-Spezifikation, die gemäß den BNFen gegeben ist, wird als SRDL-text bezeichnet. Die grundlegende Anforderung wird als service_request bezeichnet und ist in folgender Form spezifiziert:

service-request ::=   <service_request_operation> <search-constraint> **"END SERVREQ"**

service_request_operation ::= <search_operation>
                         | <select_operation>

search-operation ::=   **"SEARCH"** <service-type-identifier> **"WITH"**
                         <conditional-matching-criteria>
select-operation ::=   **"SELECT"** <service-type-identifier> **"WITH"**
                         <conditional-selection-criteria>

Betrachtet man zunächst die search-Operation, so sind die conditional-matching-criteria von Bedeutung. Ein solches conditional-matching-criteria ist aufbauend auf einem simple-matching-criteria und einem basic-matching-criteria definiert, die in der folgenden Form angegeben werden:

basic-matching-criteria ::=	<service-property-identifier> <general-relation> <real-number>
	| <service-property-identifier> <equal-or-not-symbol><service-property-value-identifier>
	| <service-property-value-identifier> <element-or-not-symbol> <service-property-identifier>.
simple-matching-criteria ::=	<basic-matching-criteria>
	| "**NOT**" <simple-matching-criteria>
	| <simple-matching-criteria> <and-or-or-symbol><simple-matching-criteria>.
conditional-matching-criteria ::=	<simple-matching-criteria>
	| "**IF SUCCESS**" <conditional-matching-criteria>
	"**THEN**" <conditional-matching-criteria> "**ELSE**" <conditional-matching-criteria> "**END**"
	| "**IF SUCCESS**" <conditional-matching-criteria>
	"**THEN**" "**TAKE THAT**" "**ELSE**" <conditional-matching-criteria> "**END**".

Die in diesem Zusammenhang verwendeten Begriffe und Bezeichner werden im folgenden definiert bzw. erklärt:

```
letter ::=   "a" | "b" | ... | "z".
digit ::=    "0" | "1" | ... | "9".
```

normal-character ::=	<letter> | <digit>.
identifier ::=	<letter> [{<normal-character> | "_"} normal-character].
service-property-identifier ::=	<identifier>
	| <identifier> "/d".

service-property-value-identifier ::=	<identifier>.
service-type-identifier ::=	<identifier>.

real-number ::= {<digit>} <digit> ["." <digit> {<digit>}].

relation-symbol ::=	"<" | "≤" | ">" | "≥".
equal-or-not-symbol ::=	"=" | "≠".
general-relation ::=	<relation-symbol> | <equal-or-not-symbol>.
element-or-not-symbol ::=	"∈" | "∉".
and-or-or-symbol ::=	"**AND**" | "**OR**".

Als Beispiel wird im folgenden ein SRDL-text angegeben, der Dienstangebote eines Diensttyps PRINTER aussucht, die über bestimmte statische Diensteigenschaften "location" und "cost_per_page" sowie einen speziellen Wert für die dynamische Diensteigenschaft "queue_length" verfügen. Die entsprechenden Anforderungen sind in dem folgenden Matchingconstraint spezifiziert:

SEARCH PRINTER **WITH**
   IF SUCCESS location = CompCent **AND**
             cost_per_page ≤ 0.10
   THEN **TAKE THAT**
   ELSE   **IF SUCCESS** cost_per_page < 0.10 **AND** queue_length/d ≤ 3
       THEN cost_per_page < 0.10 **AND** queue_length/d ≤ 5
       ELSE location = CompCent **END END**

In diesem Beispiel werden Dienstangebote vom Typ PRINTER gesucht. Falls ein entsprechender Eintrag existiert, so soll die Angabe von Druckdiensten im Rechenzentrum erfolgen, wobei die Kosten maximal 0.10 pro Seite betragen dürfen. Existiert ein derartiger Eintrag nicht, so wird der Ort des Dienstangebots nicht weiter beachtet. Dafür werden die Kosten weiter reduziert, und es wird Wert auf eine geringe Anzahl von Kunden in der Warteschlange gelegt, die in diesem Fall höchstens drei belegte Plätze enthalten darf. Im Falle der Existenz eines solchen Dienstangebots wird die Anzahl der Kunden in der Warteschlange etwas gelockert, da gerade bei dynamischen Diensteigenschaften sehr schnell Änderungen auftreten können, die dann unter Umständen wieder zu Restriktionen bei der Dienstsuche führen. Ist auch ein solcher Diensteintrag nicht vorhanden, so wird einfach nach einem Druckdienst im Rechenzentrum gefragt. Auch wenn das vorgestellte Beispiel für die Praxis ggf. etwas zu komplex erscheint, so zeigt es doch die zur Auswahl stehenden vielfältigen Möglichkeiten, die von der SRDL bereitgestellt werden.

Ein Matchingkriterium benötigt keine speziellen Werte für alle Diensteigenschaften, die in der Traderdatenbasis bei einem exportierten Dienstangebot vorkommen. Nicht spezifizierte Eigenschaften können über don't care-Werte verfügen, die den Wert "wahr" annehmen, wenn sie nicht explizit angegeben sind.

Im folgenden soll nun die select-Funktion vorgestellt werden, welche die Auswahl des optimalen Dienstes hinsichtlich der spezifizierten Dienstanforderungen erfüllt. Sie sucht aus der Gesamtmenge der Dienstangebote ein einzelnes Dienstangebot heraus und gibt dessen Referenz an die anfragende Einheit zurück. Zusätzlich zu einem spezifizierten Matchingkriterium ist nun noch die Angabe eines Selektionskriteriums erforderlich, so daß die search-Operation als ein Spezialfall der select-Operation aufgefaßt werden kann.

Um die select-Operation genauer spezifizieren zu können, ist es notwendig, daß das Selektionskriterium näher untersucht wird. Ein Selektionskriterium ist eine Menge von Regeln, die auf die Gesamtmenge der Dienstangebote in der Traderdatenbasis angewendet werden, um ein einzelnes Dienstangebot auswählen zu können. Dabei wird nach Einschränkung der Menge aller Dienstangebote durch das Matchingkriterium die Auswahl eines einzelnen Dienstes durch das Selektionskriterium vorgenommen. Die Angabe des Selektionskriteriums erfolgt wieder auf der Basis der Backus-Naur-Formen. Im folgenden wird die schrittweise Spezifikation einer solchen `select`-Anfrage vorgenommen. Zunächst ist die `select`-Operation als Ganzes durch die folgende BNF bestimmt:

select-operation ::=   **"SELECT"** <service-type-identifier> **"WITH"** <conditional-selection-criteria>

Dabei ist ein `conditional-selection-criteria` durch die Definition eines `basic-selection-criteria` und eines `simple-selection-criteria` bestimmt:

basic-selection-criteria ::=   <min-or-max-symbol> "(" <service-property-identifier> ")"
                                 | <choice-symbol> "(" <conditional-matching-criteria> ")".
simple-selection-criteria ::=   <basic-selection-criteria> {**"AND"** <simple-matching-criteria>}.
conditional-selection-criteria ::=   <simple-selection-criteria>
                                       | **"IF SUCCESS"** <conditional-selection-criteria> **"THEN"**<conditional-selection-criteria> **"ELSE"** <conditional-selection-criteria> **"END"**
                                       | **"IF SUCCESS"** <conditional-selection-criteria> **"THEN" "TAKE THAT" "ELSE"** <conditional-selection-criteria> **"END"**.

Die zusätzlich verwendeten Zeichen und Bezeichnungen werden im folgenden erklärt:

min-or-max-symbol ::=   **"MINIMUM"** | **"MAXIMUM"**.
choice-symbol ::=   **"FIRST"** | **"LAST"** | **"RANDOM"**.

Auch zu der `select`-Operation soll die Darstellung der Spezifikation anhand eines Beispiels veranschaulicht werden. Ausgewählt werden soll ein Dienst vom Typ PRINTER, der den Druckertyp "Laser" besitzt, weniger als 0.10 [DM] pro Seite an Kosten verursacht und auch A3 drucken kann. Aus der Menge aller dieser Dienstangebote soll das Angebot mit den geringsten Kosten ausgewählt werden, existieren mehrere Dienstangebote, die genau die gleichen minimalen Kosten verursachen, so soll das erste dieser Dienstangebote genommen werden. Existiert jedoch kein solches Dienstangebot, so werden die Auswahlkriterien dahingehend eingeschränkt, daß aus der Menge aller Drucker, die auch A3 drucken können, das Angebot mit den minimalen Kosten genommen wird. Dieses Beispiel ist im folgenden angegeben:

SELECT PRINTER **WITH**
IF SUCCESS
    RANDOM (type = Laser **AND** cost_per_page < 0.10 **AND** A3 ∈ paper_size)
    THEN FIRST (**MINIMUM** (cost_per_page) **AND** type = Laser **AND** A3 ∈ paper_size)
    ELSE MINIMUM (cost_per_page) **AND** A3 ∈ paper_size **END**

Bevor auf die formale Semantik dieser SRDL-Spezifikationen eingegangen wird, soll zunächst noch eine Erweiterung der Spezifikationsmöglichkeiten, welche durch die Einbeziehung von Tradingkontexten und Policies entsteht, betrachtet werden.

4.4.2 Die Einbeziehung von Searchconstraints

Im folgenden soll nun auf die sogenannten Searchconstraints eingegangen werden, welche eine Einschränkung bei Importeranfragen vornehmen. Ein Searchconstraint ist eine Einschränkung von Dienst- und Verbindungseigenschaften, welche die Menge der Dienstangebote einschränken, die dem Trader für seine weiteren Dienstvermittlungen zur Verfügung stehen. Dabei beinhaltet das Searchconstraint Kriterien zur Einschränkung des Suchraums und zur Betrachtung spezieller Trader, auf welche die Suche beschränkt werden soll. Ist ein lokaler Trader nicht in der Lage, eine Dienstanfrage positiv zu beantworten, so kann über einen Föderationsvertrag die Suche auf andere Trader ausgedehnt werden, vergleiche Kapitel 3.

Im vorliegenden Fall ist das kontextrelative Namensmodell gewählt worden, um Dienstanfragen zu beschreiben. In diesem Zusammenhang wird ein Searchconstraint als ein Suchpfad beschrieben, der eine Kontextstruktur angibt. Die zugehörige BNF wird dann durch die folgenden Regeln erweitert:

```
search-constraint ::=   "IN" <search-expression>.
search-expression ::=   "/" <trading-context> {"/" <trading-context>}.
trading-context ::=     <identifier>.
```

Auch zu dieser Erweiterung soll ein Beispiel angegeben werden. Obwohl die Searchconstraints sich sowohl auf `search`- als auch auf `select`-Anfragen beziehen können, wird als Beispiel nur eine `select`-Anfrage spezifiziert. Bei dieser Spezifikation wird auf die in Abbildung 4.40 angegebene Kontextstruktur Bezug genommen.

Das Beispiel für eine `select`-Operation zu dieser Kontextstruktur lautet:

SELECT PRINTER **WITH**
    MINIMUM (queue_length/d) **AND** cost_per_page < 0.10 **AND** location = CompCent
IN /D/C/E **END SERVREQ**

Dieses Beispiel spezifiziert eine Suche nach einem Dienst vom Typ PRINTER, wobei das Minimum der aktuellen Warteschlangenlänge gesucht wird, wenn die Kosten pro Seite eine gewisse Größe nicht überschreiten und der Standort des Druckers als "CompCent" beschrieben ist. Neu ist bei der angegebenen Spezifikation, daß die Suche in dem Kontextbereich "D/C/E" vorgenommen wird, der in dem entsprechenden Trader vorhanden ist. Die Auswertung dieser Sucheinschränkung wird ebenfalls in der formalen Semantik betrachtet, die im folgenden Abschnitt vorgestellt wird.

Die Spezifikation von Suchanfragen kann ferner durch die Angabe sogenannter *Policies* eingeschränkt werden. Diese *Policies* sind Vorschriften oder Verhaltensregeln, die vom Eigentümer spezifiziert oder auch automatisch generiert werden können und die Menge der in Frage kommenden Dienstangebote einschränken. Ihre Auswertung muß vor der eigentlichen Analyse der Search-, Select und Matchingkriterien erfolgen, die dann nur noch auf der verbleibenden Menge von Dienstanfragen ausgewertet werden dürfen.

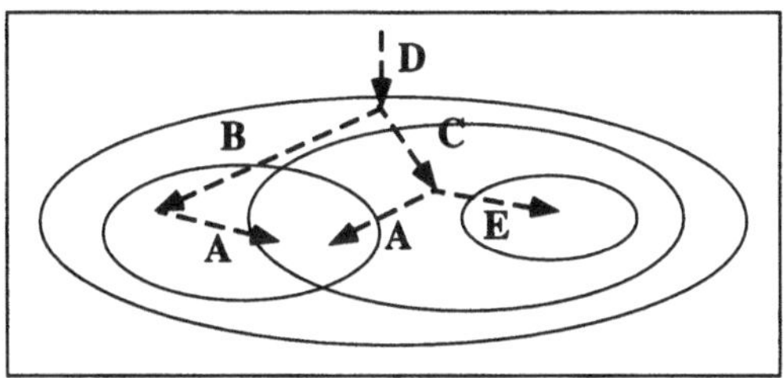

Abb. 4.40: Beispiel einer Kontextstruktur für den Dienstimport

Zur Spezifikation der *Policies* liegen bereits einige Arbeiten vor, vergleiche [PMK 93], [MePo 94] und [PoMe 94]. Hierin werden die Angabe und Auswertung der Policydefinitionen syntaktisch spezifiziert und deren Semantik ausgewertet. Da dieser Umfang der SRDL aus Sicht der Vorstellung des Prinzips dieser Sprache ausreicht und die formale Semantik auch ohne explizite Erklärung der Policysemantik angegeben werden kann, soll im folgenden auf weitere Ausführungen zu den *Policies* verzichtet werden.

4.4.3 Die vierstufige Semantik der Service Request Description Language

Nach der Angabe der Syntax von der *Service Request Description Language* (SRDL) soll nun der zweite Schritt, die Angabe der formalen Semantik dieser Sprache, erfolgen. Das Prinzip dieser Semantik ist in seiner Art an die Semantik der formalen Beschreibungssprache LOTOS angelehnt. Beide formalen Beschreibungssprachen verfügen über eine mehrstufige Semantik, wobei die Stufenübergänge genau definierte Schnittstellen sind. Im Gegensatz zu LOTOS, das über zwei Stufen verfügt, besitzt die SRDL-Semantik jedoch vier Stufen. Diese sind in Abbildung 4.41 schematisch dargestellt.

Startpunkt der formalen Semantik ist die Traderdatenbasis, das heißt, das Verzeichnis, das im folgenden als *Service Offer Set* (SOS) oder Menge aller Dienstangebote bezeichnet wird, zusammen mit einer Dienstanfrage, die als SRDL-text spezifiziert ist, einschließlich der ggf. benötigten Kontextangabe und Policies. Das Ergebnis der Auswertung der vierstufigen Semantik ist die Interpretation des SRDL-Textes in keinem, einem oder einer beliebigen Anzahl von Diensten, die der erfolgten Anfrage genügen.

Die erste Stufe der SRDL-Semantik besteht in der Limitierung des Suchraums einer Dienstanfrage bezüglich entsprechender Policies und wird durch die Operation `restricting_scope` ausgeführt. Der Suchraum der Operation wird durch den SRDL-text definiert und durch den Suchraum eingeschränkt, auf den der anfragende Trader bei Nichtverletzung der *Policies* zugreifen kann. Während der Ausführung der ersten Stufe bleibt die Menge SOS unverändert, es erfolgt lediglich eine Abbildung der *Policies* auf den SRDL-text, der sich demzufolge in einen SRDL-text' ändern kann.

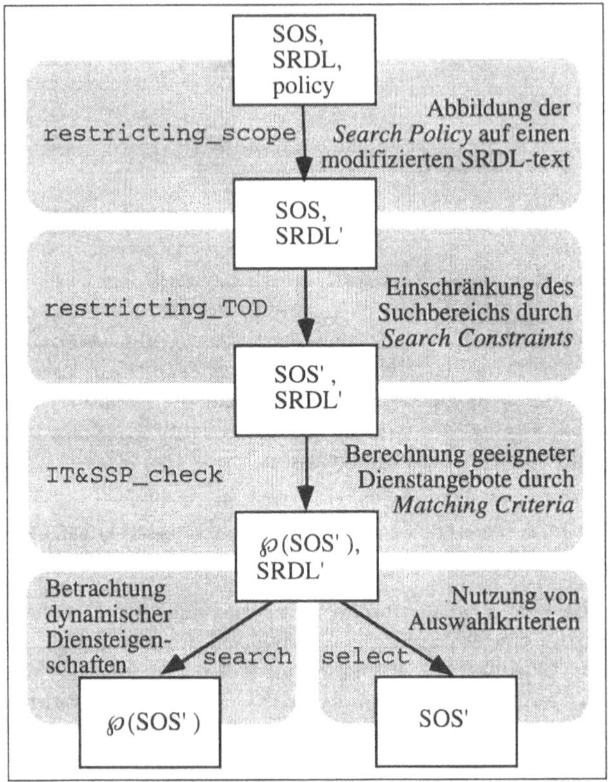

Abb. 4.41: Die vier Stufen der formalen SRDL-Semantik

Die zweite Semantikstufe wird durch die Funktion `restricting_TOD` bezeichnet. Sie beschränkt den Suchraum der Dienstangebote durch eine Abbildung der Suchconstraints auf eine kleinere Menge von Dienstangeboten, welche dann die Schnittstelle zur dritten Stufe der formalen Semantik darstellt. In der zweiten Stufe der SRDL-Semantik wird nur der SRDL-text' betrachtet und die SOS, wobei letztere durch Anwendung der Operation `restricting_TOD` auf eine Menge SOS' abgebildet wird. Unbeachtet bleiben hierbei die in der vorangegangenen Stufe betrachteten *Policies*.

Nach Einschränkung der *Service Offer Set* wird in der dritten Semantikstufe die Operation IT&SSP_check angewendet. Während dieser Phase wird der Dienst- bzw. Schnittstellentyp betrachtet. Ferner sind die statischen Diensteigenschaften von Interesse, durch ihre Auswertung kommt es zu einer weiteren Reduzierung der akzeptablen Dienste der Traderdatenbasis. Das Ergebnis der Anwendung der Operation IT&SSP_check auf den SRDL-text' und die in der zweiten Semantikphase erhaltenen Ergebnismenge SOS' ist ein Element von $\wp(SOS')$, d.h. ein Element der Potenzmenge von SOS', also eine Teilmenge dieser Menge.

Die vierte Stufe der formalen Semantik unterscheidet schließlich, ob es sich bei der Dienstanfrage um eine search- oder eine select-Operation handelt. Im Falle einer search-Anfrage kommt es darauf an, zu überprüfen, ob dynamische Diensteigenschaften mit in die Anfrage einbezogen sind. Sollte dies nicht der Fall sein, so ist das Ergebnis der vierten Semantikphase gleich dem der dritten Phase. Anderenfalls, d.h. wenn in der Dienstanfrage dynamische Diensteigenschaften auftreten, so ist es notwendig, die search-Operation auf die Elemente von $\wp(SOS')$ und den SRDL-text' anzuwenden, um eine Teilmenge der zuvor betrachteten Menge von Dienstangeboten zu erhalten. Im Falle einer select-Operation ist es immer notwendig, die vierte Stufe der formalen SRDL-Semantik auszuführen. Werden innerhalb der Dienstanfrage keine dynamischen Diensteigenschaften mit einbezogen, so besteht die Ausführung dieser Semantikstufe in der Auswahl des am besten geeigneten Dienstangebots aus der zur Verfügung stehenden Dienstangebotsmenge, wobei die in dem SRDL-text' spezifizierten Anforderungen den Betrachtungen zugrunde liegen. Werden jedoch auch dynamische Diensteigenschaften mit in die select-Operation einbezogen, so werden in dieser Semantikphase die entsprechenden dynamischen Werte der zugehörigen Diensteigenschaften berechnet. Im Ergebnis der Ausführung einer select-Operation wird genau ein Dienstangebot ausgewählt, das am besten geeignet ist, den angeforderten Dienst zu erbringen, sofern ein Dienst existiert, welcher der Spezifikation genügt. Mit dieser Phase der formalen Semantik ist die Auswertung der Dienstanfrage abgeschlossen.

Die folgenden Abschnitte stellen die einzelnen Phasen dieser Semantik im einzelnen detailliert vor. Dabei wird eine exakte formale Beschreibung jeder Stufe gegeben und eine ausführliche Beschreibung der Schnittstellen vorgenommen.

4.4.3.1 Erste Stufe: Einschränkung des Suchraums

Die erste Stufe der formalen SRDL-Semantik nimmt eine Einschränkung des Suchraums dadurch vor, daß eine Betrachtung verschiedener *Policies* erfolgt. Insbesondere kann durch die *Searchpolicy* des anfragenden Traders eine Einschränkung vorgenommen werden, durch eine *Importerpolicy* oder durch andere *Policies*. Dabei ist zu beachten, daß im Falle gegensätzlicher Vorschriften durch die *Policies* die *Searchpolicies* eine höhere Priorität besitzen als beispielsweise die *Importerpolicies*. Ansonsten ist der Suchraum, der für die Dienstanfragen genutzt wird, der Durchschnitt des Suchraumes der *Searchpolicy* und des Suchraums der *Importerpolicy*. Die grundlegende Abbildung, die durch die Operation `restricting_scope` vorgenommen wird, läßt sich wie folgt angeben:

restricting_scope: policy, SRDL-text-> SRDL-text

Die weiteren Operationsschritte können insbesondere [PMK 94] entnommen werden. Dabei dient der SRDL-text als Input für eine Funktion $[[.]]_{ro}$., deren Abbildungsvorschrift angegeben werden kann durch:

$[[.]]_{ro}$: operation_restriction, SRDL-text-> SRDL-text.

Diese Operation bildet eine Dienstanfrage und eine *Policy* auf eine modifizierte Dienstanfrage ab. Die Semantik dieser Operation kann wie folgt angegeben werden:

```
if      operation_restriction = scope
        SRDL-text = operation
        op_name,op_1,...,op_n are operation_name
        scope_1, scope_2 are scope_description
        sti is a service-type-identifier
        cmc is a conditional-matching-criteria
with    scope = RESTRICT SCOPE OF op_1...op_n TO scope_1
        operation = op_name sti WITH cmc IN scope_2 END SERVREQ
then    if ∃ op_i: (op_name = op_i)
        then    if (ScopeMatch(scope_1, scope_2) = true)
                then    SRDL-text = op_name service_type WITH cmc IN
                        ScopeIntersect(scope_1,scope_2) END SERVREQ
                else    SDRL-text = operation_rejection
        else    SRDL-text = op_name sti WITH cmc IN scope_2 END SERVREQ
```

Die detaillierte Beschreibung ist insbesondere [PoKM 94] zu entnehmen.

4.4.3.2 Die zweite Stufe: Abbildung der Searchconstraints

Im folgenden wird die zweite Phase der formalen SRDL-Semantik betrachtet, die eine Abbildung der Searchconstraints auf den Suchbereich der Dienstangebote vornimmt. Dabei steht im wesentlichen die Ausführung der Funktion

restricting_TOD: SOS, SRDL' →SOS'.

im Vordergrund der Betrachtungen. Die formale Semantik projiziert den SRDL-text dabei auf einen search-Expression. Diese Operation wird durch eine LOTOS-ähnliche Aneinanderreihung von bedingten Vorschriften definiert. Für diese Semantikstufe bedeutet das insbesondere die folgende Ausführung:

```
if      SRDL-text = service-request
with    service-request ::= <service_request_operation> <search-constraint>
        "END SERVREQ",
        search-constraint ::= "IN" <search-expression>
then    RESULT = <search-expression>.
```

Der zweite Schritt dieser Semantikstufe bildet den Wert der Variablen RESULT, d.h. den <search-expression> des SRDL-textes auf die entsprechende Dienstangebotsmenge ab. In dem kontextbezogenen Namensmodell, das im vorangegangenen Abschnitt vorgestellt wurde, sind eindeutige Namen garantiert, falls jeder Knoten des Graphen eine eindeutige Bezeichnung besitzt. Der >search-expression> "D/B/A" bezeichnet beispielsweise eine Teilmenge der Menge D, welche die Untermenge B besitzt, die wiederum A enthält. Diese Teilmengenbeziehung kann aus der Schreibweise des Namens abgeleitet werden. Damit kann auch der Suchpfad entsprechend bestimmt werden.

4.4.3.3 Die dritte Stufe: Formale Interpretierung von Search und Select

Die dritte Stufe der formalen SRDL-Semantik bildet eine Menge von Dienstangeboten auf eine entsprechend kleinere Menge von Dienstangeboten entsprechend spezieller Matchingkriterien ab. Zum Zwecke der formalen Angabe der Semantik ist zunächst die Einführung einer einheitlichen Notation notwendig.

Die zugrundeliegende Menge von Dienstangeboten, die im folgenden betrachtet wird, ist durch die Schreibweise

$$SOS' = (SO_1, SO_2, ..., SO_g),$$

bezeichnet. SOS bezeichnet dabei die Menge aller Dienstangebote, SO ist ein *Service Offer*, d.h. ein einzelnes Dienstangebot. Im obigen Fall besteht die SOS aus g Elementen. Betrachtet man das i-te Element detaillierter, so kann dieses als ein 8-Tupel beschrieben werden:

$$SO_i = (EId_i, SId_i, IT_i, SSP_i = \{sp_{i1}, sp_{i2}, ..., sp_{in_i}\}, DSP_i = \{dp_{i1}, dp_{i2}, ...,$$
$$dp_{im_i}\}, SOP_i = \{so_{i1}, so_{i2}, ..., so_{ik_i}\}; tog_i, iog_i),$$

wobei $sp_{ij} := (<spn_{ij}> "=" <spv_{ij}>)$, $dp_{ij} := (<dpn_{ij}> "=" <dpv_{ij}>)$, und $so_{ij} := (<son_{ij}> "=" <sov_{ij}>)$.

EId_i bezeichnet dabei den Exportbezeichner des i-ten Dienstes, SId_i gibt die Dienstschnittstelle des i-ten Dienstangebots an, IT_i beschreibt den Schnittstellentyp (*Interface Type*) des i-ten Dienstangebots und SSP_i ist die Menge aller statischen Diensteigenschaften (*Static Service Properties*), DSP_i die Menge aller dynamischen Diensteigenschaften (*Dynamic Service Properties*). Sowohl die statischen als auch die dynamischen Diensteigenschaften werden dabei durch Gleichungen dargestellt, die aus einem statischen oder dynamischen Diensteigenschaftsnamen und dessen entsprechendem Diensteigenschaftswert bestehen. SOP_i ist die Dienstangebotseigenschaft (*Service Offer Property*), die als Menge von Gleichungen beschrieben wird. tog_i bezeichnet schließlich die Adresse des Dienstangebots innerhalb des *Trading Offer Graph* (TOG), und iog_i die Adresse des Dienstangebots innerhalb des *Interface Offer Graph* (IOG).

Die dritte Phase der formalen Semantik bildet alle Dienstangebote auf eine geeignete Menge SOS' von Dienstangeboten ab, d.h. nimmt eine Projektion der Menge aller Dienstangebote auf die Menge der geeigneten Dienstangebote vor. In diesem Zusammenhang wird die Menge SOS' in ihre Potenzmenge $\wp(SOS')$

abgebildet, d.h. die Gesamtmenge wird auf eine Teilmenge projiziert. Die diesem Schritt zugrundeliegende Funktion lautet:

IT&SSP-check: SRDL'-text, SOS' $\rightarrow \wp$(SOS').

Bevor der search- oder selection-Prozeß ausgeführt wird, ist noch die Initialisierung einer Variablen *res* erforderlich. Diese Variable bezeichnet das Resultat der Suche nach geeigneten Dienstangeboten und wird im Initialzustand mit der leeren Menge besetzt. Die Funktion KEEP <search> wird dazu verwendet, einfache BNF-Ausdrücke, die dynamische Diensteigenschaften enthalten, für die vierte Semantikphase zu speichern. Damit sind alle Voraussetzungen geschaffen, um die dritte SRDL-Stufe formal beschreiben zu können. Auch hier wird eine an die LOTOS-Semantik angelehnte Version der Semantikangabe gewählt.

if   SRDL-text = search,
        sti is a service-type-identifier,
        cmc is basic-matching-criteria
with   search = **SEARCH** sti **WITH** cmc,
        cmc = <service-property-identifier><general-relation><real-number>
then   <service-property-identifier> = <identifier>"/d" $\rightarrow$ KEEP <search>,
        <service-property-identifier> $\neq$ <identifier>"/d" $\rightarrow$

        $\forall$ i$\in$SOS: sti = $SId_i \wedge \exists$ x: service-property-identifier = $spn_{ix} \wedge spv_{ix} \in$ real

                  $\wedge$ spv_{ix} <general-relation><real-number>

                  $\rightarrow$ res = res $\cup$ SO_i

if   SRDL-text = search,
        sti is a service-type-identifier,
        cmc is basic-matching-criteria
with   search = **SEARCH** sti **WITH** cmc,
        cmc = <service-property-identifier> <equal-or-not-symbol> <service-property-
           value-identifier>
then   <service-property-identifier> = <identifier>"/d" $\rightarrow$ KEEP <search>,
        <service-property-identifier> $\neq$ <identifier>"/d" $\rightarrow$

        $\forall$ i$\in$SOS: sti = $SId_i \wedge \exists$ x: service-property-identifier = $spn_{ix} \wedge spv_{ix}$ <equal-
                or-not-symbol><service-property-value-identifier>

                  $\rightarrow$ res = res $\cup$ SO_i

if   SRDL-text = search,
        sti is a service-type-identifier,
        cmc is basic-matching-criteria
with   search = **SEARCH** sti **WITH** cmc,
        cmc = <service-property-value-identifier> <element-or-not-symbol> <service-
           property-identifier>.
then   <service-property-identifier> = <identifier>"/d" $\rightarrow$ KEEP <search>,
        <service-property-identifier> $\neq$ <identifier>"/d" $\rightarrow$

        $\forall$ i$\in$SOS: sti = $SId_i \wedge \exists$ x: service-property-identifier = $spn_{ix} \wedge spv_{ix}$: set

$\wedge$ <service-property-value-identifier> <element-or-not-symbol> spv_{ix}
$\rightarrow res = res \cup SO_i$

if   SRDL-text = search,
sti is a service-type-identifier,
cmc is a simple-matching-criteria
with search = **SEARCH** sti **WITH NOT** cmc,
cmc = <service-property-identifier><general-relation><real-number>
then <service-property-identifier> = <identifier>"/d" $\rightarrow$ KEEP <search>,
<service-property-identifier> $\neq$ <identifier>"/d" $\rightarrow$

$\forall i \in SOS:$ $sti = SId_i \wedge \exists$ x: service-property-identifier $= spn_{ix} \wedge spv_{ix} \in$ real

$\wedge \neg spv_{ix}$ <general-relation><real-number>
$\rightarrow res = res \cup SO_i$

if   SRDL-text = search,
sti is a service-type-identifier,
cmc is a simple-matching-criteria
with search = **SEARCH** sti **WITH NOT** cmc,
cmc = <service-property-identifier> <equal-or-not-symbol> <service-property-value-identifier>
then <service-property-identifier> = <identifier>"/d" $\rightarrow$ KEEP <search>,
<service-property-identifier> $\neq$ <identifier>"/d" $\rightarrow$

$\forall i \in SOS:$ $sti = SId_i \wedge \exists$ x: service-property-identifier $= spn_{ix} \wedge \neg spv_{ix}$
<equal-or-not-symbol><service-property-value-identifier>
$\rightarrow res = res \cup SO_i$

if   SRDL-text = search,
sti is a service-type-identifier,
cmc is simple-matching-criteria
with search = **SEARCH** sti **WITH NOT** cmc,
cmc = <service-property-value-identifier> <element-or-not-symbol> <service-property-identifier>.
then <service-property-identifier> = <identifier>"/d" $\rightarrow$ KEEP <search>,
<service-property-identifier> $\neq$ <identifier>"/d" $\rightarrow$

$\forall i \in SOS:$ $sti = SId_i \wedge \exists$ x: service-property-identifier $= spn_{ix} \wedge spv_{ix} :$ set
$\wedge \neg$ <service-property-value-identifier> <element-or-not-symbol>
$spv_{ix} \rightarrow res = res \cup SO_i$

if   SRDL-text = search,
sti is a service-type-identifier,
cmc is simple-matching-criteria
cmc_1 and cmc_2 are simple-matching-criteria
with search = **SEARCH** sti **WITH** cmc,
$cmc = cmc_1$ **AND** cmc_2 .
then $\forall i \in SOS:$ if $\exists$ i: (**SEARCH** sti **WITH** $cmc_1 \rightarrow res = res \cup SO_i$
$\wedge$ **SEARCH** sti **WITH** $cmc_2 \rightarrow res = res \cup SO_i$)
$\rightarrow res = res \cup SO_i$

if   SRDL-text = search,
        sti is a service-type-identifier,
        cmc is simple-matching-criteria
        cmc_1 and cmc_2 are simple-matching-criteria
with   search = **SEARCH** sti **WITH** cmc,
        cmc = (cmc_1) **OR** (cmc_2)
then $\forall$ i$\in$SOS: if $\exists$ i: (**SEARCH** sti **WITH** cmc_1 $\rightarrow$ res = res $\cup$ SO_i
                          $\vee$ **SEARCH** sti **WITH** cmc_2 $\rightarrow$ res = res $\cup$ SO_i)
                                $\rightarrow$ res = res $\cup$ SO_i

if   SRDL-text = search,
        sti is a service-type-identifier,
        cmc is a conditional-matching-criteria
        cmc_1, cmc_2 and cmc_3 are conditional-matching-criteria
with   search = **SEARCH** sti **WITH** cmc,
        cmc = **IF SUCCESS** cmc_1 **THEN** cmc_2 **ELSE** cmc_3 **END**
then $\forall$ i$\in$SOS: if $\exists$ i: (**SEARCH** sti **WITH** cmc_1 $\rightarrow$ res = res $\cup$ SO_i)
                          then search = **SEARCH** sti **WITH** cmc_2
                          else search = **SEARCH** sti **WITH** cmc_3

Hierbei ist zu beachten, daß die IF SUCCESS-Bedingung bislang nur statische Diensteigenschaften enthält.

if   SRDL-text = search,
        sti is a service-type-identifier,
        cmc is a conditional-matching-criteria
        cmc_1 and cmc_2 are conditional-matching-criteria
with   search = **SEARCH** sti **WITH** cmc,
        cmc = **IF SUCCESS** cmc_1 **THEN TAKE THAT ELSE** cmc_2 **END**
then $\forall$ i$\in$SOS: if $\exists$ i: (**SEARCH** sti **WITH** cmc_1 $\rightarrow$ res = res $\cup$ SO_i)
                          then search = **SEARCH** sti **WITH** cmc_1
                          else search = **SEARCH** sti **WITH** cmc_2

Falls ein SRDL-text mit einer `select`-Anfrage gegeben ist, d.h. SRDL-text = select mit

select =   "**SELECT**" <service-type-identifier> "**WITH**" <conditional-
            selection-criteria> <search-constraint> "**END SERVREQ**",

so gelten die gleichen Regeln, wie sie auch oben aufgeführt wurden, wobei die Modifikation auftritt, daß das `search` durch ein `select` ersetzt wird. Gibt es keine Regel mehr, die noch angewendet werden kann, so wird zu der nächsten Stufe der formalen Semantik übergegangen.

Schließlich ist res = SOS'' $\in$ $\wp$(SOS'), was die Menge aller Dienstangebote entsprechend gegebener Matchingkriterien bezeichnet. Ist der SRDL-text eine `search`-Anfrage, die dynamische Diensteigenschaftsbezeichner enthält, so wird diese Diensteigenschaft in der nächsten Stufe der formalen Semantik berechnet. Kommen in der Dienstanfrage keine dynamischen Diensteigenschaften vor, dann bezeichnet res bereits das Endergebnis der Suche. Ist der SRDL-text eine select-Anfrage, so ist es in jedem Fall notwendig, den vierten Semantikschritt auszuführen.

4.4.3.4 Die vierte Stufe: Ausführung von Search und Select

In der vierten Stufe der formalen SRDL-Semantik muß wieder zwischen dem Aufrufen einer search- und einer select-Operation unterschieden werden. Zunächst soll die search-Operation betrachtet werden. Wenn KEEP <search> keine Ausdrücke enthält, so bezeichnet *res* das Endergebnis der search-Operation. Im anderen Fall werden die gleichen, oben beschriebenen Regeln auf SOS'' angewendet, wobei in modifizierter Form $spn_i \rightarrow dpn_i$ und $spv_{ix} \rightarrow dpv_i$ substituiert werden, d.h.

$$\text{4th-semantics-phase}(\texttt{search}): \text{SRDL-text}, \wp(\text{SOS'}) \rightarrow \wp(\text{SOS'}).$$

Das Ergebnis der Anwendung dieser Funktion ist gleich der ursprünglichen Menge oder einer Teilmenge dieser, d.h. SOS''' $\in \wp(\text{SOS'})$. Die Werte der dynamischen Diensteigenschaften werden dabei entsprechend der Verfahren, die bei der Verwaltung von Diensten vorgestellt wurden, ausgeführt.

Falls eine select-Operation vorliegt, so ist es notwendig, die oben gegebenen Regeln mit den folgenden Regeln zu kombinieren. Die vierte Stufe der formalen Semantik nutzt in diesem Fall die vorausgewählten Dienstangebote, die in der Menge SOS' enthalten sind, und wendet darauf die folgenden Regeln an. Daraus folgt für die vierte Semantikphase der select-Operation:

$$\text{4th-semantics-phase}(\texttt{select}): \text{SRDL-text}, \wp(\text{SOS'}) \rightarrow \text{SOS'}$$

In ähnlicher Art und Weise, wie bereits bei der dritten Semantikstufe eingeführt, bezeichnet die Variable *res* auch hier wieder die Ergebnismenge. Bevor alle Regeln, einschließlich der in der dritten Stufe genannten noch einmal angewendet werden, wird die Variable *res* leer gesetzt. Hinzu kommen nun die folgenden Regeln:

if   SRDL-text = select,
       sti is a service-type-identifier,
       csc is basic-selection-criteria
with   select = **SELECT** sti **WITH** csc,
       csc = **MINIMUM** "(" <service-property-identifier> ")"
then c=0, $\forall$ i$\in$SOS: (sti = $SId_i \wedge \exists$ x: service-property-identifier = $spn_{ix} \wedge spv_{ix}$
                        $\in$ real $\wedge$ (c = 0 $\vee$ $spv_{ix} < s$)
                        $\rightarrow$ res := $SO_i \wedge$ c := c+1 $\wedge$ s := spv_{ix})

if   SRDL-text = select,
       sti is a service-type-identifier,
       csc is basic-selection-criteria
with   select = **SELECT** sti **WITH** csc,
       csc = **MAXIMUM** "(" <service-property-identifier> ")"

then $c=0$, $\forall$ $i \in SOS$: $(sti = SId_i \wedge \exists$ x: service-property-identifier $= spn_{ix} \wedge spv_{ix}$
                $\in$ real $\wedge$ $(c = 0 \vee spv_{ix} > s)$
                $\rightarrow$ res $:= SO_i \wedge$ c $:= c+1 \wedge$ s $:= spv_{ix}$)

if   SRDL-text = select,
        sti is a service-type-identifier,
        csc is basic-selection-criteria
with   select = **SELECT** sti **WITH** csc,
        csc = <choice-symbol> "(" <conditional-matching-criteria> ")"
then   ($\forall$ $i \in SOS$: $(sti = SId_i \wedge \exists$ x: service-property-identifier $= spn_{ix} \wedge spv_{ix} \in$
                real $\rightarrow$ res $:=$ res $\cup$ SO_i));
                res $:=$ <choice-symbol> (res)

if   SRDL-text = select,
        sti is a service-type-identifier,
        csc is simple-selection-criteria,
        bsc is a basic-selection-criteria,
        and smc is a simple-matching-criteria
with   select = **SELECT** sti **WITH** csc,
        csc = bsc **AND** smc
then   if **SEARCH** sti **WITH** smc
        then **SELECT** sti **WITH** bsc

if   SRDL-text = select,
        sti is a service-type-identifier,
        csc is a conditional-selection-criteria
        csc_1, csc_2 and csc_3 are conditional-selection-criteria
with   select= **SELECT** sti **WITH** cmc,
        cmc = **IF SUCCESS** csc_1 **THEN** csc_2 **ELSE** csc_3 **END**
then $\forall$ $i \in SOS$:   if $\exists$ i: (**SELECT** sti **WITH** cmc_1 $\rightarrow$ res = res $\cup$ SO_i)
                then select = **SELECT** sti **WITH** cmc_2
                else select = **SELECT** sti **WITH** cmc_3

if   SRDL-text = select,
        sti is a service-type-identifier,
        csc is a conditional-selection-criteria
        csc_1 and csc_2 are conditional-selection-criteria
with   select= **SELECT** sti **WITH** cmc,
        cmc = **IF SUCCESS** csc_1 **THEN TAKE THAT ELSE** csc_2 **END**
then $\forall$ $i \in SOS$:   if $\exists$ i: (**SELECT** sti **WITH** cmc_1 $\rightarrow$ res = res $\cup$ SO_i)
                then select = **SELECT** sti **WITH** cmc_1
                else select = **SELECT** sti **WITH** cmc_2

Als Ergebnis dieser Anwendung der Semantikregeln bezeichnet *res* die Menge der Dienstangebote, welche durch die entsprechenden Kriterien spezifiziert worden sind. Damit ist die formale Semantik abgeschlossen.

4.4.4 Umsetzung des Dienstimports bei Einbeziehung dynamischer Eigenschaften

Abschließend soll für das Trading noch die Umsetzung des Dienstimports bei Einbeziehung dynamischer Diensteigenschaften demonstriert werden, wie sie bereits im vorangegangenen Abschnitt in der SRDL implizit realisiert wurde.

Das grundlegende Prinzip bei der Einbeziehung dynamischer Eigenschaften war bislang die Tatsache, daß ein Lesen der entsprechenden Werte zum spätestmöglichen Zeitpunkt erfolgen soll. Abbildung 4.42 stellt diesen Sachverhalt noch einmal dar.

Ist nach erfolgter Dienstanfrage (1) durch einen Importer bei einem Trader eine Suchanfrage vorhanden, so wird die Datenbank des Traders angesprochen (2) und die Menge der in Frage kommenden Dienstangebote herausgesucht (3). Sind innerhalb der Dienstanfrage dynamische Diensteigenschaften einbezogen, so werden die zugehörigen dienstanbietenden Exporter nach den aktuellen Werten dieser Diensteigenschaften angefragt (4). Diese Vorgehensweise bedingt ein Antworten (5) der Exporter zu einem Zeitpunkt, an dem keine weiteren Auswertungen der Anfrage hinsichtlich vorhandener Dienstangebote mehr vorgenommen zu werden brauchen.

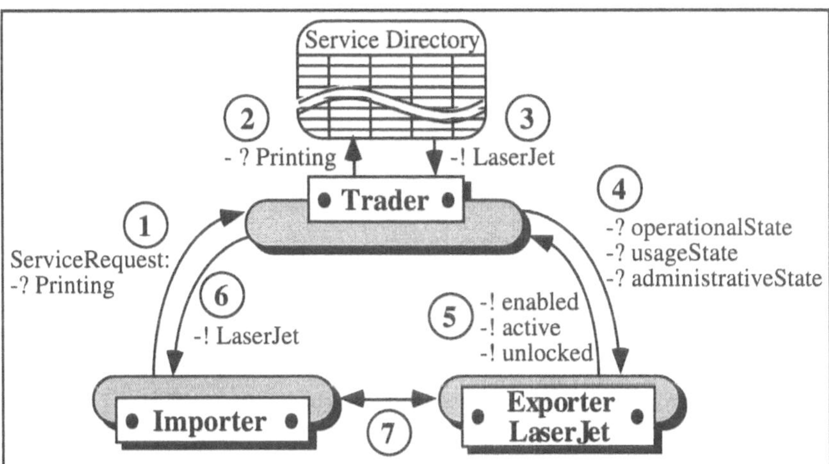

Abb. 4.42: Dienstvermittlung unter Einbeziehung dynamischer Eigenschaften

Diese Prozedur schließt damit ab, daß mit den aktualisierten dynamischen Diensteigenschaftswerten schließlich das entsprechende Angebot oder - im Falle einer `select`-Anfrage - die entsprechenden Dienstangebote seitens des Traders herausgesucht und an den Importer weitergeleitet werden (6). Nach diesem Schritt kommt es zur Nutzung des Dienstes durch den Importer (7).

Nachdem im Abschnitt 4.3 der Dienstexport und in diesem Abschnitt der Dienstimport behandelt wurden, soll die eigentliche Betrachtung der Dienstvermittlung beendet werden. Der folgende Abschnitt befaßt sich abschließend noch mit der Einbeziehung der Qualität von Diensten bei der Dienstvermittlung.

4.5 Einbeziehung von QoS-Aspekten bei der Dienstvermittlung

Als letzter Aspekt bei der Verwaltung von Diensten soll nun noch die Qualität von Diensten betrachtet werden. Diese unterscheidet Dienste, die auf einem Markt angeboten werden. Zum Vergleich der Qualität von Diensten ist zunächst jedoch eine Bewertung notwendig. Zu diesem Zwecke wurden die aktuellen Arbeiten unter dem Begriff *Quality of Service* (QoS) zusammengefaßt, die auch in den ODP-Standard integriert wurden.

Zunächst sollen die grundlegenden Definitionen des *Quality of Service* gegenübergestellt werden. Nach [ODP Tr] versteht man unter *Quality of Service* einen Schnittstellentyp, der die Verkapselung, Konfiguration und Einschränkungen innerhalb der Ressourcen auf einem Objekt aus Sicht der verschiedenen Viewpoints beschreibt. QoS charakterisiert also das Verhalten eines Dienstes in einer ODP-Umgebung. Aspekte wie Sicherheit, Lage, Fehleranfälligkeit, aber auch Speicher-, Prozeß und Kommunikationssysteme gehören zu den Betrachtungsmerkmalen.

Eine etwas andere Definition findet man in [QoS 93]. Danach ist unter dem *Quality of Service* eine Menge von Qualitäten, bezüglich des kollektiven Verhaltens eines oder mehrerer Objekte zu verstehen. Zu dieser Definition gibt es eine äquivalente Definition in Bezug auf den OSI-Standard. Dort ist *Quality of Service* eine Menge von Qualitäten bezüglich der Bereitstellung eines (N)-Dienstes.

Am Beispiel von Multimedia-Anwendungen wird die Relevanz der QoS-Thematik bislang am deutlichsten. In [ADB 93] ist die Vielfalt der Medientypen in kontinuierliche und statische Typen unterteilt. Ein anderes Beispiel für die Bedeutung von QoS-Betrachtungen in Multimedia stellt die Arbeit [CCG+93] dar. Dort wird eine Architektur vorgeschlagen, die das Ergebnis experimenteller Forschungsarbeiten auf diesem Gebiet ist und die QoS-Gewährleistung in vier Schichten vornimmt. In [FeWa 93] dagegen wird in Anlehnung an die fünf *Viewpoints* des ODP-Modells eine Abbildung der QoS-Anforderungen auf diese Schichten und eine Spezifikation in den den Schichten zugeordneten Sprachen vorgenommen.

In [Sk 94] sind die wirtschaftlichen Aspekte bei der Betrachtung der Qualität von Diensten von besonderer Bedeutung. Eine ähnliche Darstellung ist in [MLB 94] vorgestellt, wo die Autoren eine QoS-Matrix für einen ODP-Trader angeben. Diese Matrix enthält Eigenschaften eines Traders als Spalten und dienstvermittelnde Objekte als Zeilen.

KAPITEL 5

Leistungsbewertung von Dienstvermittlungssystemen

In diesem Kapitel soll nicht der interne Aufbau bzw. die Realisierung von Komponenten zur Dienstvermittlung im Vordergrund stehen, vielmehr geht es darum, eine möglichst optimale Konfiguration von Dienstvermittlungsarchitekturen zu empfehlen. Dabei steht entsprechend den angebotenen Diensten und aufkommenden Dienstanfragen das Verhältnis von Exportern bzw. Importern und Tradern im Mittelpunkt der Betrachtungen.

Ausgangspunkt der Analysen ist die Modellierung und Bewertung von Tradingarchitekturen, wobei eine Abbildung auf Warteschlangennetze vorgenommen wird. Diese Abbildung ermöglicht den Einsatz von Analysemethoden, die sich bereits bei der Anwendung auf klassische Systeme bewährt haben. Den speziellen Eigenschaften von Tradingarchitekturen wird durch eine Modifikation und Erweiterung der herkömmlichen Systeme Rechnung getragen.

Der folgende Abschnitt beschäftigt sich zunächst mit Grundbegriffen der Modellierung und Leistungsbewertung. Daran anschließend wird ausgehend von den Tradingföderationen untersucht, inwiefern eine Modellierung mittels Warteschlangensystemen möglich ist und welche Konzepte dabei Verwendung finden können.

Nach einer Analyse der Schwachstellen dieser Art von Modellierung wird die Anpassung bestehender Konzepte an die durch das Trading bedingten Anforderungen vorgenommen. Das dabei entwickelte P^{2}AM-Verfahren wird vorgestellt und in seinen Möglichkeiten für die Analyse untersucht. Aus einer Anwendung auf Traderföderationen können Empfehlungen für die Konfiguration der Architekturen abgeleitet werden.

5.1 Klassifikation von Tradingarchitekturen

Das im Kapitel drei vorgestellte Modell einer ODP-Traderföderation soll im folgenden auf die Möglichkeiten der Leistungsbewertung untersucht werden. Zu diesem Zweck wird die globale Struktur von Traderföderationen betrachtet. Ziel der Überlegungen ist eine möglichst optimale Entwurfsvorbereitung, die dann als Grundlage für eine Implementierung genutzt werden kann. Dazu muß überlegt werden, wieviele Trader die Aufgaben der Dienstvermittlung in einer offenen verteilten Umgebung erfüllen sollen und wie deren Anordnung sich am günstigsten gestaltet.

Die Anzahl n der Trader wird im allgemeinen von deren Leistungsfähigkeit l abhängen. An dieser Stelle wird ein homogenes Tradersystem angenommen, d.h. ein System, das aus gleichartigen Tradern mit identischer Kapazität besteht. Dabei ist die Anzahl der Trader indirekt proportional zu deren Leistungsfähigkeit, um einen geeigneten Arbeitsablauf zu gewährleisten. Des weiteren spielt die Anzahl der innerhalb eines Tradingdirectories verwalteten Dienstangebote d eine ausschlaggebende Rolle für die Konfiguration einer Tradingföderation. Hierbei sollte die Anzahl bzw. Kapazität der Trader auch proportional zu der Anzahl der zu verwaltenden Dienstangebote sein. Da die Anzahl der angebotenen Dienste in der Regel dynamisch veränderbar ist, empfiehlt es sich, mit einem Mittelwert zu rechnen, bzw. mit einem Maximalwert, wenn eine Überlastung von Systemen vermieden werden soll. Schließlich bestimmt die Frequenz bzw. Häufigkeit h von Dienstanfragen die Auslastung eines Tradingsystems.

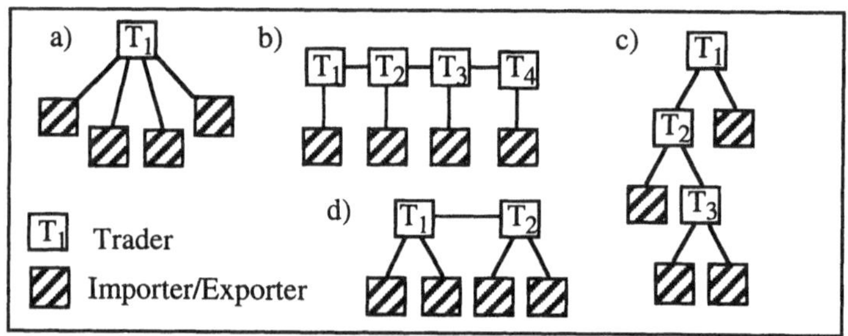

Abb. 5.1: Verschiedene Architekturen einer ODP-Traderföderation

Je häufiger Dienstanfragen an einen Trader gestellt werden, desto größere Traderkapazität ist erforderlich, um einen optimalen Ablauf zu gewährleisten. Aus diesen Parametern ergibt sich für die Traderkapazität die folgende Abhängigkeit:

n ~ 1/l * d * h .

Während diese Größen alle nicht beeinflußbar sind, wenn keine Einschränkungen administrativer Art auf ein lauffähiges Dienstvermittlungssystem vorgenommen werden, ist es doch sinnvoll, eine optimale Auslastung der Dienstvermittlung durch sinnvolle Tradingkonfigurationen vorzunehmen. Um verschiedene Möglichkeiten der Anordnung von Tradern hinsichtlich ihrer Exporter zu betrachten, ist in Abbildung 5.1 ein Beispiel angegeben.

Hierbei wird die Funktionalität eines Traders wahlweise auf einen, zwei, drei oder vier Trader aufgeteilt. Im Falle eines Traders ist dieser für Dienstangebote und Dienstanfragen aller Exporter bzw. Importer zuständig. Daraus ergibt sich eine zentrale Systemkonfiguration. Die anderen drei Beispiele gehen von verteilten Systemlösungen aus, in diesen Fällen ist es möglich, einen ankommenden Dienstanfrageauftrag nacheinander, d.h. sequentiell an die drei Trader zu schicken oder aber gleichzeitig von den Tradern, d.h. parallel bearbeiten zu lassen. Da das Durchsuchen eines Traderdirectories sich weiter in unabhängig voneinander abzuarbeitende Aufgaben unterteilen läßt, ist es möglich, die Anfrageauswertung innerhalb eines Traders sequentiell oder - auf die unterteilten Bereiche des Suchraumes bezogen - parallel auszuführen. Aus diesem Spektrum der Möglichkeiten ergeben sich sechs prinzipiell verschiedene Klassifizierungen für die Auswertung von Dienstanfragen in einer Traderföderation. Diese sechs verschiedenen Klassifikationen sind in Abbildung 5.2 dargestellt und werden im folgenden als Struktur-/Ablauf/-Verarbeitungsmodelle, kurz S/A/V-Modelle bezeichnet.

Im Falle eines zentralen Traders (Abb. 5.1, Möglichkeit a) kommt nur eine Anfrageauswertung der Klassen 1 oder 2 infrage. Erst wenn ein nicht zentrales, Verteiltes System vorliegt, dann ist die Modellierung entsprechend einer der Klassen 3-6 notwendig. Ist innerhalb der Trader keine parallele Abarbeitung möglich, so ist ein Modell der Klassen 1 (bei einem Trader) bzw. 3 oder 5 bei mehreren verteilten Tradern die Grundlage der Betrachtungen. Lediglich wenn eine parallele Abarbeitung innerhalb eines jeden Traders möglich ist, dann empfiehlt sich die Betrachtung von Modellen der Klasse 2 (bei nur einem Trader) oder der Klasse 4 bzw. 6 bei mehreren Tradern. Die Klassifikation dieser Trader wurde erstmals in [MePo 93b] vorgenommen, in dieser Arbeit jedoch nur auf der Basis von vier Klassen, wobei die jetzigen Klassen 3 und 5 zu der dort als Klasse 3 beschriebenen Struktur zusammengefaßt wurden, Klassen 4 und 6 wurden gemeinsam als Klasse 4 modelliert. Da die neueingeführten Klassen 5 und 6 in einer gewissen Weise als Spezialfälle der ursprünglichen Klassen beschrieben werden können, ist diese Modellierung zulässig und widerspricht nicht den ursprünglichen Arbeiten.

Betrachtet man diese Kombinationen von zentraler oder verteilter Anordnung der Trader mit Art der Abarbeitung an den einzelnen Tradern (sequentielle oder parallele Auftragsweitergabe) sowie der Abarbeitung innerhalb eines einzelnen Traders (sequentiell oder parallel), so ist zu bemerken, daß in der Praxis recht komfortable Protokolle eine Abarbeitung entsprechend den S/A/V-Modellen der Klasse 4 oder 6 ermöglichen, d.h. in der Regel wird ein Verteiltes System aus mehr als einem Trader bestehen und die Möglichkeit gegeben sein, Anfragen gleichzeitig von mehreren Tradern bearbeiten zu lassen. Ob dann innerhalb eines Traders nacheinander, also sequentiell die Auswertung der Datensätze erfolgt oder aber das in Module von Datensätzen zerlegte Directory parallel ausgewertet wird, ist für die Modellierung zunächst unerheblich, da die S/A/V-Modelle der Klasse 6 einen Spezialfall der Modelle der Klasse 4 darstellen.

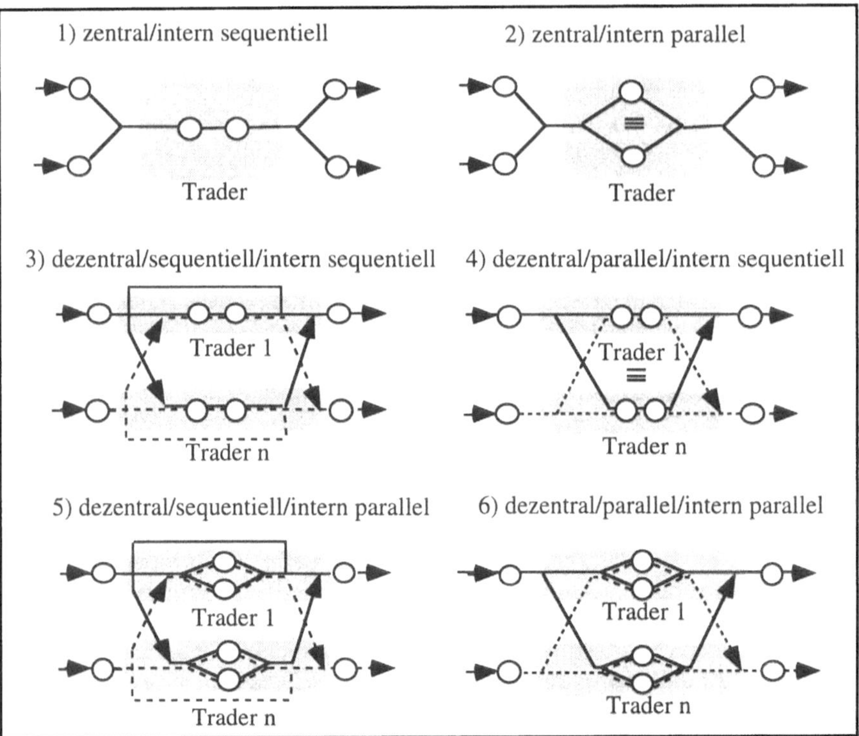

Abb. 5.2: Die sechs Struktur-/Ablaufmodelle

Diese Aussage soll im folgenden begründet werden. Ist ein Modell der Klasse 6 gegeben, so kann ohne Beschränkung der Allgemeinheit davon ausgegangen werden, daß jede Partition des Directories, in dem parallel gesucht wird, ein eigenes Tradingdirectory eines autonomen Traders darstellt. Somit erhöht sich in der virtuellen Modellierung die Anzahl der Trader im Verhältnis zu den tatsächlich vorhandenen, damit ist jedoch eine Zurückführung auf Modelle der Klasse 4, die Verschachtelungen von Tradern zulassen, möglich. In ähnlicher Weise können Modelle der Klasse 5 auf eine Sequenz von Modellen der Klasse 4 zurückgeführt werden, wenn man gleichermaßen die parallel abzuarbeitenden Partitionen eines Traderdirectories als autonome Directories verschiedener Trader modelliert und deren Hintereinanderausführung aufaddiert. Aus diesem Grund kann sich die prinzipielle Modellierung, d.h. die Einführung von Konzepten und Modellelementen im folgenden auf die Klassen 1 bis 4 beschränken, da nachfolgend die Modellierungsmöglichkeiten der Klassen 5 und 6 die gleichen wie die der Klasse 4 sind.

In [Kl 84] wird festgestellt, daß bei gleicher Rechenkapazität ein zentrales System immer günstiger ist als ein Verteiltes System. Insbesondere bei den - aus der Struktur der TODs und den Kontexte resultierenden - administrativen oder organisatorischen Restriktionen ist jedoch eine solche Voraussetzung nicht immer einzuhalten. Hinzu kommt, daß ein Zusammenschluß von mehreren Tradern zu einem Syndikat oder einer Föderation oft bedingt, daß eine zentrale Vermittlung von Diensten unmöglich wird.

5.2 Grundbegriffe der Warteschlangenmodellierung und Leistungsbewertung

Um die Modellierung der o.g. sechs Struktur-/Ablauf-/Verarbeitungsmodelle vornehmen zu können, ist eine Begriffswelt notwendig, welche über die allgemeinen Begriffe der Warteschlangenmodellierung deutlich hinaus geht. Aus diesem Grund soll im folgenden eine einheitliche Einführung von einigen Konzepten vorgenommen werden, die insbesondere zur Modellierung paralleler Abläufe von Bedeutung sind. Dies betrifft den Taskpräzedenzgraphen und das Fork-Join-Netz, aus denen sich später zu betrachtende Modelle zusammensetzen.

5.2.1 Der Taskpräzedenzgraph

Der Taskpräzedenzgraph ist ein relativ einfaches Instrumentarium, das einen allgemeinen Überblick über den Zusammenhang sequentieller und paralleler Teilabläufe innerhalb eines Systems gibt. Um eine Beschreibung vornehmen zu können, sollen deshalb zunächst die einfachsten Grundbegriffe in ihrer Begriffsverwendung noch einmal eingeordnet werden.

Eine Dienstanfrage, die seitens eines Importers an einen Trader oder eine Traderföderation gerichtet wird, ist im folgenden als ein Auftrag (*job*) modelliert. Dieser Auftrag kann entsprechend der lokalen Anordnung der Unterverzeichnisse eines Traderdirectories oder gemäß örtlich verteilter Traderdatenbanken in Teilsuchbereiche oder Teilaufträge zerlegt werden. Diese Teilaufträge werden als *tasks* bezeichnet. Ein *task* ist eine Menge von zueinander in Beziehung stehenden Relationen, die auf der Grundlage einer gemeinsamen Inputmenge ausgeführt werden können. Ein *task* kann weiter in *tasks* zerlegt werden, je nach dem, welcher Grad von Feinheit bei den Betrachtungen von Bedeutung ist. Zwischen den *tasks* eines Auftrags besteht eine zeitliche Ordnungsrelation, die reflexiv, antisymmetrisch und transitiv ist. Daher stellt diese Ordnungsrelation eine partielle Ordnung im Sinne einer Algebra dar und wird im folgenden als Präzedenzordnung bezeichnet. Umgekehrt kann man auch davon ausgehen, daß ein *job* eine Menge von *tasks* ist, die in einer zeitlich bestimmten Reihenfolge ausgeführt werden müssen und

deren Struktur durch einen Taskpräzedenzgraphen modelliert wird. Dieser
Taskpräzedenzgraph wird als statisch angenommen, das heißt, während der
Ausführung eines durch den Graphen beschriebenen *jobs* ändert er seine Struk-
tur nicht.

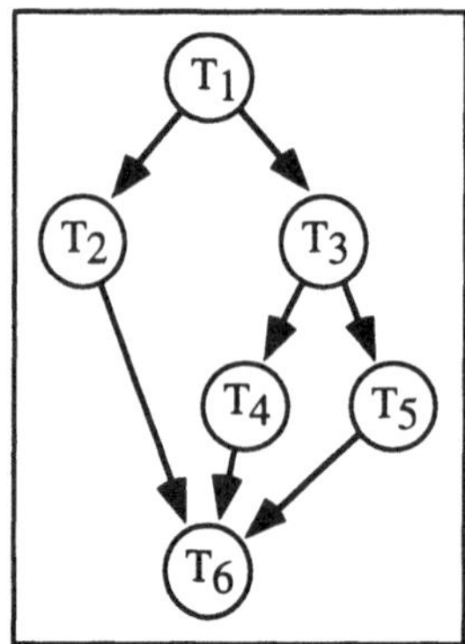

Abb. 5.3: Ein aus sechs *tasks* bestehender Taskpräzedenzgraph

Innerhalb eines Taskpräzedenzgraphen werden *tasks* als Knoten modelliert. {Ti}
bezeichne dabei die Menge aller *tasks*. Besteht zwischen zwei *tasks* eine partielle
Ordnung, so werden die entsprechenden Knoten durch eine Kante verbunden.
Die Kanten, die aus der Transitivität der partiellen Ordnung geschlußfolgert
werden können, werden im Graphen nicht explizit eingezeichnet. Aus diesen
Vereinbarungen ergibt sich die Definition eines Taskpräzedenzgraphen in der
folgenden Form.

Ein **Taskpräzedenzgraph** (TPG) ist ein gerichteter, kreisfreier Graph G_{TPG} =
$\langle T, PO \rangle$, wobei T die Menge aller *tasks* ist und $PO \subseteq T \times T$ die Menge aller gerichteten Kanten von einem *task* T_1 zu einem *task* T_2 ist. Die gerichtete Kante
von T_1 nach T_2 bedeutet dabei, daß *task* T_2 nach der Beendigung von *task* T_1 bearbeitet wird.

In Abbildung 5.3 ist ein aus sechs *tasks* bestehender Taskpräzedenzgraph dargestellt. Dabei werden alle *tasks*, die von einem Knoten ausgehen, parallel
ausgeführt, während *tasks*, die über Kanten miteinander verbunden sind,
sequentiell ausgeführt werden. Beispiele für parallel ausgeführte *tasks* sind die
tasks 4 und 5, *task* 1 und 3 werden sequentiell ausgeführt.

5.2.2 Das Fork-Join-Netz

Bei einem Fork-Join-Netz handelt es sich um ein Warteschlangennetz, das um
zwei Typen von Stationen erweitert wird. Ein Typ einer solchen Station ist die
sogenannte Forkstation. Sie spaltet einen ankommenden Auftrag in eine gewisse Anzahl von abgehenden Aufträgen. Diese Bezeichnung FORK ist an die

gleichnamige UNIX-Prozeßoperation angelehnt, welche dazu dient, einen Prozeß von einem gegebenen übergeordneten Prozeß abzuspalten. Das Gegenstück zur Forkoperation ist die sogenannte Joinoperation. Diese Operation fügt eine gewisse Anzahl eingehender Aufträge zu einem abgehenden Auftrag zusammen. Dabei kann die Ausführung einer Joinoperation erst dann erfolgen, wenn alle zusammenzufügenden Aufträge vollständig abgearbeitet werden. Die aus UNIX bekannte gleichnamige Operation JOIN dient dem Zusammenfügen zweier Prozesse, von denen einer zuvor mit der Forkoperation abgespaltet worden ist.

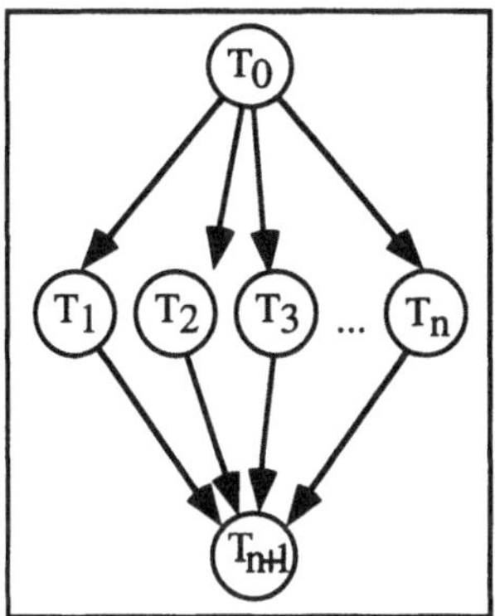

Abb. 5.4: Taskpräzedenzgraph zur parallelen Auswertung einer Dienstanfrage
an n Trader

Wird nun eine Traderföderation betrachtet, die aus n Tradern besteht, welche parallel eine Dienstanfrage zur Abarbeitung erhalten, so erfolgt eine Modellierung mit Hilfe eines Taskpräzedenzgraphen, bei dem ein *task* die Weiterleitung eines *tasks* an die n Trader übernimmt und nach der Abarbeitung der *tasks* innerhalb dieser Trader ein (n+1)-ter *task* die ausgewählten Dienstangebote zu einer gemeinsamen Menge von infragekommenden Dienstangeboten zusammenfaßt. Dieser Sachverhalt ist in Abbildung 5.4 dargestellt. Dabei stellt T_0 den *task* dar, der die Dienstanfrage an die n Trader weiterleitet, *task* T_{n+1} übernimmt die Auswertung der in den einzelnen Tradern erhaltenen Dienstangebote.

Dieser Sachverhalt läßt sich nun geeignet mit Hilfe eines Fork-Join-Netzes modellieren. Dabei wird der *task* T_0 auf eine Forkstation abgebildet, die eine ankommende Dienstanfrage auf genau n abgehende Dienstanfragen aufspaltet. *Task* T_{n+1} entspricht einer Joinstation, welche nach der Abarbeitung aller n Dienstanfragen innerhalb der zugehörigen n *tasks* die n eingehenden Aufträge zu einem abgehenden Auftrag zusammenstellt.

Aus formaler Sicht sei $\{T_i\}$ wieder eine Menge von *tasks*, T_f und T_j seinen *tasks*, die nicht in der Menge $\{T_i\}$ enthalten sind. Eine Forkstation ist eine Präzedenzrelation F: T_f -> $\{T_i\}$, welche den Zustand beschreibt, daß vor der Ausführung eines *tasks* $T_a \in \{T_i\}$ der *task* T_f vollständig abgearbeitet sein muß. Nach der vollständigen Abarbeitung des *tasks* T_f folgt die parallele Ausführung aller *tasks* der Menge $\{T_i\}$.

In Analogie zu der formalen Darstellung der Forkstation läßt sich eine Joinstation als Präzedenzrelation $J: \{T_i\} \rightarrow T_j$ beschreiben, wobei die Ausführung aller *tasks* $T_a \in \{T_i\}$ erfolgt sein muß, bevor der *task* T_j abgearbeitet werden kann. Nach der erfolgreichen Abarbeitung aller *tasks* der Menge $\{T_i\}$ erfolgt dann die Ausführung des *tasks* T_j.

Ein Fork-Join-Netz (FJN) kann in zwei verschiedene Klassen eingeteilt werden. Zum einen wird ein FJN elementar genannt, wenn alle seine Zweige aus Bedienstationen bestehen, so wie dies in Abbildung 5.4 der Fall ist. Zum anderen besteht die Möglichkeit, als Zweig eines Fork-Join-Netzes selbst wieder ein Fork-Join-Netz zu betrachten. In diesem Fall wird das FJN verschachtelt genannt. Zur Modellierung des in Abbildung 5.3 dargestellten Taskpräzedenzgraphen wird ein verschachteltes Fork-Join-Netz benötigt.

Eine andere Möglichkeit der Klassifizierung von Fork-Join-Netzen ist die Unterscheidung zwischen homogenen und heterogenen Fork-Join-Netzen. Man spricht genau dann von homogenen Fork-Join-Netzen, wenn die mittleren Bedienraten der Bedienstationen im FJN identisch sind. Anderenfalls spricht man von heterogenen Fork-Join-Netzen.

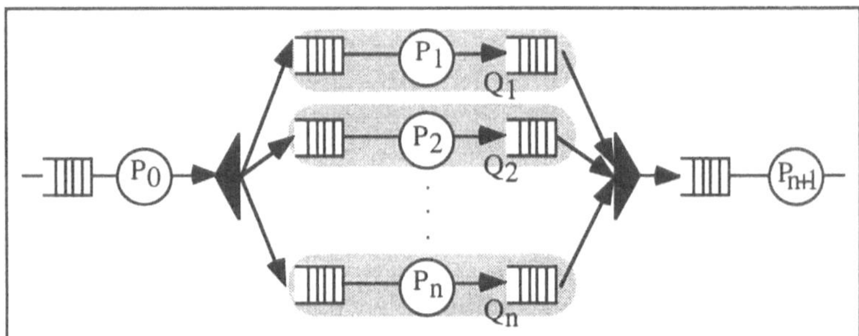

Abb. 5.5: Warteschlangenmodell eines Fork-Join-Netzes

Die parallele Ausführung von *tasks* wird in Anlehnung an die in [DuCz 87] eingeführte Schreibweise im folgenden mit einem **parbegin/parend**-Konstrukt beschrieben. Dabei entspricht der Ausdruck

parbegin T_1; T_2; ...; T_n **parend**;

dem Sachverhalt, daß die *tasks* T_1 bis T_n parallel ausgeführt werden. Diese Ausführung ist genau dann erfolgreich abgeschlossen, wenn die Abarbeitung jedes einzelnen *tasks* beendet ist.

Wird nun der in Abbildung 5.4 dargestellte Taskpräzedenzgraph in ein Warteschlangensystem überführt, so ist dabei zu beachten, daß sowohl vor der Ausführung jedes Prozesses, der einem *task* entspricht, eine Warteschlange benötigt wird, als auch vor dem Zusammenfügen der einzelnen, parallel ausgeführten *tasks* in der Joinstation Warteschlangen modelliert werden müssen. Letztere Warteschlagen werden als *Waiting Queues* bezeichnet.

Die Warteschlangenmodellierung eines Fork-Join-Netzes ist in Abbildung 5.5 dargestellt, dieser Aufbau entspricht der in Abbildung 5.4 dargestellten Taskpräzedenzgraphanordnung der einzelnen Prozesse.

Aus dieser Warteschlangenmodellierung kann nun verallgemeinert auch jeder Taskpräzedenzgraph mittels eines oder mehrerer ineinander verschachtelter Fork-Join-Netze modelliert werden.

Geht man noch einmal von dem in Abb. 5.3 dargestellten allgemeinen Taskpräzedenzgraphen aus, so entspricht diesem die in Abbildung 5.6 dargestellte Warteschlangenmodellierung, welche sich Elementen der Fork-Join-Netze bedient.

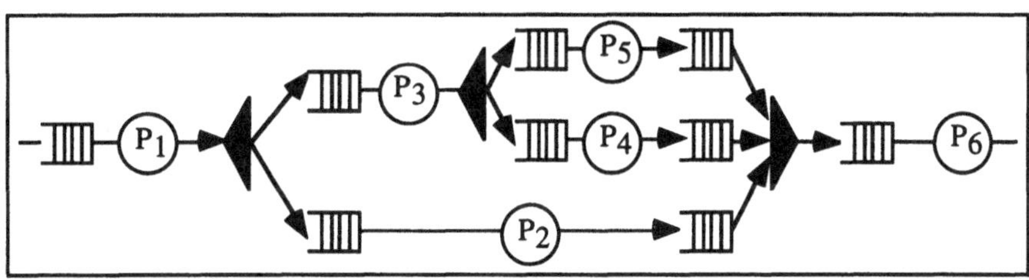

Abb. 5.6: Modellierung eines allgemeinen Taskpräzedenzgraphen mit Hilfe von
Warteschlangen- und Fork-Join-Netz-Konstrukten

In dem aus Abbildung 5.3 generierten, in Abbildung 5.6 dargestellten Modell sind zwei ineinander verschachtelte Fork-Join-Netze enthalten. Da bei der gegebenen Anordnung beide Joinstationen unmittelbar hintereinanderliegen würden, wird die Vereinbarung getroffen, daß diese Joinstationen durch eine gemeinsame Joinstation dargestellt werden können. In der Modellierung werden zu diesem Zwecke keine Einschränkungen vorgenommen, denn jeder Prozeß ist vor seinem Eintreten in eine Joinstation trotzdem mit einer Warteschlange versehen. Bei der Synchronisation von mehreren Joinstationen ist das Zwischenschalten einer Warteschlange nicht notwendig, wenn vereinbart wird, daß die Warteschlange vor der letzten Joinstation diese Aufgabe mit übernimmt.

Mit dieser Vorgehensweise ist es möglich, jedes als Taskpräzedenzgraph modellierbare System auch als Warteschlangenmodell darzustellen, wenn vor eine parallele Ausführung einer bestimmten Anzahl von *tasks* eine Forkstation zwischengeschaltet wird und nach dieser parallelen Ausführung der *tasks* eine Joinstation modelliert wird.

5.3 Verfahren zur Analyse von Tradingsystemen

Wie im vorangegangenen Abschnitt gezeigt wurde, läßt sich ein Tradingsystem als Taskpräzedenzgraph darstellen und mittels einer Kombination von Sequenzen und als Fork-Join-Netze dargestellten parallelen Konstrukten modellieren. Eine Einteilung der Systeme hinsichtlich sequentieller und paralleler Verarbeitungskonstrukte ist in Abschnitt 5.1 mit den dort eingeführten Struktur-/Ablauf-/Verarbeitungsmodellen vorgenommen worden. Aus diesem Grund wird nachfolgend zwar die Analyse von Tradingsystemen im Hinblick auf die Dienstvermittlung betrachtet, jedoch die Begriffswelt der Modellierung und Leistungsbewertung benutzt. Insbesondere wird dafür gesorgt, daß alle sechs Klassen von S/A/V-Modellen bewertet werden können.

Die Verfahren der Klassen 1 und 3 können wegen ihres sehr einfachen, ausschließlich sequentiellen Abarbeitungsverhaltens mit den Standardverfahren der Modellierung und Bewertung analysiert werden. Insbesondere [Ki 90] und [Bo 89] sind solche Verfahren zu entnehmen.

Für die Verfahren der Klassen 2 und 4-6 ist eine Verwendung von Standardverfahren für Warteschlangennetze nur bedingt möglich, da - wie sich herausstellen wird - bei eigentlich allen Verfahren in irgendeiner Hinsicht Einschränkungen vorgenommen werden müssen. Aus diesem Grund wird im folgenden zusammengefaßt, welche Verfahren sich prinzipiell für die Analyse paralleler Systeme eignen, und inwiefern bei der Leistungsbewertung Abstriche von der Allgemeingültigkeit der Analysemethode gemacht werden müssen.

Eine ausführliche Untersuchung der Eignung verschiedener Verfahren ist im Rahmen von [MePo 93b] und [Me 94] vorgenommen worden.

5.3.1 Sieben Verfahren zur Analyse von Fork-Join-Netzen

Im folgenden sollen verschiedene existierende Verfahren vorgestellt werden, die den Versuch der Analyse von Fork-Join-Netzen zum Ziel haben, bzw. eine Approximation dieser Analyse angeben.

Das Verfahren von Thomasian und Bay

Das Ziel des Ansatzes von Thomasian und Bay [ThBa 86] ist die Bestimmung der mittleren Ausführungszeit eines einzelnen Programms. Zu diesem Zweck wird das jeweils zu analysierende System in einen Programm- und einen Rechnernetzteil untergliedert, die getrennt voneinander analysiert werden. Der Programmteil kann dabei durch einen gerichteten, zyklusfreien Taskpräzedenzgraphen beschrieben werden. Zusätzlich besteht die Möglichkeit, den Kanten dieses Graphen Gewichte zuzuordnen, die eine Modellierung von Mächtigkeiten bezüglich der zu untersuchenden Programmstruktur ermöglichen. Die Zyklen im Taskpräzedenzgraphen werden durch einen zusammengesetzten *task* approximiert. Deshalb ist dieser Ansatz zur Modellierung von Parallelität prinzipiell geeignet, jedoch wird die Komplexität dieser Methodik für komplexe Systeme sehr schnell zu groß, um eine akzeptable Lösung zu erhalten.

Eine besondere Eigenschaft des Verfahrens von Thomasian und Bay besteht darin, daß es möglich ist, weitere Eigenschaften von *tasks*, wie Geräteanforderungen, den Umfang der zu anderen *tasks* zu übermittelnden Daten und mögliche Rechnerknoten für die Ausführung zu spezifizieren. Der Rechnernetzteil wird dann durch ein herkömmliches Warteschlangennetz beschrieben. Dabei ist insbesondere das Kernstück dieses Ansatzes, der Scheduler, von Bedeutung. Er berechnet mit Hilfe des Taskpräzedenzgraphen und der Beschreibung von Systemeigenschaften die gesuchten Leistungsparameter. Gleiche Bedeutung kommt der Synchronisation der *tasks* zu, d.h., der Scheduler legt fest, welche *tasks* im nächsten Schritt aktiviert werden. Aus dem TPGen wird dann eine Markovkette erzeugt, deren Zustand durch die aktuell aktivierten *tasks* bestimmt wird. Diese Markovkette ist wieder zyklusfrei und kann deshalb iterativ erzeugt werden.

Für dieses Verfahren von Thomasian und Bay ist eine gewisse Einfachheit der Struktur des Markovprozesses Voraussetzung. Dieser Sachverhalt basiert auf der Tatsache, daß nur ein einfacher Programmdurchlauf durch das Verfahren analysiert wird. Eine weitere Einschränkung besteht darin, daß dieses Verfahren die Zerlegung des TPGen in kleinere Teilgraphen nicht unterstützt. Dadurch kann es sehr schnell zu einem immensen Rechenaufwand kommen, wodurch dieser Ansatz weder für komplexere Modelle der Klasse 2 noch für solche der Klassen 4-6 geeignet ist.

Das Verfahren von Kapelnikov

In einer ähnlichen Art und Weise, wie das Verfahren von Thomasian und Bay ein System zwischen Programm- und Rechnernetzteil unterschieden hat, wird bei dem Ansatz von Kapelnikov [Ka 87], [KME 87] ein System zum Zwecke der Modellierung und Bewertung in ein Rechnernetzmodell, genannt *Physical Domain Model* (PhDM) und ein Programmodell, das sogenannte *Program Domain Model* (PrDM) unterteilt. Während zur Modellierung des *Physical Domain Models* Netze mit gewöhnlichen Warteschlangenknoten genutzt werden, besteht das Program Domain Model aus einem Taskpräzedenzgraphen, der - im Gegensatz zu dem Verfahren von Thomasian und Bay - auch Zyklen enthalten darf. Er wird der *Computation Control Graph* (CCG) genannt und ermöglicht es, mehrere Arten der Parallelisierung und Synchronisation von *tasks* zu spezifizieren. Aus diesem Sachverhalt folgt die prinzipielle Eignung zur Modellierung von parallelen Systemen, wie sie bei den Klassen 2 sowie 4-6 erforderlich ist.

Bei dem Ansatz von Kapelnikov wird die mittlere Laufzeit eines Programms in einem Rechensystem bestimmt, wobei vorausgesetzt werden muß, daß dieses Rechensystem nicht gleichzeitig noch ein anderes Programm bearbeiten darf. Ausgehend von der Analyse des zugrundeliegenden Rechnernetzes besteht das

Ziel darin, den Durchsatz aller Rechnerknoten für verschiedene Systemzustände
zu bestimmen. Auf der Basis des CCG wird ein Markovprozeß konstruiert, der
die wesentlichen Zustände bei der Programmausführung beinhaltet. Die Zu-
standsübergangsraten werden mit Hilfe der Durchsatzwerte aus dem physikalischen Modell bestimmt. Nach der Lösung des Markovprozesses kann die durch-
schnittliche Programmausführzeit bestimmt werden. Um bei der Lösung des
Markovprozesses dessen Komplexität zu reduzieren schlägt Kapelnikov vor, den
CCG solange hierarchisch zu unterteilen, bis der zugehörige Markovprozeß effizient zu lösen ist. Die Anwendung der von ihm entwickelten Heuristiken ermöglicht es, den CCG nach der Lösung der Teilsysteme wieder zusammenzusetzen.
Insbesondere werden Zyklen im Graphen ersetzt, so daß eine zyklenfreie Struktur entsteht. Dadurch vereinfacht sich die Lösung des Markovprozesses analog
zum Ansatz von Thomasian und Bay. Jedoch gelten diese Vereinfachungen nur
für Modelle mit zentraler Tasksynchronisation, also für Modelle der Klassen 2
und 5. Für die Dezentralität, die insbesondere bei den Modellen der Klassen 4
und 6 auftritt, wird keine Vereinfachung vorgenommen, so daß bei diesen Systemen das Verfahren kaum angewendet werden kann.

Das Verfahren von Duda und Czachorski

Bei dem Ansatz von Duda und Czachorski [DuCz 87], [Bo 89] wird von einem
FJN mit n parallelen M/G/1-Stationen ausgegangen, d.h. n Stationen mit ge-
dächtnislosen Ankunftsraten, allgemeinen Bedienraten und einer Bedieneinheit, die alle parallel arbeiten.

Als weitere Vereinbarung werden bei den n Stationen unterschiedliche Bedienraten angenommen. Es ist auch möglich, eine ineinander verschachtelte
Struktur festzulegen. Dadurch ist dieser Ansatz gut geeignet, Systeme zu analysieren, die durch einen gerichteten, zyklusfreien TPGen beschrieben werden.
Eine solche Modellgrundlage ist sowohl für S/A/V-Modelle der Klasse 2, als auch
für Modelle der Klassen 4-6 Grundvoraussetzung für deren Analyse.

Bei diesem Ansatz wird ein Fork-Join-Netz, das nicht weiter verschachtelt ist,
durch eine M/M/1-Station ersetzt. Diese M/M/1-Station hat dabei eine zustandsabhängige Bedienrate. Ersetzt man das FJN durch ein geschlossenes Produktformnetz (PFN), so kann man aus dessen Lösung einen lastabhängigen Ersatzknoten bestimmen. Im Gegensatz zu den Ansätzen von Thomasian und Bay sowie Kapelnikov, die nur die einfache Ausführung eines Programms bestimmen,
wird hier mit einer poissonverteilten Ankunftsrate für Programmaufträge gerechnet. Dieser Sachverhalt wird bei den detaillierteren Untersuchungen dieses
Verfahrens noch von besonderer Bedeutung sein.

Das Verfahren von Duda und Czachorski ist gut geeignet, um die in den S/A/V-
Modellen der Klasse 2 bestehenden Anforderungen zu modellieren. Dabei ergeben sich keine Einschränkungen.

Auf der anderen Seite bedingt die fehlende Tasksynchronisation jedoch gewisse
Restriktionen für Modelle der Klassen 4-6. Eine Eignung für einfache Modelle

dieser Klassen ist offensichtlich, jedoch ist dieses Verfahren nicht uneingeschränkt für komplexere Modelle einsetzbar.

Das Verfahren von Heidelberger und Trivedi

In einem ihrer ersten gemeinsamen Ansätze [HeTr 82] beschäftigten sich die Autoren mit parallelen Aufträgen in Warteschlangennetzen, die nach der Beendigung der Ausführung nicht mehr synchronisiert werden müssen. In einer weiteren Arbeit [HeTr 83] wird davon ausgegangen, daß ein komplexes System in fast vollständig zerlegbare Teilsysteme gliederbar ist. Diese Teilsysteme können durch je ein PFN berechnet werden. Fügt man diese PFNe wieder zusammen, so kann das gesamte System berechnet werden. Für n=2 Stationen wird von den Autoren angegeben, wie diese Zusammenfügung durchzuführen ist. Für den Fall von mehr als zwei Stationen wird darauf verwiesen, daß dieser Vorgang zu komplex wird.

Somit ist ein Einsatz für sehr einfache Spezialfälle mit zwei Stationen bei Modellen der Klasse 2 noch denkbar, alle anderen Modelle, die Parallelität beinhalten, können mit diesem Verfahren jedoch gar nicht analysiert werden.

Das Verfahren von Balsamo und Donatiello

Die nun folgenden Verfahren sind für komplexere S/A/V-Modelle weniger geeignet, um jedoch einen möglichst vollständigen Überblick über Ansätze zur Modellierung von Parallelität zu geben, sollen auch diese Verfahren der Vollständigkeit halber nicht außer Acht gelassen werden.

Ausgangspunkt für die Vorgehensweise von Balsamo und Donatiello [BaDo 90] ist ein Fork-Join-Netz, das aus n M/G/1-Stationen mit unterschiedlichen Bedienraten besteht. Im Gegensatz zu dem Verfahren von Duda und Czachorski werden jedoch keine weiteren Unternetze betrachtet. Aus diesem FJN wird nun eine Markovkette entwickelt, wobei ein Systemzustand durch die Länge der Warteschlangen der parallelen Bedienstationen bestimmt ist. Daraus folgt, daß dieser Ansatz in der Lage ist, Parallelität prinzipiell zu handhaben. Aus Sicht der verwendeten Theorie ist der Ansatz recht interessant. Die von diesem Verfahren verwendete Zustandsübergangsmatrix hat keine Gestalt eines Quasi-Geburts-Sterbe-Prozesses (QGS-Prozesses). Erst durch eine geeignete Reduzierung des Zustandsraums erreicht diese Matrix die Gestalt des QGS-Prozesses. Wegen dieser Eigenschaft kann zur Lösung des Warteschlangenmodells die matrixgeometrische Methode, vgl. [Ki 90], eingesetzt werden.

Eine ausreichende Effizienz erreicht dieses Lösungsverfahren nur für M/M/1-Knoten, und auch hier hat es noch kubischen Aufwand bezüglich der Anzahl der Zustände. Daraus resultiert für die Anwendungsgebiete, die sich auf die in Abschnitt 5.1 beschriebenen S/A/V-Modelle zurückführen lassen, keine akzeptable Einsetzbarkeit des Ansatzes. Für einfache Modelle der Klasse 2 könnte das Verfahren noch Verwendung finden, erhöht sich jedoch die Anzahl der parallelen

Stationen, so ist die Grenze der Leistungsfähigkeit dieses Ansatzes schnell erreicht.

Der Ansatz von Nelson und Tantawi

Der Ansatz von Nelson und Tantawi [NeTa 88] dient der Analyse elementarer Fork-Join-Netze, die aus M/M/1-Stationen bestehen. Die Idee dieses Ansatzes besteht darin, ein Warteschlangennetz mit Gruppenankünften der Form $M^x/M/c$ zu analysieren, das gleich dem FJN ist. Die so berechneten Modellparameter stellen eine Approximation für die Modellparameter des FJNes dar.

Dieses Verfahren kann jedoch nur auf elementare FJNe angewendet werden. Ein weiterer Ansatz der Autoren findet sich in [NTT 88]. Dort wird eine obere und eine untere Schranke für die mittlere Antwortzeit von elementaren FJNen mit identischen M/M/1-Bedienstationen angegeben. Damit ist ein Einsatz höchstens für einfache S/A/V-Modelle der Klasse 2 möglich, für komplexere Modelle dieser Klasse und für andere Klassen, die Parallelität betrachten, ist eine Verwendung dieses Konzeptes jedoch nicht geeignet.

Der Ansatz von Kim und Agrawala

Bei dem Ansatz von Kim und Agrawala wird in Analogie zu dem Ansatz von Nelson und Tantawi ebenfalls ein elementares FJN mit homogenen Bedienstationen untersucht [KiAg 89]. Für die Bedienrate wird eine Erlangverteilung angenommen. Die Modellparameter werden mit Hilfe einer Approximation der Wartezeit, im Original als *Virtual Waiting Time* (VWT) bezeichnet, bestimmt. Die VWT bezeichnet die Zeit, die zum Zeitpunkt t noch benötigt wird, um alle zu diesem Zeitpunkt in einer Station befindlichen Aufträge abzuarbeiten. Neue Ankünfte werden während dieser Zeit nicht berücksichtigt.

Auch bei diesem Verfahren ist lediglich eine Eignung für einfache Modelle der Klasse 2 möglich. Für die Formen der Parallelität, wie sie bei den S/A/V-Modellen der Klassen 4-6 modelliert werden müssen, ist dieses Verfahren nicht geeignet.

5.3.2 Vergleich der vorgestellten Ansätze zum Zwecke der Modellierung einer Traderföderation

Die hier einzeln analysierten Verfahren und Ansätze sollen nun noch einmal unter bestimmten Vergleichskriterien betrachtet und abschließend zusammengefaßt werden. Zu diesem Zwecke ist in Abbildung 5.7 eine Gegenüberstellung aller Methoden in tabellarischer Form vorgenommen worden, wobei eine Bewertung der Ansätze von +++ (uneingeschränkt geeignet) bis -- (gar nicht geeignet) vorgenommen wird. Nach der Betrachtung von Programmstruktur, Netzdarstellung, Lösungsansatz und Tasksynchronisation ist eine Bewertung der Eignung dieser Verfahren für ihren Einsatz zur Analyse der S/A/V-Modelle mit parallelen Strukturen, also die Modelle der Klassen 2 und 4-6 vorgenommen worden.

Betrachtet man die Auswertung der Ansätze mittels der in den letzten Spalten der Tabelle gegebenen Bewertungen, so ist offensichtlich, daß Modelle der Klasse 2 von eigentlich jedem Ansatz analysiert werden können.

Verfahren	Programm-struktur	Netzdar-stellung	Eignung für			
			Kl. 2	Kl. 4	Kl. 5	Kl. 6
Thomasian/ Bay	zyklus-freier TPG	separates WS-Netz	+	+	+	+
Kapelni-kov	erweiterter zyklischer TPG	separates, erweiter-tes WSN	++	+/-	-	-
Duda/ Czachorski	zyklusfrei-er TPG	verschach. FJN	++(+)	++	+(+)	+(+)
Heidel-berger/ Trivedi	-	elementa-res FJN	+/-	-	--	--
Balsamo/ Donatiello	-	elementa-res FJN	+	-	--	--
Nelson/ Tantawi	-	elementa-res FJN	+/-	-	--	--
Kim/ Agrawala	-	elementa-res FJN	+/-	-	--	--

Abb. 5.7: Vergleich und Bewertung der vorgestellten Ansätze

Schwieriger ist dagegen die Bewertung von Modellen der Klassen 4-6. Hier bestehen nur sehr bedingte Möglichkeiten. Allein von der formalen Gegenüberstellung der vergebenen Punkte erscheint der Ansatz von Duda und Czachorski als der günstigste, um eine Analyse vornehmen zu können. Über diese Punktebewertung hinaus, besitzt dieser Ansatz auch noch den Vorteil, daß er wegen seiner Zurückführung auf Produktformnetze gut erweiterbar ist. Alle anderen Verfahren besitzen eine solche Möglichkeit nicht. Bei dem Ansatz von Thomasian und Bay fehlt die Möglichkeit, den Taskpräzedenzgraphen zu zerlegen, um auch komplexere Systeme analysieren zu können. Daher ist dieser Ansatz für weitere Überlegungen völlig ungeeignet. Gleiches trifft für das Verfahren von Balsamo und Donatiello zu. Die Methodik von Kapelnikov bietet für Klasse-4-Modelle eine Approximation, bei der nur die Schranken für die Programmausführungszeit bestimmt werden können. Es ist an dieser Stelle sehr fraglich, ob die somit erzielten Ergebnisse den beim Trading bestehenden Anforderungen genügen. Für die Verfahren von Heidelberger/Trivedi, Nelson/Tantawi und auch Kim/Agrawala werden so geringe Möglichkeiten bereitgestellt, daß nur einfachsten Modellen eine Analyse ermöglicht wird. Die Komplexität einer weiteren Betrachtung und Erweiterung dieser Ansätze erscheint zu hoch.

Diese sieben hier vorgestellten Verfahren genügen alle nicht den Anforderungen an die Analyse von Tradingsystemen, die mittels der S/A/V-Modelle der Klassen 4-6 modelliert werden können. Schwachstellen dieser Verfahren sind darin zu sehen, daß keine Anfragen berücksichtigt werden können, die auf beliebig viele Trader einer Föderation zugreifen. Desweiteren ist nicht immer gewährleistet, daß das Aufkommen von Anfragen aller Trader in einer Föderation berücksichtigt wird und unterschiedliche Bedienraten der Trader betrachtbar sind. Von diesen drei genannten Schwachpunkten besitzen nicht alle Verfahren jedes Defizit, allerdings hat jedes Verfahren mindestens eine er ersten beiden Schwachstellen, wobei die dritte Schwachstelle zusätzlich noch hinzukommen kann.

Im folgenden sollen die Ausführungen auf das Verfahren von Duda und Czachorski beschränkt werden, wobei dieser Ansatz sehr detailliert untersucht und eine Erweiterung für die Belange der Tradingsystemanalyse angegeben wird.

5.4   Die Analyse von Fork-Join-Netzen

In diesem Abschnitt sollen der Ansatz von Duda und Czachorski [DuCz 87] sowie dessen Erweiterung [Du 87] detailliert beschrieben werden, bevor dann im kommenden Abschnitt eine Anpassung an die seitens der Tradingföderationssysteme bestehenden Anforderungen mit dem P^2AM-Verfahren gemacht wird.

Mit dem Verfahren von Duda können Fork-Join-Netze analysiert werden, die aus M/M/1-Stationen mit unterschiedlichen Bedienraten bestehen. Dabei besteht das Hauptproblem in der Erstellung eines Markovmodells für die Joinstation. Um globale Gleichgewichtsgleichungen aufstellen zu können, muß hierbei eine Approximation des Systemverhaltens vorgenommen werden. Als Approximation verwendet Duda ein geschlossenes Produktformnetz. Weshalb eine solche Ersetzung eines Fork-Join-Netzes durch ein Produktformnetz sich zur Approximation des Systemverhaltens eignet und welche Vorteile aus dieser Modellierung ableitbar sind, ist Gegenstand der folgenden Überlegungen.

5.4.1   Die Modellierung von Tradingsystemen mittels geschlossener Fork-Join-Netze

Da die Kreierung von tasks durch eine Forkstation und die Synchronisation durch eine Joinstation eine Produktformlösung für ein Warteschlangennetz ausschließen, muß im folgenden für die Analyse von Fork-Join-Netzen ein anderes Verfahren genutzt werden.

Von Duda wird die Zerlegung und der Äquivalenznachweis in einer recht ungewöhnlichen Art und Weise durchgeführt. Er betrachtet ein offenes System und ersetzt dessen Teilsysteme durch zustandsabhängige äquivalente Server, deren Parameter durch kurzgeschlossene Teilsysteme berechnet werden. Das geschlossene Teilsystem wird durch eine Anzahl von *tasks* gelöst, die von eins bis unendlich reichen kann.

Im folgenden wird ein rekursives Fork-Join-Netz zunächst solange zerlegt, bis man ein einzelnes Fork-Join-Netz betrachten kann. Dieses nichtrekursive Fork-Join-Netz bestehe aus n Prozessoren, d.h. n parallel auszuführenden *tasks*, was in Abbildung 5.8 a) dargestellt ist.

Anstelle des ursprünglichen Fork-Join-Netzes betrachtet Duda nun das geschlossenen Teilsystem mit n*k tasks, wobei k der Anzahl der *jobs* im System entspricht. Dieses System läßt sich durch einen äquivalenten M/M/1-Knoten mit zustandsabhängigen Bedienraten ersetzen, seine schematische Darstellung ist Abbildung 5.8 b) zu entnehmen.

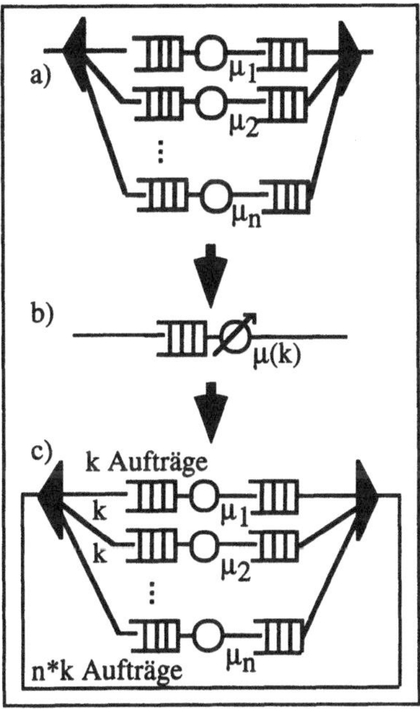

Abb. 5.8: Die Idee der Ersetzung eines Fork-Join-Netzes durch ein geschlossenes Netz

Das normale Fork-Join-Netz wird nun kurzgeschlossen, d.h. es wird angenommen, daß die Anzahl der abgehenden Aufträge gleich der Anzahl der ankommenden Aufträge ist. Ferner wird davon ausgegangen, daß die von den n Prozessen bearbeiteten Aufträge zwar innerhalb der Joinstation synchronisiert werden, ein Auftrag darf die Joinstation also erst dann passieren, wenn sich in jeder der n Warteschlangen Q_1 bis Q_n vor der Joinstation mindestens ein Auftrag befindet und je ein Auftrag dieser Warteschlangen gemeinsam von der Joinstation durchgelassen werden. An dieser Stelle erfolgt jedoch nicht die Zusammensetzung der n bearbeiteten Aufträge zu einem gemeinsamen Auftrag, der die Joinstation verläßt, sondern es erfolgt eine Zerlegung dieses einen real existierenden Auftrags in n Aufträge. Liegen in jeder der n Warteschlangen mindestens k *tasks* vor, so kann die Joinstation auch die *tasks* aller Warteschlangen auf einmal synchronisieren, in einem solchen Fall würden n*k *tasks* diese Station passieren, siehe Abbildung 5.8 c).

Durch das Kurzschließen erhält Duda ein geschlossenes Netz, die k*n Aufträge werden also innerhalb des Systems an den logischen Ort der Forkstation geleitet. Da hier wegen der Modifikation des Systems keine Aufsplittung eines Auftrags auf die n Zweige des Fork-Join-Netzes vorgenommen zu werden braucht, entfällt eine Einbeziehung einer Forkstation. Die n*k Aufträge werden auf die n Zweige des Fork-Join-Netzes aufgeteilt, so daß auf jeden Zweig dieses Netzes k Aufträge entfallen. Da die Anzahl der Aufträge innerhalb des Systems konstant ist, können Markovmodelle zur Leistungsbewertung von Warteschlangensystemen dazu verwendet werden, eine Analyse dieses Systems durchzuführen. Zugehörige Modellierungsverfahren sind beispielsweise in [Bo 89] oder [Ki 90] enthalten. Sie ermöglichen die Bestimmung der gesuchten Leistungsparameter.

Bezogen auf das in Abbildung 5.6 dargestellte Beispiel kann eine Analyse dadurch erfolgen, daß zunächst das innere Fork-Join-Netz, das aus den Prozessen P_4 und P_5 besteht, durch einen zu diesem FJN äquivalenten M/M/1-Knoten mit zustandsabhängigen Bedienraten ersetzt wird, und anschließend wird das aus diesem M/M/1-Knoten sowie den Prozessen P_3 und P_2 bestehende Fork-Join-Netz durch einen weiteren M/M/1-Knoten mit zustandsabhängigen Bedienraten ersetzt. Das Gesamtsystem besteht nun aus drei sequentiellen Prozessen, dem Prozeß P_1, dem M/M/1-Knoten entsprechenden Prozeß sowie dem Prozeß P_6. Damit ist die Parallelität auf eine Sequenz von Prozessen zurückgeführt, die mit Standardverfahren gelöst werden kann.

5.4.2 Isomorphismen zwischen Fork-Join-Netzen und Netzen mit Produktformlösung

Da Fork-Join-Netze über keine expliziten Lösungsmöglichkeiten zur Handhabung von Parallelität verfügen, erscheint es sinnvoll, diese auf andere Arten von Netzen, die sich mit bekannten Lösungsalgorithmen analysieren lassen, zurückzuführen. Aus diesem Grunde werden im folgenden verschiedene Netze, die über eine Produktformlösung verfügen, untersucht und auf Zustandsisomorphie mit dem Fork-Join-Netz verglichen.

Da diese Aufgabenstellung über eine relativ hohe Komplexität verfügt, soll ein zweistufiges Herangehen gewählt werden. Zunächst wird der Fall von zwei Tradern aufgegriffen. Hierbei ist - wie im nächsten Abschnitt gezeigt wird - relativ einfach eine Isomorphie zu finden, da ein Fork-Join-Netz mit zwei gegebenen Bedienraten isomorph ist zu einem Geburts-Sterbe-Prozeß, wenn man dessen Ankunfts- und dessen Bedienrate gleich den Bedienraten des Fork-Join-Netzes setzt.

Im Falle von mehr als zwei Tradern, d.h. parallelen Zweigen im Fork-Join-Netz, ist eine Abbildung auf lediglich die Ankunfts- und Bedienrate eines Systems nicht mehr möglich. Aus diesem Grund werden andere Netze untersucht und eine Isomorphie zu diesen gezeigt.

5.4.2.1 Untersuchung der Fork-Join-Netze mit zwei Zweigen

Zunächst soll vom einfachsten Fall der Fork-Join-Netze ausgegangen werden, d.h. von parallelen Systemen mit zwei Zweigen. In diesem Fall wird die Anzahl der Aufträge in der Synchronisationswarteschlange betrachtet, also der Warteschlange, in der die Aufträge vor dem Verlassen der Joinstation gespeichert sind.

Die Anzahl der Aufträge in diesen beiden Warteschlangen unterliegt der Gesetzmäßigkeit, daß sich zu jedem Zeitpunkt in mindestens einer der Synchronisationswarteschlangen kein Auftrag befindet. Dies ist indirekt dadurch beweisbar, daß im Falle von mindestens einem Auftrag in jeder der beiden Synchronisationswarteschlangen diese beiden Aufträge synchronisiert werden könnten.

Das resultierende Zustandsübergangsdiagramm des Fork-Join-Netzes ist in Abbildung 5.9 dargestellt. μ_1 und μ_2 bezeichnen dabei die Bedienraten der beiden Trader, wobei die Bedienrate gleich der Ankunftsrate in der Joinwarteschlange gesetzt wird. Ein Zustand (Z_1, Z_2) gibt die Anzahl der wartenden Aufträge in den Synchronisationswarteschlangen an, wobei mindestens eine der Warteschlangen keine *jobs* enthalten darf. Die Gesamtanzahl der Zustände beträgt für das Fork-Join-Netz mit zwei Bedienstationen $2k+1$.

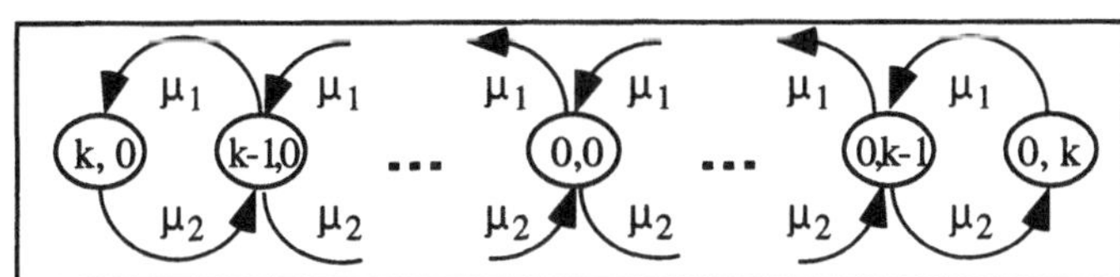

Abb. 5.9: Zustandsübergangsdiagramm eines Fork-Join-Netzes mit zwei
Bedienstationen und k Aufträgen

Unabhängig vom Fork-Join-Netz soll im folgenden ein M/M/1/2k-System betrachtet werden, d.h. ein limitierter Warteraum mit poissonverteilten Zwischenankunftszeiten, exponentiellen Bedienraten, einem Server und 2k Warteplätzen.

Die Ankunftsrate sei λ, die Bedienrate μ. Dann ergibt sich für die Anzahl der
Aufträge im System das in Abbildung 5.10 dargestellte Zustandsübergangsdiagramm. Die Anzahl der Zustände ist auch hier 2k+1.

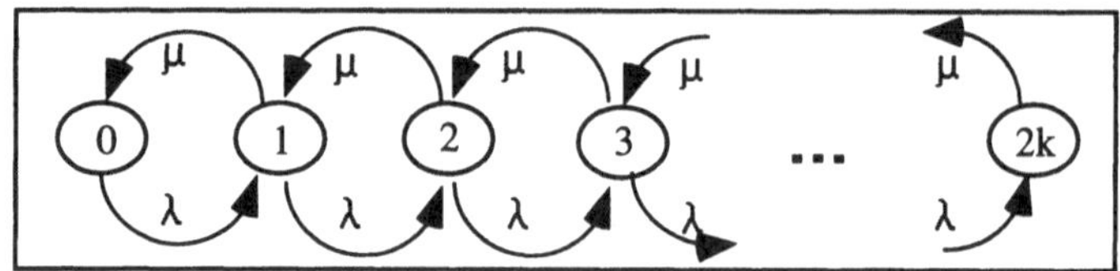

Abb. 5.10: Zustandsübergangsdiagramm eines M/M/1/2k-Systems

Betrachtet man diese beiden Zustandsübergangsdiagramme, so ist durch die
gleiche Anzahl von Zuständen eine Isomorphie hinsichtlich der Analyse der
Systeme feststellbar. Zu diesem Zwecke wird eine Abbildung von μ_1 auf μ, von
μ_2 auf λ und von den Zuständen (k,0) auf 0, (k-1,0) auf 1 bis hin zu (0,k) auf 2k
vorgenommen.

Es soll bemerkt werden, daß es unrelevant ist, ob $\mu_1 \leq \mu_2$ oder $\mu_2 \leq \mu_1$ ist. Da der
Warteraum des betrachteten M/M/1/2k-Systems beschränkt ist, kann auch eine
Ankunftsrate zugelassen werden, die größer als die Bedienrate ist.

5.4.2.2 Untersuchung der Fork-Join-Netze mit mehr als zwei Zweigen

Im allgemeinen Fall von Fork-Join-Netzen mit mehr als zwei Tradern ist eine
Abbildung von Bedienraten dieser Trader auf Ankunfts- und Bedienrate eines
M/M/1/2k-Systems nicht mehr möglich. Aus diesem Grund wird eine andere Art
von Systemen, die der sogenannten Blockiernetze betrachtet.

Sind in einem oder mehreren Knoten eines Warteschlangennetzes die Aufnah-
mekapazitäten begrenzt, so daß die Warteschlange endlicher Kapazität keinen
Auftrag mehr aufnehmen kann, also Blockierungen auftreten können, so spricht
man von einem Blockiernetz. [Bo 89] faßt für Blockiernetze zusammen, daß
exakte Ergebnisse im allgemeinen Fall nur mit sehr aufwendigen numerischen
Analysen erhalten werden können, oder dann, wenn Einschränkungen vorgenommen werden. Befinden sich nur zwei Knoten im Netz, so ist eine Analyse
möglich. Die meisten in der Literatur vorgestellten Verfahren zur Analyse von
Blockiernetzen sind daher approximativ.

In [OnPe 86] werden drei Arten der Blockierung unterschieden, die Transfer-,
Service- und Rückweisungsblockierung. Während die Arbeiten zur Transferblockierung besonders von einem Wissenschaftler angefertigt wurden [Aky 87,
88a,b, 89], gab es zu der Serviceblockierung mehrere grundlegend verschiedene
Forschungsquellen [KoRe 78], [BoKo 81], und ebenso zur Rückweisungsblockierung [HoDi 81], [BaIa 83], [AkBr 89]. Wegen der Vielzahl der unterschiedlichen

Methoden soll im folgenden eine Beschränkung auf die Blockiernetze mit Transferblockierung vorgenommen werden.

Im folgenden werden Warteschlangennetze mit einer Auftragsklasse, exponentiell verteilten Bedienzeiten und der Bedienstrategie FCFS betrachtet. Übergänge in den selben Zustand sind nicht möglich, d.h. $p_{ii} = 0$. Jeder Knoten habe eine feste Kapazität M_i, die sich aus der Kapazität der Warteschlange plus der Anzahl m_i der Bedieneinheiten errechnet. Knoten mit unendlicher Kapazität können durch die Annahme $M_i>K$ berücksichtigt werden. Bei dieser Modellbildung muß die Gesamtkapazität des Systems größer sein als die Zahl der Aufträge im System, d.h.

$$K < M_1 + M_2. \tag{5.1}$$

Dabei ist K die Anzahl der Kunden im System, und es wird von n=2 Zweigen des Fork-Join-Netzes ausgegangen.

Besitzt jeder Knoten mindestens die Kapazität $M_i=K$, d.h. enthält die Warteschlange mindestens $K-m_i$ Warteplätze, so erhält man ein Netz ohne Blockierungen. Existiert dagegen ein Knoten mit $M_i<K$, so können Blockierungen auftreten.

Während im Fall eines Zwei-Knoten-Netzes (ZKN) ohne Blockierungen

$$Z = K+1 \tag{5.2}$$

Zustände möglich sind, reduziert sich diese Anzahl bei Auftreten von Blockierungen. In diesem Fall werden alle Zustände, bei denen die Kapazitäten überschritten werden, weggelassen und die Blockierzustände durch ein "*" gekennzeichnet. Die Anzahl der Zustände eines Blockiernetzes läßt sich damit berechnen zu:

$$Z = \min \{K, M_1+m_2\} + \min \{K, M_2 + m_1\} - K + 1. \tag{5.3}$$

Das entsprechende Zustandsübergangsdiagramm für ein Zwei-Knoten-Blockiernetz (ZKBN) ist in Abbildung 5.11 dargestellt. Dabei wird von der Annahme ausgegangen, daß jeder Knoten nur über eine Bedienstation verfügt. Anderenfalls müßten entsprechende μ_1 und μ_2 durch $m_1\mu_1$ bzw. $m_2\mu_2$ ersetzt werden.

In [Aky 87] wird gezeigt, daß es zu jedem geschlossenen Netz mit zwei Knoten und Transferblockierung eine äquivalentes Netz mit zwei Knoten ohne Blockierung gibt. Die Anzahl der Aufträge K' im äquivalenten Netz läßt sich aus den Gleichungen (5.2) und (5.3) einfach berechnen:

$$K' = \min \{K, M_1+m_2\} + \min \{K, M_2 + m_1\} - K. \tag{5.4}$$

Ein mögliches System, um ein zum Fork-Join-Netz äquivalentes Zustandsübergangsdiagramm zu erhalten, würde sich demzufolge aus der Bedingung $K<M_i$, $m_i=1$, für i=1, 2 und K=2k ergeben, wenn die Bedienraten μ_1 und μ_2 entsprechend übernommen werden.

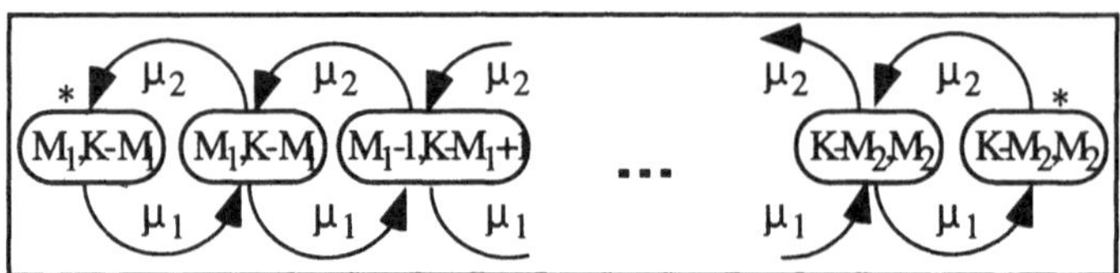

Abb. 5.11: Darstellung des Zustandsübergangsdiagramms bei ZKBNen mit je
einer Bedieneinheit pro Knoten

In [Aky 1988a] wird gezeigt, daß es keinen Isomorphismus zwischen einem Produktformnetz und einem Blockiernetz mit drei Stationen gibt. Folglich gibt es
auch kein Produktformnetz, das isomorph zu einem Fork-Join-Netz mit drei
Prozessoren ist. Sorgfältige Untersuchungen des Zustandsraums eines Fork-
Join-Netzes mit $n>3$ Prozessoren zeigen, daß es auch kein Produktformnetz
gibt, das isomorph zu einem Fork-Join-Netz ist, einige Zustände existieren immer, welche die lokale Balance nicht erfüllen.

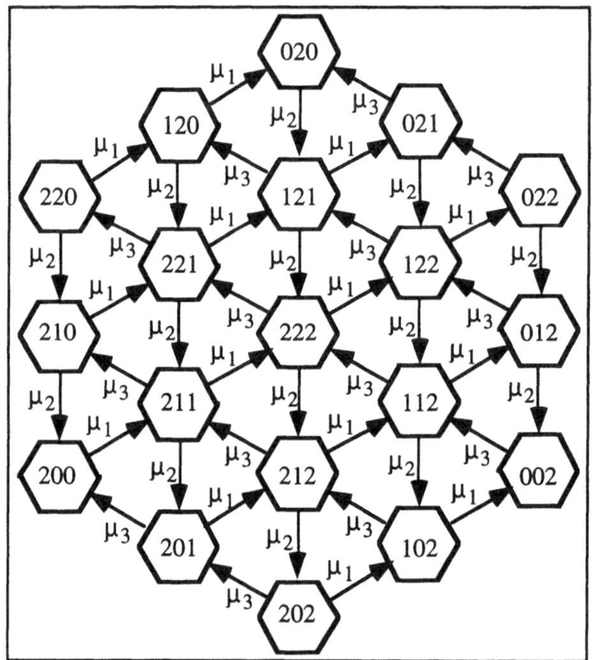

Abb. 5.12: Zustandsdiagramm eines Fork-Join-Netzes

Um die Beziehungen zwischen einem parallelen Fork-Join-Netz, einem Produktformnetz und einem Blockiernetz zu zeigen, wird ein Beispiel der Zustandsräume in Abbildung 5.12 und 5.13 gegeben. Abbildung 5.12 stellt das Zustandsdiagramm für ein Fork-Join-Netz mit drei Prozessoren und k=2 *jobs* dar, d.h. es existieren in diesem Netz 6 *tasks*. Das entsprechende Diagramm für das geschlossene zyklische Blockiernetz mit 6 Kunden und einer Maximalkapazität der Stationen von $M_i = 3$ ist in Abbildung 5.13 dargestellt.

Der Vergleich der Zustandsübergangsdiagramme zeigt, daß das Fork-Join-Netz mit 3k *tasks* die gleiche Zustandsraumstruktur besitzt, wie das Blockiernetz mit 3k Kunden und einer Maximalkapazität von $M_i = 2k-1$. Es ist auch ersichtlich, daß es kein Produktformnetz mit einer identischen Zustandsraumstruktur geben kann, da einige der Zustände die lokale Balance nicht erfüllen, wie zum Beispiel der Zustand (0, 2, 2) im Fork-Join-Netz und der Zustand (1*, 3, 2) des Blockiernetzes.

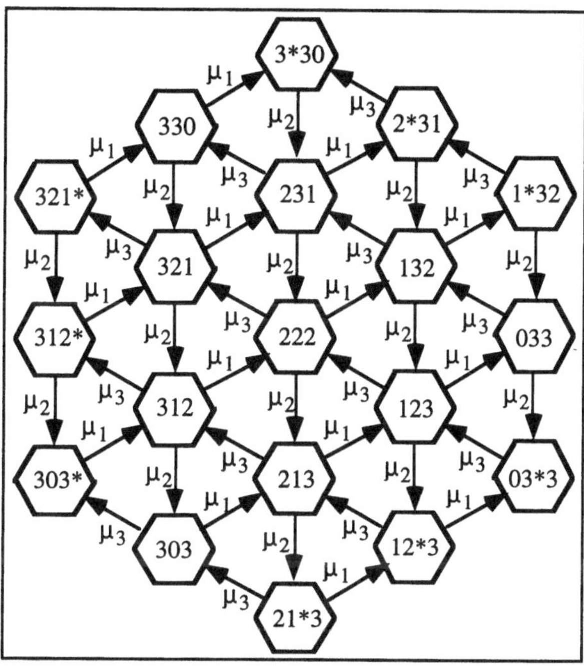

Abb. 5.13: Zustandsdiagramm eines Blockiernetzes

Die Beziehungen zwischen einem Fork-Join-Netz und einem Blockiernetz legen es nahe, daß die Analysemethoden eines Blockiernetzes auf die Analyse eines Fork-Join-Netzes angewendet werden können. Solch ein Vorgehen ist von Akyildiz vorgeschlagen worden. Der Ansatz besteht darin, ein geschlossenes Produktformnetz zu betrachten, das ein nahezu identisches Zustandsübergangsdiagramm wie ein geschlossenes Blockiernetz besitzt. Das Produktformnetz wird aus den gleichen Stationen zusammengesetzt und hat die gleiche Topologie wie das eines Blockiernetzes. Die Anzahl der Kunden wird so gewählt, daß eine annähernd identische Anzahl von Zuständen in beiden Netzen erhalten wird. Dann ist der Durchsatz des Produktformnetzes annähernd gleich dem Durchsatz des Blockiernetzes und kann mit den bei Blockiernetzen verwendeten Analysealgorithmen effizient berechnet werden.

Nach diesen Betrachtungen für Netze mit drei Prozessoren sollen im folgenden parallele geschlossenen Fork-Join-Netze mit n Prozessoren betrachtet werden. Ziel der Untersuchungen ist eine Aussage, ob es ein Blockiernetz und ein Produktformnetz der gleichen Struktur der Zustandsräume wie die des Fork-Join-Netzes gibt, d.h., ob die obige Aussage für Netze mit drei Stationen sich auf n Stationen erweitern läßt.

Leider besteht jedoch die Möglichkeit, für diesen Sachverhalt ein Gegenbeispiel anzugeben. Zu diesem Zweck wird nur ein Teil der Zustände des Netzes betrachtet, und zwar der Teil der Zustände mit Transitionen, die durch die Abarbeitung, d.h. Beendung des Dienstes in Station i ausgelöst werden. Zunächst wird das geschlossene Fork-Join-Netz betrachtet.

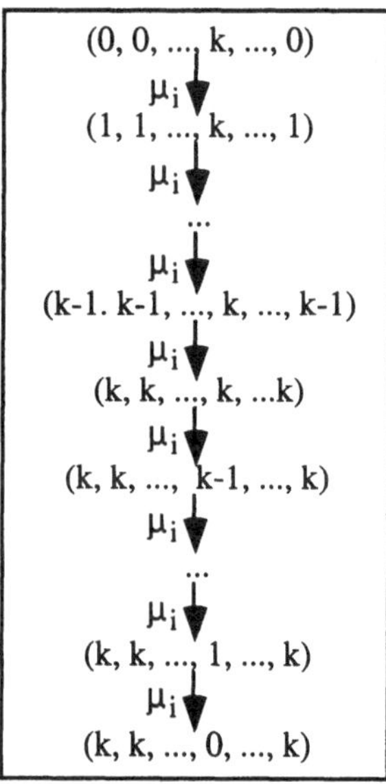

Abb. 5.14: Ausschnitt des Zustandsübergangsdiagramms eines FJNes mit Bedienrate μ_i

Die Zustände dieses Netzes werden durch $(X_1, X_2, ..., X_i, ..., X_n)$ bezeichnet, wobei X_i, i=1, 2, ..., n die Anzahl der *tasks* in Prozessor i bezeichnet. Die Zustände mit Transitionen, die durch die Abarbeitung eines Dienstes in Prozessor i, der mit der Bedienrate μ_i arbeitet, ausgelöst werden, ist in Abbildung 5.14 dargestellt.

Von allen in Abbildung 5.14 dargestellten Zuständen gibt es zusätzlich noch Transitionen zu Nachbarzuständen, die mit den Raten μ_1, μ_2, μ_{i-1}, μ_{i+1}, ..., μ_n auftreten. Dies trifft jedoch nicht für zwei Zustände zu, den Zustand (k, k, ..., 0, ..., k) und den Zustand (0, 0, ..., k, ..., 0). Für den ersten Zustand gilt, daß keine Transition mit der Rate μ_i ausgeführt werden kann, für den zweiten gilt, daß kein Zustandsübergang außer dem mit der Rate μ_i ausgeführt werden kann.

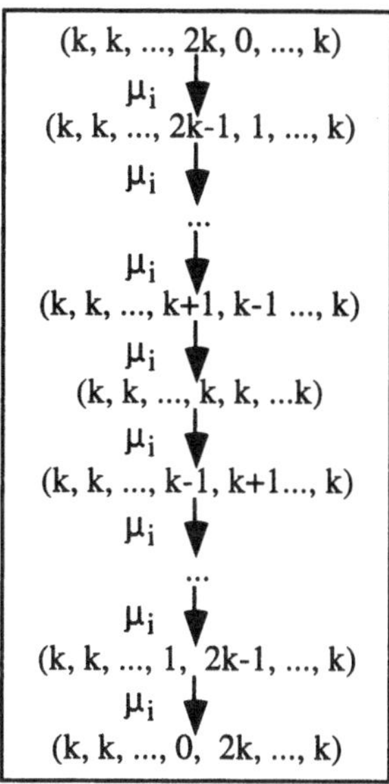

Abb. 5.15: Ausschnitt des Zustandsübergangsdiagramm eines Blockiernetzes für die i-te Station

Betrachtet wird nun das geschlossene Blockiernetz, das aus n Stationen mit exponentialverteilten gleichen Bedienraten entsprechend den Prozessoren des Fork-Join-Netzes besteht. In Analogie werden die Zustände auch wieder mit $(X_1, X_2, ..., X_i, ..., X_n)$ bezeichnet, wobei X_i, i=1, 2, ..., n die Anzahl der Kunden in Station i bezeichnet, die mit Bedienrate μ_i die Station verlassen und dadurch einen Zustandsübergang bewirken. Die Zustandsübergänge werden durch die Beendigung eines Dienstes in Station i, was mit der Bedienrate μ_i geschieht, ausgelöst. Das entsprechende Zustandsübergangsdiagramm ist in Abbildung 5.15 dargestellt.

Die in Abbildung 5.14 und 5.15 dargestellten Teile des Zustandsübergangsdiagramms für FJNe und Blockiernetze sind die gleichen, sofern keine Transitionen vom Zustand (k, k, ... 0, 2k, ..., k) mit der Rate μ_i im Blockiernetz auftreten. Aus diesem Grund muß dieser Zustand gesperrt werden, d.h. die maximale Kapazität der Station i+1 muß auf 2k-1 gesetzt werden. In diesem Fall wird der gesperrte (blockierte) Zustand mit (k, k, ..., 1*, 2k-1, ..., k) bezeichnet, was anzeigt, daß der Kunde in der Station i blockiert ist, also diese Station nicht verlassen darf. Es ist ersichtlich, daß die Transition vom Zustand (k, k, ..., 2k, 0, ..., k), die nun durch (k, k, ..., k+1*, 2k-1, 0, ..., k) bezeichnet wird, zu ihren Nachbarzuständen mit der Rate μ_i nur für n=2, 3 übergeht.

Auch wenn es keine Isomorphismen zwischen Blockiernetzen und Fork-Join-Netzen für beliebige Anzahlen n von Zweigen gibt, so stellt der hier vorgestellte Ansatz doch eine recht gute Approximation dar. Daher versucht Duda, auch Fork-Join-Netze durch Produktformnetze zu approximieren.

Das von Duda vorgeschlagene Verfahren kann mit vertretbarem Rechenaufwand bewältigt werden, da es auf effiziente Standardverfahren der Modellierung und Bewertung zurückführbar ist. Besonders geeignet für die Leistungsanalyse der Systeme ist die sogenannte Mittelwertanalyse.

Nach dieser Zurückführung auf Systeme, welche eine Produktformlösung besitzen, bzw. sich approximativ lösen lassen, werden die äquivalenten Systeme analysiert und eine Transformation der Parameter durchgeführt.

5.5 Analyse vermaschter Fork-Join-Netze

Nachdem im Abschnitt 5.4 die Lösung eines Fork-Join-Netzes auf das Finden eines isomorphen Netzes zurückgeführt wurde, wird im weiteren zur ursprünglichen Aufgabenstellung der Traderanfragen zurückgekehrt. Da sich mit dem Modell der Fork-Join-Netze lediglich Parallelität in Struktur-/Ablauf-/Verarbeitungsmodellen der Klasse 2 analysieren läßt, d.h. wenn eine Anfrage auf eine gewisse Anzahl von Verarbeitungseinheiten dupliziert wird, ist die bisherige Analyse nicht geeignet, um Tradingszenarien damit zu bewerten.

Aus diesem Grund wird im folgenden das Prinzip der vermaschten Fork-Join-Netze vorgestellt, welches mit bekannten Methoden noch nicht analysiert werden kann. Zu diesem Zwecke wurde eine neue Analysemethode entwickelt, die in diesem Abschnitt vorgestellt wird.

5.5.1 Abbildung von Tradingszenarien auf vermaschte Fork-Join-Netze

Wie bereits bemerkt, ist die Methode der Fork-Join-Netze ab S/A/V-Modellen der Klasse 4 nicht mehr geeignet, um ein Traderszenario bewerten zu können. Dieser Sachverhalt resultiert daraus, daß bei einem Fork-Join-Netz nur eine Station Anfragen an alle n Trader weiterleiten kann, deren Auswertung dann synchronisiert an diese Station zurückgegeben wird. In diesem Fall der Fork-Join-Netze liegt eine 1:n:1-Relation vor.

Der allgemeine Fall der S/A/V-Modelle höherer Klassen geht jedoch von einer n:n:n-Relation aus, die später noch zu einer m:n:m-Relation verallgemeinert wird. Ein solches Modell wird im folgenden als vermaschtes Fork-Join-Netz

(VFJN) bezeichnet. Da diese Relation mittels des vorgestellten Fork-Join-Ansatzes nicht mehr lösbar ist, wird im folgenden eine Methode vorgestellt, welche durch mehrfaches Anwenden zur Lösung aller S/A/V-Modelle geeignet ist. Zunächst wird jedoch von dem Fall der S/A/V-Modellklasse 4 ausgegangen.

Abbildung 5.16 zeigt die allgemeine Darstellung eines vermaschten Fork-Join-Netzes. Hierbei wird von n Tradern ausgegangen, die jeweils an alle n Trader Anfragen mit einer Zwischenankunftsrate λ_i stellen können. Der i-te Trader verfügt dann über eine Bedieneinheit, welche mit einer Bedienrate μ_i die Anfragen abarbeitet. Nach dem Warten in der entsprechenden Synchronisationswarteschlange erfolgt eine Synchronisation des Auftrags durch die Joinstation. Die Abgangsrate der Aufträge entspricht ihrer Eingangsrate, ist also wieder λ_i.

Die Idee zur Analyse eines solchen vermaschten Fork-Join-Netzes besteht darin, für einzelne zu betrachtende Teilnetze eine reduzierte Bedienrate μ_i' zu berechnen, so daß diese Problemstellung auf die Lösung von einfachen, d.h. klassischen Fork-Join-Netzen mit modifizierten Parametern zurückgeführt werden kann. Zu diesem Zwecke werden im folgenden die entstehenden Ankunftsströme und Bedienraten einzeln betrachtet.

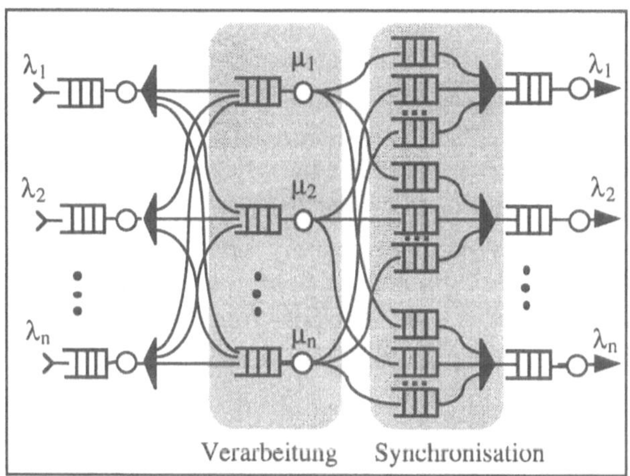

Abb. 5.16: Darstellung eines vermaschten Fork-Join-Netzes

5.5.2 Die Analysemethode für vermaschte Fork-Join-Netze

Im folgenden soll die Methode zur Analyse vermaschter Fork-Join-Netze vorgestellt werden. Diese erfolgt in drei Schritten. Nach der Vorstellung der zugrundeliegenden Idee erfolgt die Angabe der Methode und schließlich die Rücktransformation der Analyseparameter.

5.5.2.1 Die Idee der geeigneten Bedienratenherabsetzung

Ausgangspunkt für die Analyse vermaschter Fork-Join-Netze ist die Betrachtung des i-ten Traders. Dieser ist in Abbildung 5.17 dargestellt. Der Ankunftsstrom von Aufträgen mit Zwischenankunftszeiten $1/\lambda_i$ wird an alle anderen n Trader des Szenarios weitergeleitet, während die anderen Trader mit den Ankunftsraten $\lambda_1, \lambda_2, ..., \lambda_{i-1}, \lambda_{i+1}, ..., \lambda_n$ selbst wieder an den i-ten Trader Aufträge verschicken. Nach der Bearbeitung aller dieser Aufträge wird jeder Auftrag an die ursprüngliche Station zurückgegeben, wenn eine erfolgreiche Synchronisation durchgeführt wurde.

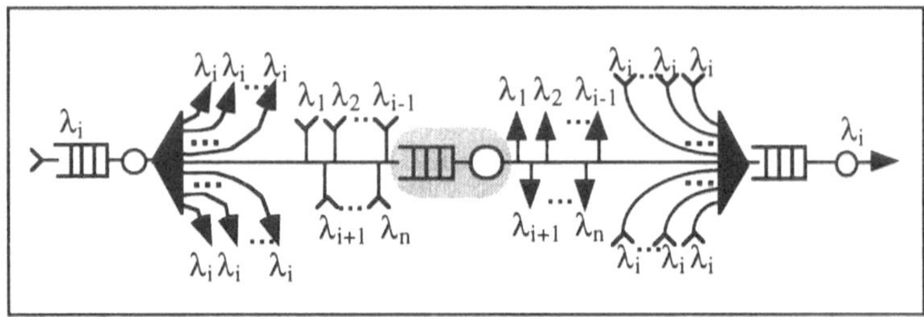

Abb. 5.17: Der i-te Trader eines vermaschten Fork-Join-Netzes

Um diesen relativ komplexen Prozeß besser handhaben zu können, wird entsprechend der in Abbildung 5.16 vorgenommenen Einteilung zwischen Verarbeitungs- und Synchronisationsteil der Trader unterschieden. Dies ist eine logische Unterteilung, um detailliertere Aussagen machen zu können.

Abbildung 5.18 stellt den Verarbeitungsteil des i-ten Traders dar. Zu der eigenen Ankunftsrate λ_i werden die Ankunftsraten der übrigen Trader, d.h. $\lambda_1, \lambda_2, ..., \lambda_{i-1}, \lambda_{i+1}, ..., \lambda_n$ addiert. Die gewöhnliche Addition dieser Ankunftsraten ist deshalb möglich, weil alle diese Ankunftsraten poissonverteilt sind.

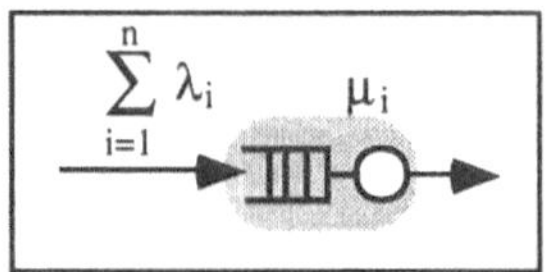

Abb. 5.18: Der Verarbeitungsteil des i-ten Traders in einem VFJN

Daraus ergibt sich für die gesamte in Trader i ankommende Ankunftsrate Λ:

$$\Lambda = \sum_{i=1}^{n} \lambda_i . \tag{5.5}$$

Im Gegensatz zu dieser Betrachtung wird im folgenden nicht die i-te Verarbeitungseinheit, sondern der Synchronisationsteil des i-ten Traders untersucht. Dieser ist in Abbildung 5.19 dargestellt.

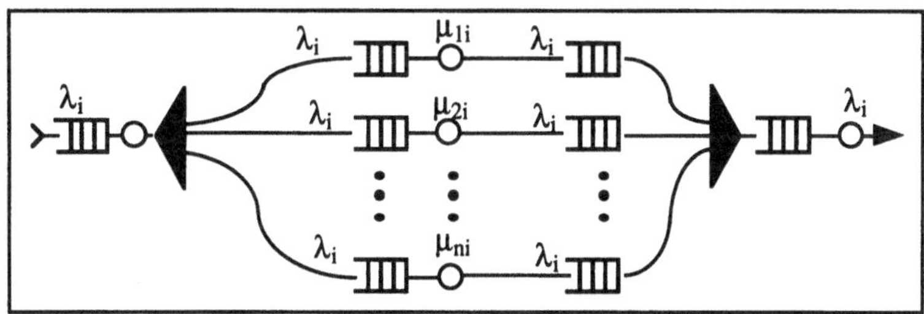

Abb. 5.19: Der Synchronisationsteil des i-ten Traders in einem VFJN

Eine Station i leitet ihre Aufträge mit Ankunftsrate λ_i an alle anderen Trader weiter. Nach der abgeschlossenen Bearbeitung dieser Anfragen erfolgt die Synchronisation der Anfragen. In diesem Zusammenhang steht dem i-ten Trader nur ein gewisser Anteil der Verarbeitungskapazität der i-ten Bedieneinheit zur Verfügung.

Bei der Analyse von Prioritätsnetzen existiert ein Ansatz, der in ähnlicher Weise Verwendung finden soll. [Se 77] ging davon aus, Prioritätsknoten für jede Prioritätsklasse durch sogenannte Shadowserver-Knoten zu ersetzen. Die Bedienrate eines Shadowserver-Knotens wird dabei geeignet herabgesetzt, um den Effekt der Verdrängung durch Aufträge höherer Priorität richtig wiederzugeben. Auch wenn diese Methode im Nachhinein als nicht besonders exakt eingestuft wurde, weil [ChYu 83], [Sch 84], [Ka 84], [BoCh 88] u.a. eine Verbesserung dieser Vorgehensweise präsentierten, so soll diese Idee in einer analogen Form Verwendung finden.

Im folgenden soll die durch Aufträge anderer Trader in Anspruch genommene Bedienkapazität dadurch modelliert werden, daß die Bedienrate eines Traders geeignet reduziert wird. Als Zielgröße wird dabei die mittlere Wartezeit betrachtet.

Die mittlere Wartezeit soll zunächst für die i-te Bedieneinheit des VFJNes berechnet werden. Da es sich hierbei um poissonverteilte Zwischenankunfts- und Bedienraten bei insgesamt einem Server handelt, berechnet sich die mittlere Wartezeit $\bar{t}_i$ im i-ten Knoten ausgehend von der Formel

$$\bar{t}_i = \bar{k}_i / \lambda ,$$
(5.6)

wobei $\bar{k}_i$ die mittlere Anzahl von Kunden in dem i-ten Knoten bezeichnet. Diese Gleichung folgt aus dem Littles' Result. Die mittlere Kundenanzahl in dem o.g. System ist mit klassischen Verfahren berechenbar:

$$\bar{k}_i = \frac{\varrho}{1-\varrho}. \tag{5.7}$$

Für die mittlere Wartezeit des Systems entsprechend der Modellierung in Abbildung 5.17 bzw. 5.18 ergibt sich damit aus den Formeln (5.6) und (5.7) eine mittlere Wartezeit $\bar{t}_{Ges}$ in folgender Form:

$$\bar{t}_{Ges\,i} = \frac{1/\mu_i}{1 - \left(\frac{1}{\mu_i}\sum_{i=1}^{n}\lambda_i\right)}. \tag{5.8}$$

Betrachtet man nun einen Ersatzknoten entsprechend dem in Abbildung 5.19 verwendeten Modell, wobei als Ankunftsrate λ_i gesetzt wird und die reduzierte Bedienrate μ_{ij} des j-ten Traders bei einer Anfrage vom i-ten Trader als Variable dargestellt wird, so folgt für diese Wartezeit des Ersatzknotens:

$$\bar{t}_{Ersatz\,ij} = \frac{1/\mu_{ij}}{1 - \left(\frac{\lambda_i}{\mu_{ij}}\right)}. \tag{5.9}$$

Geht man nun davon aus, daß die mittlere Wartezeit eines Auftrags im ursprünglichen System gleich der mittleren Wartezeit des reduzierten Systems der Ersatzknoten bei einer Anfrage sein soll, so lassen sich die μ_{ij} durch Einsetzen der Gleichungen (5.8) und (5.9) in die Bedingung

$$\bar{t}_{Ges\,j} = \bar{t}_{Ersatz\,ij} \tag{5.10}$$

bestimmen. Aus dieser Bedingung folgt:

$$\mu_{ij} = \mu_j - \Lambda + \lambda_i. \tag{5.11}$$

Mit dieser Gleichung sind alle notwendigen Voraussetzungen angegeben, um im folgenden die eigentliche Methode zur Analyse von VFJNen vorstellen zu können.

5.5.2.2 Die Parallel Performance Analysis Methodology

Voraussetzung zur Anwendung der im folgenden vorgestellten *Parallel Performance Analysis Methodology* (P^2AM) ist das Vorliegen exponentialverteilter Bedien- sowie Zwischenankunftszeiten. Viele Ankunfts- und Bedienprozesse lassen sich gemäß [Bo 89] mit dieser Verteilung exakt oder näherungsweise beschreiben, insbesondere betrifft dies die typischen Beispiele der Ein- und Ausgabegeräte sowie Platten- und Trommelspeicher. Geht man von dieser Annahme aus, so kann ein Zugriff auf ein Traderverzeichnis mit einer Suche in einem Plattenspeicher verglichen werden. In beiden Fällen ist die Bearbeitungsdauer des Vorgangs gedächtnislos, d.h. hängt nicht von der Vorgeschichte des Systems ab.

Die eigentliche Analyse kann dann in drei Schritte eingeteilt werden, die hier im einzelnen vorgestellt werden sollen.

1. Schritt: Berechnung der Bedienratenmatrix

Um die Berechnung von mittleren Antwortzeiten durchführen zu können, wird eine Zersplittung des VFJNes in n Teilsysteme vorgenommen. Die Ersatzbedienraten dieser Systeme lassen sich mittels des in Gleichung (5.11) angegebenen Zusammenhangs berechnen. Dieser Schritt muß für jeden der n Trader und dabei für jede der n Bedieneinheiten separat, also n^2-mal, ausgeführt werden. Das Ergebnis dieser Rechnungen kann in Form einer Matrix dargestellt werden:

$$M = \begin{pmatrix} \mu_{11} & \mu_{12} & \cdots & \mu_{1n} \\ & \vdots & & \vdots \\ \mu_{n1} & \mu_{n2} & \cdots & \mu_{nn} \end{pmatrix}. \tag{5.12}$$

Für jede Spalte dieser Matrix wird nun das entsprechende j-te Teilsystem betrachtet und ausgewertet. Zu diesem Zwecke wird zunächst ein zum entstehenden Fork-Join-Netz isomorphes Blockiernetz durch Vergleich der Zustandsanzahlen ausgewählt.

2. Schritt: Betrachtung der Zustandsanzahl

Zunächst wird berechnet, über wieviele Zustände das j-te Fork-Join-Netz verfügt. Zu diesem Zweck wird die folgende Überlegung angestellt: In dem j-ten FJN existieren n parallele Zweige, die über jeweils m_i Bedienstationen im i-ten Zweig verfügen. Die Gesamtzustandsanzahl ergibt sich in Abhängigkeit der Auftragsanzahl k, die in jedem Zweig identisch vorliegt, als Produkt über die Zustandsanzahlen in jedem einzelnen Zweig, d.h.

$$Z_{Ges}(k) = \prod_{j=1}^{n} \binom{m_j+k}{m_j}. \tag{5.13}$$

Aus dieser Menge der Zustände müssen nun diejenigen abgezogen werden, die durch eine mögliche Synchronisation entfallen. Insbesondere tritt dieser Fall dann auf, wenn sich in jeder Synchronisationswarteschlange eines Zweiges mindestens ein Auftrag befindet. Die Anzahl dieser Zustände läßt sich angeben als

$$Z_{Syn}(k) = \prod_{j=1}^{n} \binom{m_j+k-1}{m_j}. \tag{5.14}$$

Die Gesamtanzahl der möglichen Zustände berechnet sich demzufolge als Differenz der Gleichungen (5.13) und (5.14):

$$Z_{FJN}(k) = \prod_{j=1}^{n} \binom{m_j+k}{m_j} - \prod_{j=1}^{n} \binom{m_j+k-1}{m_j}.$$

(5.15)

Im Falle gewöhnlicher FJNe mit einer Station pro Zweig wird $m_i=1$ gesetzt. Nun besteht das Problem, ein isomorphes PFN zu finden, das über die gleiche Zustandsanzahl verfügt, bzw. falls dies nicht möglich ist, ein PFN auszuwählen, dessen Zustandsanzahl eine möglichst geringe Abweichung von der gegebenen Zustandsanzahl des j-ten Fork-Join-Netzes besitzt.

Nachdem die Zustandsanzahl des j-ten Fork-Join-Netzes in Gleichung (5.15) dargestellt wurde, soll die Anzahl der Zustände des Produktformnetzes bestimmt werden. Zu diesem Zwecke ist es zunächst notwendig, bestimmte Anforderungen an das entsprechende Produktformnetz zu formulieren. Insbesondere bedeutet dies, daß ein Blockiernetz gewählt wird, das über die gleiche Anzahl von Stationen N verfügt, wie in dem entsprechenden j-ten Fork-Join-Netz Stationen m_i vorhanden sind, d.h.

$$N = \sum_{j=1}^{n} m_j.$$

(5.16)

Die Anzahl dieser Zustände in diesem Produktformnetz läßt sich dann in ähnlicher Weise berechnen:

$$Z_{PFN}(k) = \binom{N+k-1}{N-1}.$$

(5.17)

Nun wird das Finden eines isomorphen Blockiernetz zum gegebenen Fork-Join-Netz, bzw. das Auswählen eines Netzes mit einer möglichst geringen Abweichung der Zustandsanzahl darauf beschränkt, eine Anzahl von Aufträgen K so zu bestimmen, daß

$$\left| Z_{FJN}(k) - Z_{PFN}(K) \right| = \min_{l} \left| Z_{FJN}(k) - Z_{PFN}(l) \right|.$$

(5.18)

Mit diesem Rechenschritt ist der zweite Analyseschritt, d.h. die Bestimmung der Parameter eines äquivalenten Produktformnetzes abgeschlossen. Im dritten Schritt der *Parallel Performance Analysis Methodology* kommt es nun darauf an, dieses äquivalente Netz zu analysieren, bevor dann eine Rücktransformation der Parameter erfolgen kann.

3. Schritt: Analyse des Produktformnetzes

Im folgenden soll ein effizientes Verfahren vorgestellt werden, mit dem jedes der n Teilnetze, die aus dem VFJN resultieren, analysiert werden kann. Dieser Algorithmus basiert auf der Mittelwertanalyse in der von [ReLa 80] entwickelten Form. Da im hier angenommenen Fall des Kurzschließens von Fork-Join-Netzen ein geschlossenes Warteschlangennetz vorliegt, ist diese Voraussetzung erfüllt. Da ferner die Transformation auf das Blockiernetz mit Produktformlösung erfolgte, sind alle notwendigen Voraussetzungen gegeben, um dieses Verfahren anzuwenden.

Zunächst wird ein j-tes Teilnetz, j=1, ..., n ausgewählt. Das Mittelwertanalyseverfahren beschränkt sich nun darauf, ohne explizite Bestimmung der Normalisierungskonstanten iterativ die drei Mittelwertgrößen Antwortzeit, Durchsatz und Anzahl der Aufträge in den Knoten zu berechnen.

Grundlage dieser Methode sind zum einen das Gesetz von Little [Litt 61], zum anderen das Theorem über die Verteilung beim Ankunftszeitpunkt, kurz Ankunftstheorem, das von [ReLa 80] und [SeMi 81] für alle Netze mit Produktformlösung bewiesen wurde.

Zunächst wird für das j-te Teilnetz und jedes i=1, ..., n die mittlere Antwortzeit für K Kunden im System berechnet. Dabei finden die im ersten Schritt errechneten Werte aus der Bedienratenmatrix Verwendung. Zu diesem Zweck wird die folgende Formel genutzt:

$$\overline{t_i}(K) = \frac{1}{\mu_{ij}} \left[1 + \overline{k_i}(K\text{-}1) \right] \quad . \tag{5.19}$$

Bei der ersten Verwendung dieser Formel wird K=1 gesetzt und der Initialwert

$$\overline{k_i}(0) = 0 \tag{5.20}$$

genutzt. Dieser folgt trivialerweise, da im Falle von 0 Aufträgen im Mittel auch keine Kunden in den jeweiligen Knoten vorhanden sind. Bei größeren Werten für K wird der jeweilige Wert aus der vorangegangenen Iterationsschleife genutzt. An diese Rechnung schließt sich die Auswertung des Durchsatzes an, der mittels der Formel

$$\lambda(K) = \frac{K}{\sum\limits_{i=1}^{N} e_i \, \overline{t_i}(K)} \tag{5.21}$$

berechnet werden kann. Im hier angenommenen Szenario nicht erweiterter VFJNe wird $e_i = 1$ gesetzt. Dieser Durchsatz ermöglicht die Berechnung der mittleren Anzahl von Aufträgen pro Knoten, die mittels

$$\overline{k_i}(K) = \lambda(K) \, \overline{t_i}(K) \, e_i \tag{5.22}$$

bestimmt werden kann. Für jeden der i=1, ..., n Knoten erfolgt eine getrennte Berechnung dieser Größen. Nach der Errechnung dieser Größe $\overline{k_i}(K)$ kann bei Formel (5.19) mit der Berechnung der mittleren Antwortzeit für K+1 Kunden im geschlossenen System weiter fortgefahren werden. Nach K Iterationsschritten liegt der Wert $\lambda(K)$ vor und die Mittelwertanalyse kann für das gewählte j abgeschlossen werden.

Nach der Analyse des j-ten Teilnetzes und der Durchsatzberechnung ist es wichtig, eine Rücktransformation der Parameter durchzuführen. Dieser Sachverhalt ist Gegenstand des folgenden Abschnitts.

5.5.2.3 Rücktransformation der Analyseparameter

Bei der Rücktransformation der Analyseparameter wird von einem Ansatz ausgegangen, der sich auf die Arbeiten von Duda und Czachorski zurückführen läßt. Die Bedienrate des Ersatzknotens, der in Abbildung 5.8 b) angenommen wurde, wird nun gleich dem Durchsatz $\mu_j'(k)$ gesetzt. Die Ankunftsrate λ_j bleibt in diesem Fall erhalten, d.h. ist der ursprünglich angenommene Wert. Daraus ergibt sich der in Abbildung 5.20 dargestellte Ersatzknoten des ersetzten j-ten Teilnetzes.

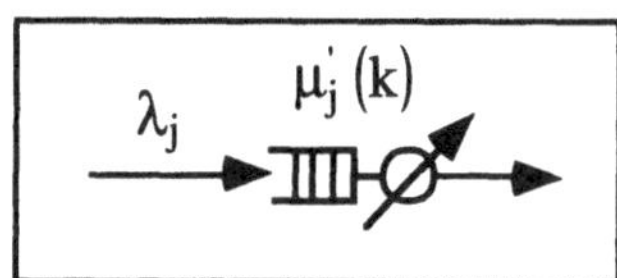

Abb. 5.20: Die Rücktransformation der Analyseparameter des PFNes auf das FJN

Insgesamt werden für die n Teilnetze folglich n Ersatzknoten erhalten, aus denen einzeln die mittlere Antwortzeit für den entsprechenden Trader bestimmt werden kann.

Zu diesem Zwecke ist die Gleichgewichtszustandswahrscheinlichkeit des Zustands 0 bekannt, die sich mittels der Formel

$$p_0 = 1 \left/ \left(1 + \sum_{k=1}^{\infty} \prod_{i=0}^{k-1} \frac{\lambda_j}{\mu_{i+1}}\right)\right.$$

(5.23)

berechnen läßt.

Die Möglichkeit der Berechnung der Wahrscheinlichkeiten der Zustände k erfolgt mittels der Beziehung

$$p_k = \prod_{i=0}^{k-1} \frac{\lambda_j}{\mu_{i+1}} \, p_0, \, k > 0$$

(5.24)

Aus der Ermittlung der mittleren Anzahl von Aufträgen im j-ten FJN, die sich mittels der Gleichung

$$\overline{k}_{FJN_j} = \sum_{k=1}^{\infty} k\, p_j(k)$$

$$(5.25)$$

berechnen läßt, ist die Angabe der gesuchten Zielgröße, d.h. der mittleren Antwortzeit des j-ten Traders möglich. Diese läßt sich mit Hilfe der aus dem Little'schen Resultat ableitbaren Beziehung

$$\overline{t}_{FJN_j} = \frac{\overline{k}_{FJN_j}}{\lambda_j}$$

$$(5.26)$$

bestimmen. Mit dieser Größe ist die Analyse des vermaschten Fork-Join-Netzes abgeschlossen, da es sich in diesem Fall um die Zielgröße der Analysemethode handelt.

Im Abschnitt 5.8 wird auf zwei Erweiterungen der Analyse für vermaschte Fork-Join-Netze eingegangen, zum einen auf den Fall, daß eine Anfrage, die an einen Trader gerichtet wird, nicht an alle anderen Trader weitergeleitet wird, zum anderen soll der Fall betrachtet werden, daß eine Traderanfrage mit einer bestimmten Wahrscheinlichkeit an die anderen Trader weitergeleitet wird.

An dieser Stelle soll darauf aufmerksam gemacht werden, daß die Tradinganalysen lediglich die Zeit für das Auswählen eines Dienstangebots berechnen, die seitens des Traders vom Erhalten einer Anfrage von einem Importer bis zum Absenden einer Antwort an diesen Importer vergeht. Nicht berücksichtigt ist dabei die Einbeziehung dynamischer Diensteigenschaften. Werden insbesondere aktuelle Anfragen an einen Exporter notwendig, um eine dynamische Diensteigenschaft im Sinne der in Kapitel 4 gemachten Ausführungen durchführen zu können, so bleibt die Zeit für die Abfrage des entsprechenden Wertes beim Exporter bei der hier vorgestellten Analysemethode unberücksichtigt. Spätere Arbeiten sollten bei der Approximation auch eine Abschätzung dieser Zeitdauer einbeziehen.

Während die in den vorangegangenen Abschnitten dargestellten Analysen in ähnlicher Form auch schon in [PSM 94] und [MePo 93b] vorgestellt wurden, gehen die Erweiterungen über diese Darstellungen hinaus. Im folgenden wird zunächst eine Gegenüberstellung der Analyseergebnisse mit einer Simulation durchgeführt, um die durch die Approximation erhaltene Genauigkeit abschätzen zu können.

5.6 Abschätzung der Approximationsgenauigkeit durch Simulationsvergleich

Da es sich bei dem vorliegenden Verfahren um eine approximative Möglichkeit der Bewertung von Tradingszenarien handelt, ist kein mathematischer Beweis der Korrektheit möglich. Ferner war es auch nicht möglich, eine Abschätzung des durch die Approximation entstehenden Fehlers anzugeben. Aus diesem Grund wurde ein Simulationswerkzeug geschaffen, welches durch eine Gegenüberstellung von Analyse und Simulation die Genauigkeit der Analyse abschätzbar macht.

5.6.1 Das Simulationsmodell

Während die vorgestellte Analysemethode eine Aufsplittung des Gesamtsystems in n Teilsysteme vornimmt, basiert das Simulationsmodell auf einer anderen Modellierung des Systems. Es generiert n Ankunftsströme mit exponentialverteilten Zwischenankunftszeiten.

Jeder Auftrag wird zu einem bestimmten Zeitpunkt an n Trader gleichzeitig weitergeleitet. Unabhängig davon werden n Folgen von exponentialverteilten Bedienzeiten erzeugt, die bei der simulierten Ankunft eines Prozesses die Dauer der Bearbeitung nachbilden.

Ist die Bearbeitung eines Auftrags in allen Bedieneinheiten abgeschlossen, so wird die Synchronisation dadurch simuliert, daß das Maximum der Endzeiten der Bearbeitung in den n Stationen berechnet wird. Von diesem Maximum wird die Zeit des Eintritts eines Auftrags in das System subtrahiert und die Differenz über eine (i.d.R. fünfstellige) Anzahl von Aufträgen gemittelt.

Diese Größe wird für jede einzelne Bedienstation, d.h. für jeden einzelnen Trader, berechnet und entspricht der mittleren Antwortzeit der Station.

Das Prinzip der Simulation ist in Abbildung 5.21 noch einmal verdeutlicht. Die dabei dargestellten n Warteschlangen vor dem Eintreten eines Auftrags in die Forkstation werden in der Ausführung der Simulation durch einen Ankunftsstrom mit den o.g. exponentialverteilten Zwischenankunftszeiten modelliert. Diese Warteschlangen sind im Sinne der Warteschlangentheorie also nicht als solche zu verstehen.

Anders verhält es sich bei den Warteschlangen vor jeder einzelnen Bedienstation. Innerhalb der Simulation wird hier eine originalgetreue Abbildung auf das reale Verhalten vorgenommen. Das Warten in der entsprechenden Schlange ist eine Maximumbestimmung. Dabei wird für den k-ten Auftrag zum einen der Zeitpunkt der Beendigung des (k-1)-ten Auftrags betrachtet, zum anderen das Eintreten des k-ten Auftrags in die Warteschlange. Das Maximum dieser beiden Zeiten zuzüglich der Bearbeitungszeit für den k-ten Auftrag ergibt den Zeitpunkt der Beendigung des Auftrags.

Die Warteschlangen vor der Joinstation sind wieder Warteschlangen, die mittels einer Maximumbestimmung simuliert werden. Hierbei wird von den n aufgesplitteten Teilaufträgen der späteste Zeitpunkt des Eintreffens in der Joinwarteschlange ermittelt. Dieser Zeitpunkt ist gleichzeitig der Fertigstellungs- oder Abarbeitungszeitpunkt des k-ten Auftrags.

Da das Simulationsmodell auf einer mathematischen Basis des Ausrechnens von Zeiten beruht, sind kaum Fehler vorstellbar, die eine Beeinträchtigung der Ergebnisse bedingen.

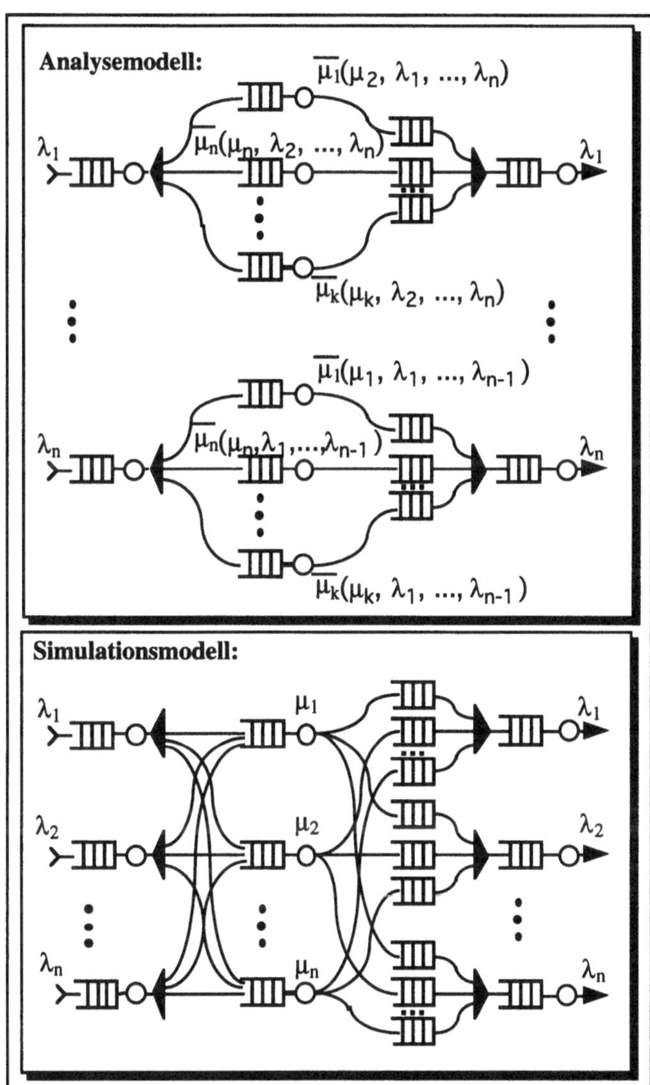

Abb. 5.21: Gegenüberstellung von Analyse- und Simulationsmodell

Bei hinreichend genauer Exponentialverteilung der Eingangsgrößen und genügend großer Anzahl von durchlaufenden Aufträgen ist eine gute Basis für ge-

naue Resultate gegeben, auch wenn die Simulation derartiger Werte sehr zeit-
aufwendig ist.

5.6.2 Gegenüberstellung von Analyse und Simulation

Zunächst soll ein Szenario betrachtet werden, das einfache Anforderungen erfüllt. Dabei wird von zwei Tradern T1 und T2 ausgegangen, die innerhalb einer
Federation miteinander in Kontakt treten und Dienste weitervermitteln können. Die Parameter für die Bedien- und Ankunftsraten sind der Abbildung 5.22
zu entnehmen. Der Stern * bedeutet dabei, daß diese Werte, insbesondere in
diesem Beispiel die Ankunftsrate des ersten Traders, variiert werden. Ist im
folgenden keine Einheit angegeben, so werden Ankunfts- und Bedienraten in
[sek^{-1}] angegeben, die mittlere Antwortzeit ist in sek gemessen.

Im vorliegenden Beispiel sind drei verschiedene Szenarien gewählt worden, die
sich hinsichtlich ihrer Bedienraten unterscheiden.

	Bedien-rate μ_1	Bedien-rate μ_2	Ankunfts-rate λ_1	Ankunfts-rate λ_2
Szenario 1	0.1	0.2	*	0.01
Szenario 2	0.12	0.22	*	0.01
Szenario 3	0.14	0.24	*	0.01

Abb. 5.22: Parameter des untersuchten Szenarios

Die Auswertung von Analyse und Simulation ist in Abbildung 5.23 dargestellt.
Dabei ist erkennbar, daß jedes Szenario einen 'relativ optimalen Punkt' besitzt,
d.h. einen Wert der Ankunftsrate des ersten Traders, bei dem die Abweichung
von Simulation und Analyse relativ gesehen zu dem betrachteten Szenario am
geringsten ist. Im Falle des Szenarios 1 würde der relativ optimale Punkt (ROP)
bei $\lambda_1 = 0{,}035$ sek^{-1} liegen, also für $\varrho = 0.14$ gemittelt über beide Trader; im
Szenario 2 bei $\lambda_1 = 0{,}05$ sek^{-1}, also für $\varrho = 0.155$ gemittelt über beide Trader, und
im Szenario 3 ist er entsprechend größer. Je stärker die Ankunftsrate von
diesem relativ optimalen Punkt abweicht, desto größer sind auch die Abweichungen der Analyse von der Simulation.

Diese Charakteristik der besten Analyseergebnisse im Falle einer Auslastung
um $\varrho = 0.15$ gemittelt über die Auslastungen beider Trader wird durch die
Eigenschaft der Approximation erklärt. Offensichtlich ist eine Abhängigkeit der
Differenz von Simulations- und Analysewert von der Bedien- und Ankunftsrate
vorhanden, die in Beziehung zur Auslastung ϱ des Systems stehen, auch wenn
die Versuche scheiterten, diese explizit angeben zu können.

Es soll im folgenden der Versuch einer Erklärung für diese Eigenschaft unternommen werden. Zunächst erst einmal tritt der Sachverhalt auf, daß die Zustandswahrscheinlichkeiten für das Auftreten von null Kunden in einer betrachteten Warteschleife durch den von Duda vorgeschlagenen Algorithmus relativ stark abweichende Werte liefern. Dieses fehlerhafte Verhalten spiegelt sich insbesondere auch in der mittleren Antwortzeit von Anfragen wieder. Je größer die Wahrscheinlichkeit für das Auftreten von null Kunden in einer Warteschlange ist, desto größer ist auch die Abweichung der mittleren Antwortzeit. Wird diese Kette weiter fortgesetzt, so ist es offensichtlich, daß die Zustandswahrscheinlichkeit p(0) dann besonderes groß ist, wenn die Auslastung des Systems sehr gering ist.

Zu dieser Fehlerquelle für kleine Auslastungen kommt nun noch eine Fehlerquelle für sehr große Auslastungen hinzu. Da für die Modellierungszwecke das offene Fork-Join-Netz geschlossen wird, ist bei der Modellierung der Eingangsstrom von den abgehenden Aufträgen abhängig. Ist bei einer hohen Auslastung eine große mittlere Wartezeit vorhanden, so ist nicht die Summe aus poissonverteiltem Eingangsstrom und exponentialverteilter Bedienrate wieder der poissonverteilte Eingangsstrom, der eigentlich modelliert wird, sondern das Aufaddieren der mittleren Wartezeiten 'verdirbt' die Eigenschaft der Gedächtnislosigkeit. Somit wird die Analyse schlechter, je größer die Auslastung des Systems ist.

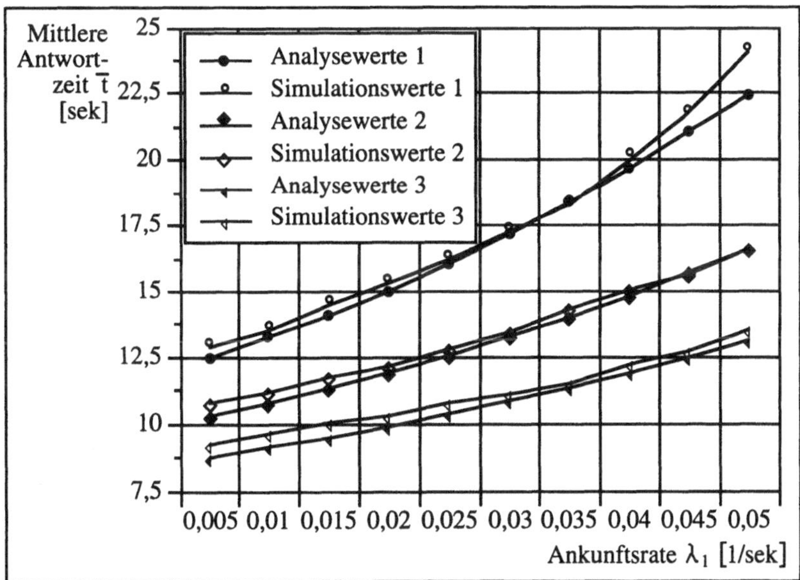

Abb. 5.23: Gegenüberstellung von Analyse und Simulation für das in Abbildung 5.18 beschriebene Tradingszenario

Werden diese beiden Fehler aufaddiert, so entsteht ein Bereich, in dem die auftretende Abweichung zwischen Simulation und Analyse am geringsten ist, was der o.g. relativ optimale Punkt bezeichnet.

Ansonsten ist ersichtlich, daß die Analyse für den hier gewählten, recht großen Lastbereich zwischen $\varrho = \lambda/\mu = 0{,}005/0{,}1 = 5\%$ und $\varrho = 0{,}05/0{,}1 = 50\%$ nur Abweichungen von weniger als 10% liefert. Leider gibt die Analysemethode in diesem Fall keine obere Schranke für die simulierten Werte an, sondern ist vielmehr ein Näherungswert, dessen tatsächlicher Wert etwas höher liegt.

Der Abbildung 5.23 ist auch zu entnehmen, daß mit steigenden Bedienraten und damit wachsendem ϱ die Abweichung der Analyse von den simulierten Werten nicht übermäßig ansteigt. Somit ist aus Sicht der durchgeführten Simulations- und Analysewerte eine Allgemeingültigkeit in der Anwendung der P^2AM-Vorgehensweise zu verzeichnen.

5.7 Analyse von Tradingszenarien mittels vermaschter Fork-Join-Netze

Nach der Gegenüberstellung von Analyse und Simulation soll in diesem Abschnitt gezeigt werden, welche Resultate durch Anwendung der Analysemethode erhalten werden können. Dabei wird zunächst von zwei Tradern ausgegangen, bevor komplexere Modelle betrachtet werden.

5.7.1 Auswertung eines Szenarios für zwei Trader

Bei der Analyse von Szenarien mit zwei Tradern lassen sich verschiedene Gesichtspunkte betrachten. Neben dem bereits im Abschnitt 5.6.2 untersuchten Einfluß der Ankunftsrate eines Traders auf die mittlere Antwortzeit, soll im folgenden noch eine andere Relationen betrachtet werden.

	Bedien- raten μ_i	Ankunfts- raten λ_i
Analyse 1	$1/N_i$	$0{,}005\ \text{sek}^{-1}$

Abb. 5.24: Parameter eines Tradingszenarios mit traderanzahlabhängiger Bedienrate, die eine konstante Anzahl von 100 Dienstangeboten im Gesamtsystem widerspiegelt

Abbildung 5.24 stellt die Parameter für ein Tradingszenario dar, das aus zwei Tradern mit variierenden Bedienraten besteht. Dabei wird von einer konstanten Anzahl von 100 Dienstangeboten ausgegangen, die in einem bestimmten Verhältnis $N_1{:}N_2$ aufgeteilt werden. Im Falle einer Relation 1:3 beispielsweise, würden auf einen Trader N_1=25 Dienstangebote, auf den anderen N_2=75 Angebote entfallen. Die Bedienrate wird indirekt proportional zu der Anzahl von Dienstangeboten angenommen, wenn man von der Annahme ausgeht, daß der Trader seine Datenbank sequentiell durchsucht und die Daten nicht in Form eines Baums oder einer Hash-Tabelle abgelegt sind, d.h.

$$\mu_i=1/N_i. \tag{5.27}$$

Damit gilt für das Verhältnis der Bedienraten:

$$\mu_1/\mu_2 = N_2/N_1. \tag{5.28}$$

Die Analyse dieses Szenarios ist in Abbildung 5.25 dargestellt. Dabei ist eine Symmetrie der gewonnenen Ergebnisse auffallend. Bei einem Bedienratenverhältnis von 1:n tritt die gleiche mittlere Antwortzeit auf, wie dies bei einem Bedienratenverhältnis von n:1 der Fall ist. Dieser Umstand ergibt sich aus der Symmetrie des Analyseverfahrens.

Betrachtet man das Anwachsen der mittleren Antwortzeit mit steigendem Verhältnis der Bedienraten, so ist zunächst ein steilerer Anstieg zu verzeichnen, der zunehmend abflacht. Dieser Sachverhalt ist dadurch zu erklären, daß die Differenz 1/n-1/m für kleine Bedienraten n und m größer ist, als dies für große Bedienraten n und m der Fall ist.

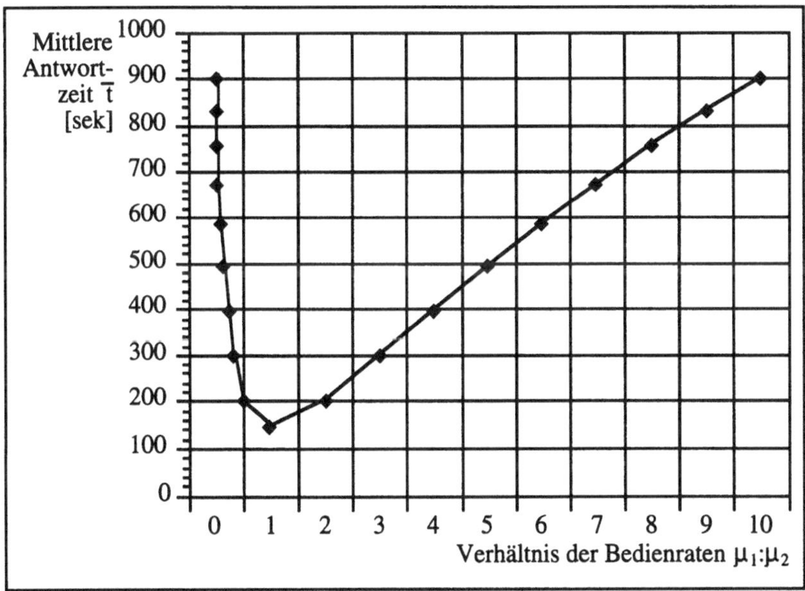

Abb. 5.25: Analyse des in Abbildung 5.24 beschriebenen Tradingszenarios mit variierendem Verhältnis der Bedienraten

Optimal ist eine gleichmäßige Aufteilung der Dienstangebote auf zwei Trader, da in diesem Fall beide Trader gleichmäßig ausgelastet werden und somit die geringste mittlere Antwortzeit auftritt.

5.7.2 Auswertung eines Szenarios für mehr als zwei Trader

Werden die Betrachtungen nun von zwei Tradern auf mehrere Trader erweitert, so stellt sich zunächst die Frage, was überhaupt eine optimale Traderanzahl innerhalb einer Föderation ist. Aus diesem Grunde soll im folgenden ein konstantes Angebot von Dienstexporten angenommen werden, das nacheinander auf eine wachsende Anzahl von Tradern verteilt wird.

In dem folgenden Szenario ist die konstante Anzahl von n Dienstangeboten dadurch modelliert, daß diese in Abhängigkeit zur Bedienrate gesetzt wird. Für den Fall von zwei Tradern besitzt jeder von diesen Tradern n/2 der Dienstangebote. Unter Annahme der linearen Abhängigkeit der Suchzeit von der Dienstangebotsanzahl benötigt er also nur die halbe Bedienzeit im Gegensatz zu einem Ein-Trader-Modell, d.h. besitzt die doppelte Bedienrate. Bei k Tradern mit je n/k Dienstangeboten benötigt jeder dieser Trader ein k-tel der Bedienzeit, besitzt also die k-fache Bedienrate.

Dieser Sachverhalt ist mit den in Abbildung 5.26 dargestellten Werten analysiert worden. Die relativ kleine Ankunftsrate bedingt eine hohe Genauigkeit der Analyseergebnisse im Verhältnis zu den Simulationswerten.

	Bedien-raten μ_i	Ankunfts-raten λ_i
Analyse 1	1,0 * n	0,1
Analyse 2	1,0 * n	0,5
Analyse 3	1,0 * n	0,7
Analyse 4	1,0 * n	0,8
Analyse 5	1,0 * n	0,9

Abb. 5.26: Parameter eines Tradingszenarios mit traderabhängigen Bedienraten und sich ändernder Ankunftsrate

Das Ergebnis dieser Analyse ist in Abbildung 5.27 dargestellt. Auffallend ist die Art des Abfallens der entstehenden Kurve für die mittlere Antwortzeit. Hierbei ist keine Linearität zu verzeichnen, sondern bei bis zu vier Tradern ein flacheres Abfallen, danach ein stärkeres Abfallen und dann ein noch stärkerer Abfall der mittleren Antwortzeit.

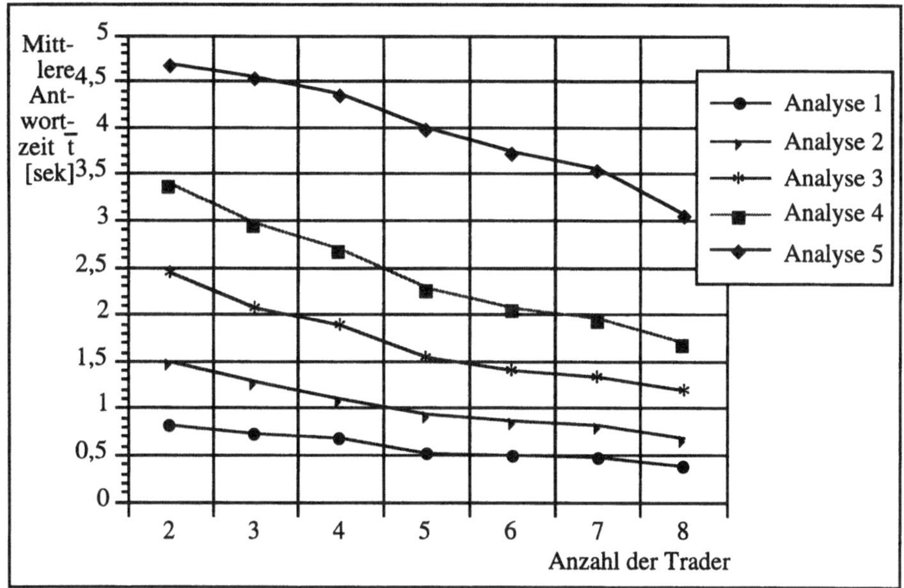

Abb. 5.27: Analyse eines Tradingszenarios mit variierender Traderanzahl unter Beibehaltung der zu vermittelnden Dienstangebotsanzahl

Betrachtet man die Abstände zwischen den einzelnen Kurven für eine konstante Anzahl von Tradern, so ist das ständige Zunehmen der mittleren Antwortzeit auffallend. Während für ein Ansteigen der Ankunftsrate von 0,1 sek^{-1} auf 0,5 sek^{-1} und z.B. fünf Trader die mittlere Antwortzeit um etwa 4 sek ansteigt, ist bei einem Ansteigen der Ankunftsrate von 0,8 sek^{-1} auf 0,9 sek^{-1} ein Ansteigen der mittleren Antwortzeit von etwa 1,7 sek zu verzeichnen. Dieser Sachverhalt führte zu der Idee, die gleichen Kurven mit einer logarithmischen Ordinate zu betrachten. Das entsprechende Diagramm ist in Abbildung 5.28 dargestellt.

In dieser neuen Darstellung ist ein gleichmäßigerer Abstand zwischen den einzelnen Kurven zu verzeichnen. Somit liegt es nahe, daß das Anwachsen der Ankunftsraten einem logarithmischen Anstieg entspricht.

Nach der Modellierung einer Bedienrate, die von der Anzahl der Dienstangebote in der Traderföderation abhängt, soll im folgenden die Anzahl der Dienstangebote in die Ankunftsrate der Trader einfließen. Dabei wird davon ausgegangen, daß - unabhängig von der Anzahl der Trader in der Föderation - zu jedem Zeitpunkt das gleiche Anfrageankommen an einen Trader gerichtet wird.

Innerhalb der Modellierung wird davon ausgegangen, daß insgesamt eine Ankunftsrate von 0,5 sek^{-1} vorhanden sein soll. Bei n Tradern darf von jedem einzelnen dieser Trader nur eine Ankunftsrate von 0,5/n sek^{-1} ausgehen, da die Summe der Ankunftsraten über alle Trader dann den Wert 0,5 ergibt.

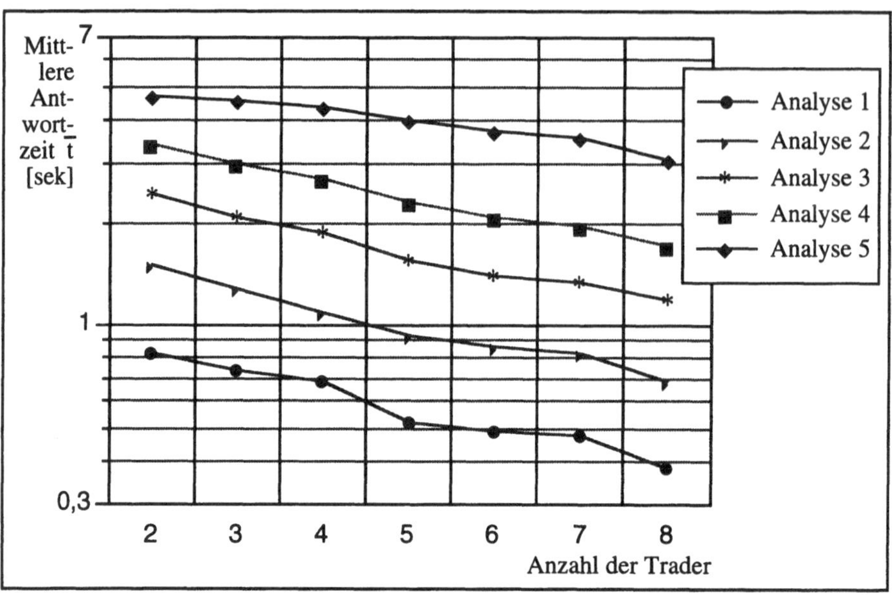

Abb. 5.28: Analyse eines Tradingszenarios mit variierender Traderanzahl unter Beibehaltung der zu vermittelnden Dienstangebotsanzahl, dargestellt in logarithmischer Achsenskalierung

Dieses Szenario ist in Abbildung 5.29 dargestellt. Dabei werden fünf verschiedene Analysen mit einem linearen Anwachsen der Bedienraten betrachtet.

	Bedienraten μ_i	Ankunftsraten λ_i
Analyse 1	0,7	0,5 / n
Analyse 2	1,1	0,5 / n
Analyse 3	1,5	0,5 / n
Analyse 4	1,9	0,5 / n
Analyse 5	2,3	0,5 / n

Abb. 5.29: Parameter eines Tradingszenarios mit ändernder Traderanzahl und konstanten Auftragsankunftsraten je Trader

Die berechneten Werte sind in Abbildung 5.30 dargestellt. Es ist offensichtlich, daß eine Zunahme an Tradern innerhalb der Föderation zu einem größeren Synchronisationsaufwand und damit einer sich erhöhenden mittleren Antwortzeit führt. Erstaunlich ist jedoch der Anstieg der einzelnen Kurven. Während bis zu vier Tradern ein relativ starker Anstieg zu verzeichnen ist, erfolgt dann für eine kleine Bedienrate ein geringerer Anstieg der mittleren Antwortzeit, für größere Bedienraten erfolgt sogar ein Abfallen dieses Wertes, bevor für die Szenarien mit mehr als fünf Tradern wieder ein Anstieg erfolgt, der nicht so stark wie bei einer kleinen Traderanzahl ist. Dieser 'Knick', der zwischen den Werten für vier und fünf Trader zu verzeichnen ist, resultiert aus dem approximativen Verhalten des Duda-Algorithmus, eine genaue Analyse würde hier einen interpolierten Kurvenverlauf erzeugen, vergleiche [Sa 94].

Da mit linear fallender Bedienrate der Abstand zwischen den Kurven immer größer wird, soll auch für diese Untersuchung eine Logarithmierung der Werte vorgenommen werden. Diese Auswertung ist in Abbildung 5.31 dargestellt.

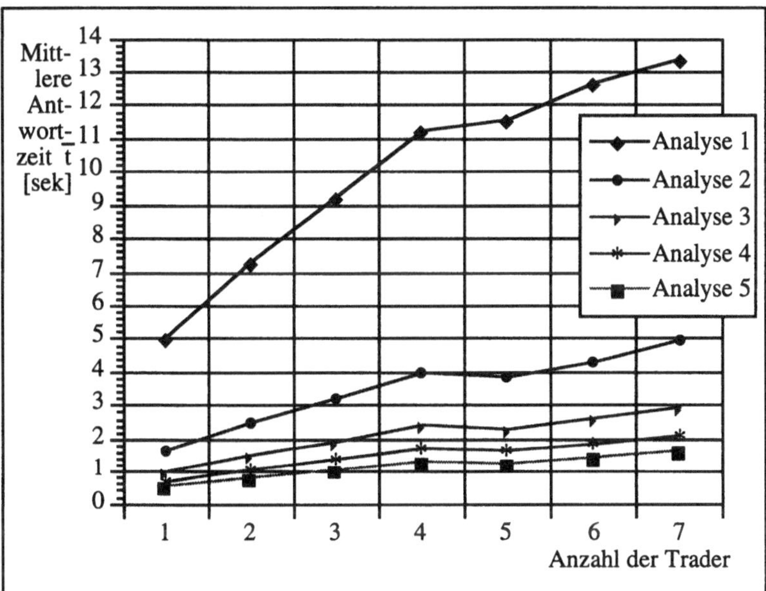

Abb. 5.30: Darstellung der Werte des Traderszenarios aus Abbildung 5.29 unter Verwendung einer linearen Achseneinteilung

Abbildung 5.31 stellt parallele Kurvenzüge dar, die jedoch nicht den gleichen Abstand voneinander besitzen. Auffällig ist wieder das 'Abknicken' der Kurven bei vier bzw. fünf Tradern.

Im folgenden soll ein aus vier Tradern bestehendes Szenario hinsichtlich des Einflusses der Ankunftsrate eines Traders auf die mittlere Antwortzeit des Gesamtsystems untersucht werden. Zu diesem Zweck sind die in Abbildung 5.32 vorgestellten Parameter gewählt worden.

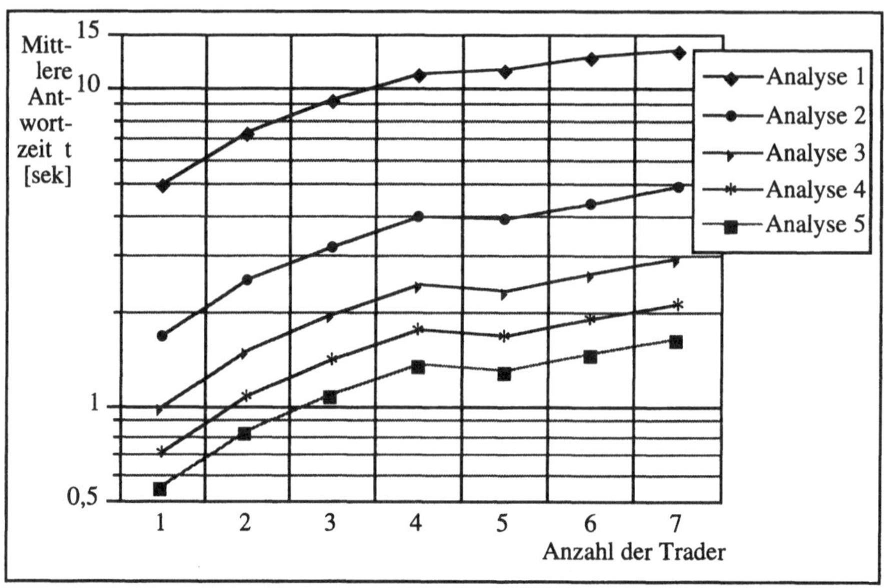

Abb. 5.31: Logarithmische Darstellung der Werte des Traderszenarios aus Abbildung 5.29

Bei der Analyse dieses Systems entstehen fünf sehr einheitliche Kurven, die bis auf eine Verschiebung identisch sind, vergleiche Abbildung 5.33. Sowohl der variierte Parameter der Ankunftsraten als auch die sich ergebene mittlere Antwortzeit haben linearen Charakter.

	Bedien-rate μ_1	Bedien-rate μ_2	Bedien-rate μ_3	Bedien-rate μ_4	Ankunfts-rate λ_i
Analyse 1	0.7	0.8	0.9	*	0,075
Analyse 2	0.7	0.8	0.9	*	0,076
Analyse 3	0.7	0.8	0.9	*	0,077
Analyse 4	0.7	0.8	0.9	*	0,078
Analyse 5	0.7	0.8	0.9	*	0,079

Abb. 5.32: Parameter eines aus vier Tradern bestehenden Szenarios

Die Bedienrate des vierten Traders hat in diesem Zusammenhang einen sehr großen Einfluß auf das Antwortzeitverhalten. Während die Bedienraten der übrigen drei Trader im Mittel bei 0,8 sek^{-1} liegen, wird bei der Erhöhung der vierten Bedienrate bis 2 sek^{-1} noch ein recht großer Vorteil hinsichtlich des Antwortzeitverhaltens erreicht, die weitere Investition in die Verbesserung eines Traders ist kaum von Vorteil.

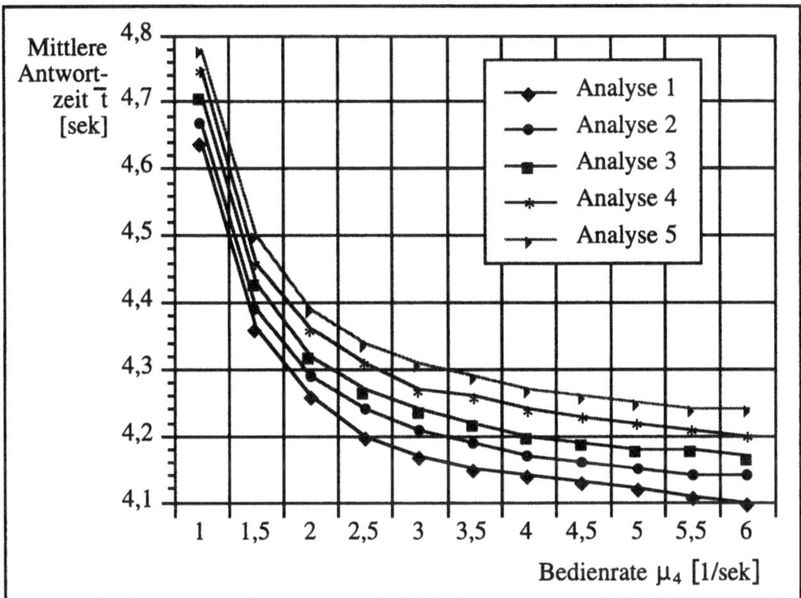

Abb. 5.33: Einfluß der Bedienrate eines Traders auf die mittlere Antwortzeit des Gesamtsystems

Man könnte diesen Sachverhalt auch dahingehend formulieren, daß ein gewisser Sättigungseffekt eintritt. In diesem Fall, wird durch die anderen drei Trader der Engpaß im System gebildet, während der vierte Trader eine so hohe Bedienrate anbietet, daß es kaum noch zu Wartezeiten an diesem Trader kommt. Daher kann eine weitere Erhöhung der Bedienrate nicht zu einer Verringerung der mittleren Antwortzeit des Gesamtsystems führen.

5.8 Zwei Erweiterungen der Analyse vermaschter Fork-Join-Netze

Kehrt man von der vorgestellten Modellierung zu den Anfragen innerhalb eines Tradingsystems zurück, so werden in der Praxis Fälle auftreten, die mit den bislang vorgestellten Methoden nicht ausgewertet werden können.

Aus diesem Grund sollen im folgenden zwei Erweiterungen des P^{2}AM-Verfahrens vorgestellt werden.

5.8.1 Anfragen an Teilsysteme der Traderföderation

Zunächst soll der Fall untersucht werden, daß ein Trader einer Föderation eine an ihn gerichtete Anfrage nicht an alle anderen Trader dieser Föderation weiterleitet, sondern nur an eine bestimmte Teilmenge der im Verbund involvierten Trader.

Aus dieser Anforderung resultieren einige Veränderungen für die Analyse des Gesamtsystems. Während die Berechnung der Ersatzbedienraten in den Formeln (5.8) bis (5.11) (mit $\lambda_j=0$ für die nicht vorhandenen Traderanfragen) erhalten bleibt, wodurch eine Reduzierung der Gesamtbedienrate vorgenommen wird, muß eine andere Überlegung hinzugefügt werden. Diese betrifft das Ausschließen von Anfragen an Trader.

Um eine Lösung dieses Problems zu erhalten, wird die Menge aller Anfragekombinationen an eine Föderation betrachtet. Bei n Tradern besitzt diese Menge 2^n-1 Elemente, da Anfragen an keinen Trader sinnlos sind. Sei T = {Ti_1, Ti_2, ..., Ti_r} eine Anfragekombination, d.h. eine Anfrage an einen Trader, die an die Trader Ti_1, Ti_2, ..., Ti_r weitergeleitet wird, $|T|=r$ und $r \leq n$.

Das FJN mit n Tradern wird nun auf ein FJN mit r Tradern reduziert, wobei in jede Ersatzbedienrate eines Traders auch die Last der übrigen n-r Trader eingeht.

Diese Überlegung wird für jeden einzelnen Trader, der sich - auf das Modell bezogen - vor einer Forkstation befindet, wiederholt. Es wird vorausgesetzt, daß jeder Trader eine Anfrage zumindest innerhalb seiner eigenen Datenbank auswertet. Somit kann keiner der n Trader eines FJNes vernachlässigt werden. Es ergeben sich n Auswertungen des Gesamtsystems, welche die mittleren Antwortzeiten der Trader widerspiegeln.

5.8.2 Modellierung bedingter Anfragen an eine Traderföderation

Eine weitere Verallgemeinerung ergibt sich dahingehend, daß Anfragen nicht binär weitergeleitet werden, sondern - über einen längeren Zeitraum gesehen - mit einer gewissen Wahrscheinlichkeit an andere Trader gerichtet werden. In diesem Fall müssen die Wahrscheinlichkeiten p_{ij} für die Anfrage des i-ten an den j-ten Trader bekannt sein, wobei von $p_{ii}=1$ ausgegangen wird. Anstelle der ursprünglichen Formel (5.8) berechnet sich die mittlerer Wartezeit nun in folgender Form:

$$\bar{t}_{Ges\,i} = \frac{1/\mu_i}{1 - \left(\frac{1}{\mu_i} \sum_{j=1}^{n} p_{ji}\, \lambda_j \right)}$$

$$(5.33)$$

Die in Formel (5.9) angegebene Wartezeit des Ersatzknotens bleibt dabei erhalten. Durch Gleichsetzen der beiden Wartezeiten, vgl. (5.10), erhält man:

$$\mu_{ij} = \mu_j + \lambda_i - \sum_{j=1}^{n} p_{ji}\, \lambda_j \qquad (5.34)$$

Nun wird wieder das in Abschnitt 5.8.1 vorgestellte Verfahren verwendet. Sei T = {Ti$_1$, Ti$_2$, ..., Ti$_r$} eine von 2^n-1 Anfragekombinationen. Betrachte das l-te Ersatz-Fork-Join-Netz. Dann ist die Wahrscheinlichkeit für diese Anfrage

$$p(T) = \prod_{j=1}^{n} k_{lj} \qquad (5.35)$$

wobei

$$k_{ij} = \left\{ \begin{array}{l} p_{ij} \text{ für } T_j \in T \\ 1\text{-}p_{ij} \text{ für } T_j \notin T \end{array} \right\} . \qquad (5.36)$$

Zu jeder Anfragekombination wird das entsprechende, aus $|T|$=r Stationen bestehende Fork-Join-Netz der entsprechenden Trader mit den Bedienraten μ_{ij_1}, μ_{ij_2}, ..., μ_{ij_r} ausgewertet und die mittlere Antwortzeit der Analyse berechnet.

Nachdem dieser Schritt für alle Anfragekombinationen durchgeführt worden ist, wird der Erwartungswert der mittleren Antwortzeit bestimmt. Für alle möglichen 2^n-1 Anfragekombinationen T ist die Summe über p(T) eins. Dieser Sachverhalt resultiert daraus, daß im Falle der Anfragekombination an keinen Trader im zugehörigen Produkt eine null enthalten ist und dieser Term somit wegfällt.

Die Summe aller möglichen Kombinationen muß demzufolge die Wahrscheinlichkeit eins besitzen. Interessant ist es, an dieser Stelle darauf aufmerksam zu machen, daß die oben betrachteten p_{ij} stochastisch unabhängig sind. Durch diesen Sachverhalt lassen sich keine Vereinfachungen hinsichtlich der Modellierung vornehmen.

Diese Modellierung des Fork-Join-Netzes soll als bedingtes vermaschtes Fork-Join-Netz bezeichnet werden. Im folgenden soll es auf Abweichung hinsichtlich der Simulationswerte getestet sowie zur Analyse von Tradingszenarien exemplarisch eingesetzt werden.

5.9 Analyse von bedingten vermaschten Fork-Join-Netzen

Nach der Vorstellung der Erweiterung des P^{2}AM-Verfahrens im vorangegangenen Abschnitt sollen im folgenden Beispiele für resultierende Analysemöglichkeiten angegeben werden. Dabei wird zunächst wieder mit einer Abschätzung der Approximationsgenauigkeit durch einen Simulationsvergleich begonnen.

5.9.1 Abschätzung der Analysegenauigkeit durch Simulationen

Innerhalb dieses Abschnitts soll eine weitere Gegenüberstellung für den Fall vorgenommen werden, daß die Weitergabe von Anfragen innerhalb der Federation nicht in jedem Fall, sondern nur unter Angabe des expliziten Wunsches erfolgt. Dieser Sachverhalt wird quantitativ durch Angabe einer Wahrscheinlichkeit modelliert.

Für die angegebene Prozentzahl von Weitergaben soll innerhalb der Föderation eine Anfrage an die genannten Trader erfolgen. Die Wahrscheinlichkeit für die Analyse einer Anfrage bei dem Trader, an den die entsprechende Anfrage gerichtet wurde, soll in jedem Fall 1 sein. Das in Abschnitt 5.6.1 vorgestellte Simulationsmodell wird dahingehend erweitert, daß die Forkstation nicht jeden Auftrag an alle Stationen weiterleitet, sondern dieses Weiterleiten nur mit der Wahrscheinlichkeit p_{ij} erfolgt. Die Synchronisation ist in dem Sinne angepaßt, daß die Maximumbestimmung nur über die Aufträge erfolgt, die zuvor durch die Forkstation generiert wurden.

	Bedien-rate μ_1	Bedien-rate μ_2	Ankunfts-rate λ_1	Ankunfts-rate λ_2	Ü.-Wahr-schkt. p_{1i}	Ü.-Wahr-schkt. p_{2i}
Szenario 1	0.7	0.9	*	0.1	0.7 für i≠j	0.7 für i≠j

Abb. 5.34: Parameter des Szenarios für eine Traderföderation mit bedingten Übergabewahrscheinlichkeiten

Als erstes Beispiel wird im folgenden ein Szenario mit zwei Tradern untersucht, das sich durch Übergabewahrscheinlichkeiten von 70% auszeichnet. Diese Wahrscheinlichkeit wird während der Betrachtungen konstant gehalten. Variiert wird die Ankunftsrate eines Traders. Die Parameter des entsprechenden Szenarios sind in Abbildung 5.34 dargestellt. Dabei ist $p_{11} = p_{22} = 1$ gemäß der obigen Aussage.

Die Analysewerte sind in Abbildung 5.35 dargestellt. Auffallend ist hierbei eine recht kleine Abweichung der Analysewerte von den Simulationswerten für kleine Ankunftsraten. Werden diese Ankunftsraten jedoch größer, so tritt auch eine größere Ungenauigkeit der Analysewerte auf. Betrachtet man die Werte der in Abbildung 5.35 dargestellten Analysen und Simulationen, so liegt eine nur minimale Abweichung bei einer Ankunftsrate von $\lambda_1 = 0{,}05$. Für diesen Wert ist die Auslastung des Systems etwas $\varrho = 0{,}1$, wobei die Wahrscheinlichkeit von 70% für Anfragen an den jeweils anderen Trader noch nicht berücksichtigt ist. Bei der relativ großen Auslastung des Traders T1 von über 70% treten hier auch recht große Abweichungen auf, diese betragen beim Trader T2 über 25% des durch die Simulation erhaltenen Wertes. Bei Trader T1 ist die Abweichung erstaunlicher Weise wesentlich geringer, nur etwa 10%.

Nach der Untersuchung des Einflusses der Erhöhung von Ankunftsraten an einem Trader einer Traderföderation soll nun der Einfluß von variierenden Bedienraten untersucht werden.

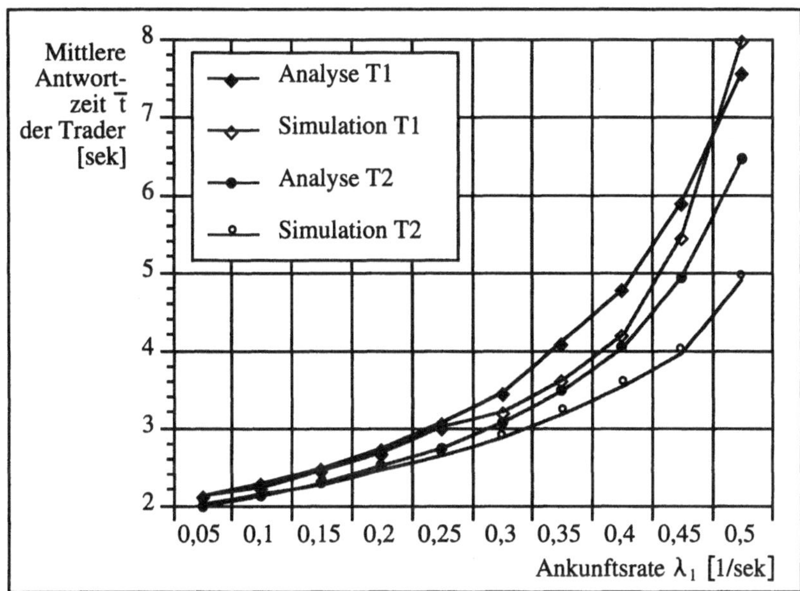

Abb. 5.35: Gegenüberstellung der mittleren Antwortzeit für die Trader T1 und T2 bzgl. Analyse und Simulation einer bedingten Traderföderation in Abhängigkeit der Ankunftsrate

Im folgenden wird von einem Traderszenario ausgegangen, das aus einer zwei Trader enthaltenden Traderföderation besteht.

	Bedien- rate μ_1	Bedien- rate μ_2	Ankunfts- rate λ_1	Ankunfts- rate λ_2	p_{ij} für $i=j$	p_{ij} für $i \neq j$
Szenario 1	0.3	*	0.1	0.1	1	0.7

Abb. 5.36: Parameter des Szenarios für eine Traderföderation mit zwei Tradern und variierender Bedienrate

In diesem Szenario werden geringe Ankunftsraten betrachtet, um durch einen kleinen Wert für die Auslastung ϱ des Systems (zwischen $\varrho = 0{,}1$ und $\varrho = 0{,}3$) eine gute Genauigkeit der Analysewerte im Verhältnis zur Simulation zu erhalten.

Die bei dieser Auswertung zugrundeliegenden Werte sind in Abbildung 5.36 aufgeführt. Die variierenden Werte der Bedienrate des Traders T2 sind direkt der Abbildung 5.37 zu entnehmen.

Abbildung 5.37 stellt die Ergebnisse von Analyse und Simulation graphisch gegenüber. Während im Ausgangspunkt für die Bedienrate $\mu_2 = 0{,}3$ beide Kurven für jeweils die Simulation und die Analyse gleiche Werte besitzen, da ihre Parameter übereinstimmen, ist mit wachsender Bedienrate ein Abfallen der mittleren Antwortzeit zu verzeichnen. Dies bedeutet erwartungsgemäß, daß eine Erhöhung der Bedienrate eines Traders mit einer Verringerung der mittleren Antwortzeit für beide Trader verbunden ist.

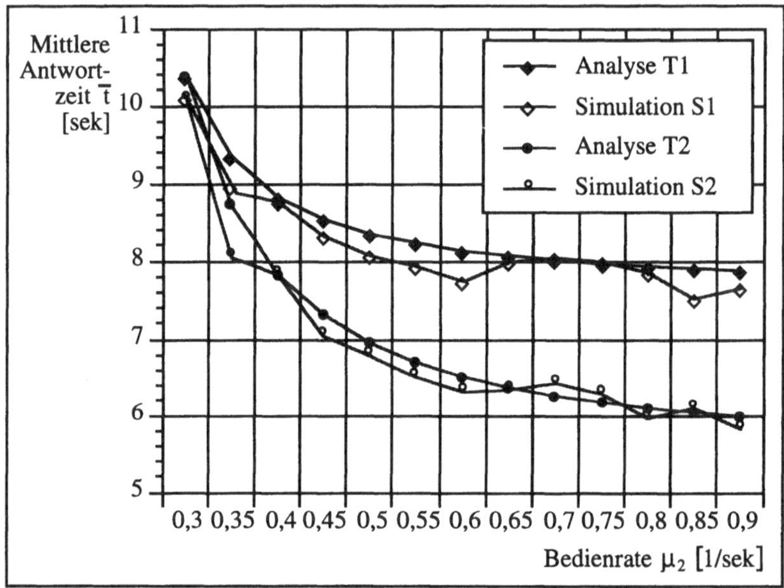

Abb. 5.37: Gegenüberstellung der mittleren Antwortzeit von Analyse und Simulation einer bedingten Traderföderation in Abhängigkeit der Bedienrate

Auffallend ist bei dieser Auswertung, daß irgendwann quasi ein Sättigungsgrad auftritt. Dies bedeutet insbesondere, daß ein weiteres Vergrößern der Bedienrate eines Traders kaum noch positive Auswirkungen auf das Antwortzeitverhalten hat. So ist insbesondere eine Erhöhung der Bedienrate des Traders T2 von 0,3 sek⁻¹ auf 0,5 sek⁻¹ lohnenswert, da sich die mittlere Antwortzeit dabei um 2 sek für Trader T1 und um etwa 3 sek für Trader T2, also um etwa 30%, verringert, weniger lohnend ist dagegen eine Investition in die Verbesserung der Bedienrate von 0,7 sek⁻¹ auf 0,9 sek⁻¹. In diesem Fall würde sich die Antwortzeit von T1 um nur 0,2 sek und im Falle von T2 um nur etwa 0,3 sek, das heißt um ein Zehntel des ersten Wertes verbessern, so daß dieser Aufwand der Bedienzeitenvergrößerung wohl sehr zu überdenken wäre. Wo eine optimale Bedienrate liegen, ist dabei von Fall zu Fall zu unterscheiden.

Dieses Beispiel zeigt in sehr anschaulicher Weise, wie nützlich die Anwendung der P^2AM-Vorgehensweise ist. Während ein einfacher PC zur Ermittlung der in Abbildung 5.33 angegebenen Simulationswerte mit dem oben beschriebenen Simulationstool mehrere Stunden Zeit benötigt, um alle Werte entsprechend zu berechnen, kann die Analyse quasi im Dialog durchgeführt werden. Die einfachen Rechenoperationen benötigen kaum Speicher- und Zeitaufwand, und sie geben doch ein akzeptables Ergebnis hinsichtlich der Tendenz des Antwortzeitverhaltens.

Nachdem sowohl Ankunfts- als auch Bedienrate hinsichtlich ihres Einflusses auf das Antwortzeitverhalten untersucht worden sind, soll im folgenden die Abhängigkeit der mittleren Antwortzeit von der Übergabewahrscheinlichkeit untersucht werden.

Zu diesem Zwecke wird das in Abbildung 5.38 beschriebene Szenario betrachtet, das von konstanten Ankunfts- und Bedienraten ausgeht und auch die Wahrscheinlichkeit für das Abarbeiten von Anfragen an den entsprechenden Trader, an den die Anfrage gerichtet ist, 1 läßt. In diesem Szenario wird die Übergabewahrscheinlichkeit für das Weiterleiten von Tradinganfragen an andere Trader untersucht, wobei $p_{ij} = p_{ji}$ gesetzt wird, das heißt, eine Symmetrie hinsichtlich der Weiterleitung von Anfragen vorliegt.

	Bedienrate μ_1	Bedienrate μ_2	Ankunftsrate λ_1	Ankunftsrate λ_2	p_{ij} für $i{=}j$, p_{21}	p_{12}
Szenario 1	0.3	0.5	0.1	0.1	1	*

Abb. 5.38: Parameter einer Traderföderation in Abhängigkeit einer variierenden Übergabewahrscheinlichkeit

Die Ergebnisse dieser Analyse und der entsprechenden Simulation sind in Abbildung 5.39 dargestellt. Wegen der relativ geringen Systemauslastung (zwischen $\varrho = 0{,}2$ und $\varrho = 0{,}33$) weichen Analyse- und Simulationswerte erwartungsgemäß recht wenig voneinander ab. Diese Charakteristik wird auch durch die verschiedenen vorliegenden Wahrscheinlichkeiten nicht beeinträchtigt.

Zwei Dinge fallen bei der in Abbildung 5.39 angegebenen Kurve auf. Bei einer größeren Übergabewahrscheinlichkeit der Traderanfragen im Bereich um $p_{ij} = 0{,}6$ bis $p_{ij} = 0{,}8$ sind die Abweichungen der Analyse von der Simulation mit 3% größer als in dem Bereich der kleinen Übergabewahrscheinlichkeiten. Dadurch wird das Ergebnis nicht gemindert.

Dieser Sachverhalt könnte dadurch erklärt werden, daß bei einer kleineren Übergabewahrscheinlichkeit die Auslastung des Systems noch einmal sinkt und dann eine größere Genauigkeit der Analysewerte im Verhältnis zu den Simulationswerten vorhanden ist. Geht man davon aus, daß im Fall $p_{ij} = 0$ die Auslastung des Systems nur halb so groß ist, da anstelle von zwei Tradern nur einer der beiden Anfragen erhält, so sinkt die Auslastung der Trader von ursprünglich $\varrho = 0{,}2$ auf $\varrho = 0{,}1$ bzw. von $\varrho = 0{,}33$ auf $\varrho = 0{,}16$. Diese Werte für die Systemauslastung entsprechen eher den oben angeführten Werten von $\varrho = 0{,}14$ bzw. $\varrho = 0{,}155$, bei denen in dem entsprechenden Szenario ein relativ optimaler Punkt vorlag.

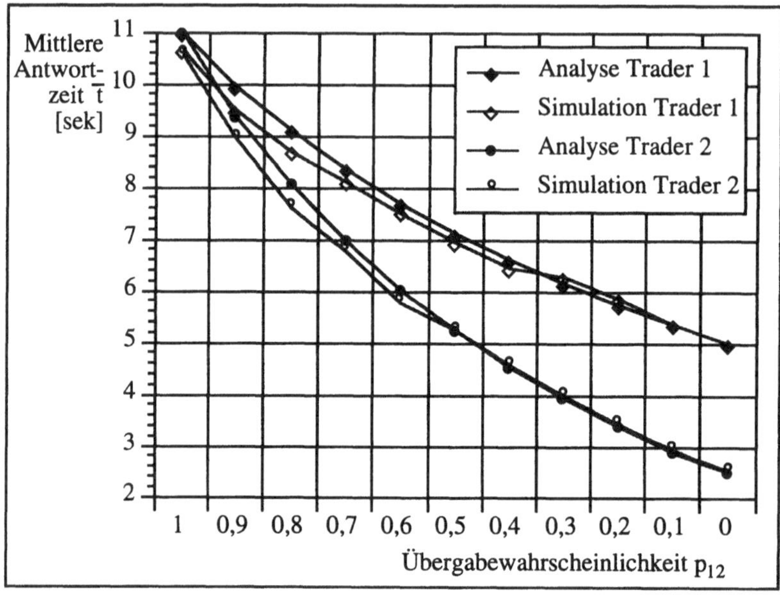

Abb. 5.39: Mittlere Antwortzeit einer Traderföderation in Abhängigkeit der Übergabewahrscheinlichkeit von Anfragen eines Traders an einen anderen Trader

Eine andere Sache, welche in Abbildung 5.39 auffällt, besteht darin, daß keine linearen Kurven vorliegen, sondern eine Abweichung von Geraden zu verzeichnen ist. Ist die Differenz der Analysewerte für den Trader T1 für Übergabewahrscheinlichkeiten zwischen 0,9 und 1,0 noch eine Sekunde, so ist diese Differenz für Funktionswerte mit Argumenten zwischen 0,1 und 0 nur etwa 0,4 Sekunden, das heißt wesentlich geringer. Die Ursache für dieses Verhalten könnte in folgendem bestehen: Das lineare Abfallen der Übergabewahrscheinlichkeiten wirkt sich ähnlich wie ein lineares Abfallen der Ankunftsrate aus. Somit entsteht die in Abbildung 5.27 beschriebene Situation. Beide Szenarien haben gemeinsam, daß ein kontinuierliches Sinken von Ankünften zu verzeichnen ist und die mittlere Antwortzeit entsprechend exponentiell fällt. Aus diesem Grunde wird auf die o.g. Vermutung geschlossen.

5.9.2 Analyse mittels bedingter vermaschter Fork-Join-Netze

Nach der Gegenüberstellung von Analyse und Simulation soll nun für relativ kleine Auslastungen unter 45% (bei denen die Analyse genauere Werte liefert) der Einfluß der Erhöhung der Ankunftsrate eines Traders hinsichtlich ihrer Auswirkungen auf die mittlere Antwortzeit aller Trader untersucht werden.

Zu diesem Zweck wird ein Szenario mit vier Tradern betrachtet, die durch verschiedene Bedienraten gekennzeichnet sind. Um den Einfluß der variierenden Ankunftsrate besser analysieren zu können, verfügen drei Trader über die gleichen Ankunftsraten, nur die Ankunftsrate des vierten Traders wird verändert. Während die Wahrscheinlichkeit der Auswertung einer Traderanfrage bei dem entsprechenden Trader 1 ist, wird für alle anderen Traderweitergaben eine Wahrscheinlichkeit von 0,7 angenommen. Das entsprechende Szenario ist in Abbildung 5.40 dargestellt.

	Bedien- rate μ_i	Ankunfts- rate λ_i	p_{ij} für $i=j$	p_{ij} für $i \neq j$
Trader 1	0.6	0.1	1	0.7
Trader 2	0.7	0.1	1	0.7
Trader 3	0.8	0.1	1	0.7
Trader 4	0.9	*	1	0.7

Abb. 5.40: Parameter des Szenarios für eine Traderföderation mit vier Tradern und bedingten Übergabewahrscheinlichkeiten

Abbildung 5.41 stellt die Analysewerte dar, die mittels der P^2AM-Vorgehensweise errechnet wurden. Dabei ist ersichtlich, daß die Erhöhung der Ankunftsrate bei einem Trader (trotz der nur 70%-igen Weiterreichung an die anderen Trader) einen beachtlichen Einfluß auf alle Trader hat.

Dieses Ergebnis ist nicht sehr verwunderlich, steigt doch die Auslastung aller Trader der Föderation mit der erhöhten Ankunftsrate an. Überraschend ist bei der Betrachtung der Analysewerte, daß Trader T2 und T3 in etwa gleiche mittlere Antwortzeiten besitzen. Obwohl der Trader T4 durch die 100%-ige Auswirkung der zusätzlich entstehenden Anfragen bei höherer Ankunftsrate viel stärker belastet wird, als die Trader T1, T2 und T3, ist dem Diagramm doch zu entnehmen, daß die größere Bedienrate des vierten Traders dieser Tendenz entgegenwirkt.

Dieser Sachverhalt sollte bei dem Entwurf einer Traderföderation mit berücksichtigt werden, weist er doch darauf hin, daß eine übermäßige Erhöhung der Ankunftsrate eines einzelnen Traders die mittlere Antwortzeit des gesamten

Systems beeinträchtigt. Folglich sollte beim Entwurf eine möglichst gleichmäßige Auslastung aller Trader angestrebt werden.

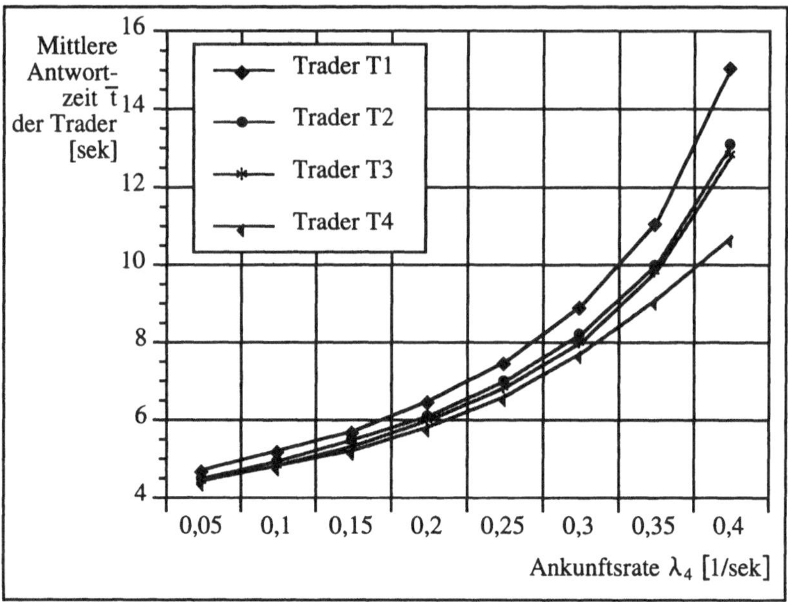

Abb. 5.41: Mittlere Antwortzeit der Analyse einer bedingten Traderföderation in Abhängigkeit der bei einem Trader variierenden Ankunftsrate

5.9.3 Einsatzmöglichkeiten der Analyse von Tradingszenarien

Die vorgestellten Beispiele haben gezeigt, daß mittels des hier entwickelten Analyseverfahrens eine einfache Möglichkeit geschaffen wurde, um Abschätzungen mittlerer Antwortzeiten in einem Tradingszenario zu erhalten. Dabei treten - insbesondere bei extrem kleinen und großen - Auslastungen des Systems Abweichungen des Analyse- vom Simulationswert auf. Der sehr geringe Rechenaufwand des Analyseprogramms stellt jedoch eine alternative Möglichkeit zu den sehr aufwendigen Simulationsdurchläufen dar.

Es konnten einige für das Systemdesign wichtige Aussagen gemacht werden. Mit zunehmender Bedienrate fällt die mittlere Antwortzeit weniger ab; eine Erhöhung der Ankunftsrate hat jedoch einen exponentiellen Einfluß auf das Ansteigen der mittleren Wartezeit. Bei der Konfiguration des Systems sollten die Aufträge möglichst gleichmäßig auf die einzelnen Trader verteilt werden, dies ist eine Grundvoraussetzung für eine minimale mittlere Antwortzeit. Offen geblieben ist eine genauere Angabe des ROPes, der zwischen einem Lastbereich von 0,15 bis 0,25 angenommen wird, hier sind Ansätze für weitere Forschungsarbeiten zu sehen.

KAPITEL 6

Einordnung der Ergebnisse und Ausblick

„Der Pokal ist das Ende.
Die Rennbahn der Alltag."
Gen 44, 1-34

Die Dienstvermittlung besitzt eine große Bedeutung innerhalb Verteilter Systeme, und diese wird durch Marktentwicklungen hinsichtlich der Dienstangebote und neue Anforderungen an Transparenz und Komfortabilität für den Nutzer noch weiter steigen. Das vorliegende Buch leistet einen Beitrag zur Entwicklung derartiger Konzepte. Insbesondere wurden die folgenden Punkte erreicht.

* Die Idee der Verknüpfung von Diensten ist durch eine Dienstalgebra modelliert worden, was im Sinne der Mehrwertdienste die Voraussetzung für eine höhere Funktionalität der Dienstvermittlung ist, und ein Ansatz zum *Interface Matching* heterogener Dienste wurde vorgestellt.
* Es wurde ein Konzept für ein Dienstmanagement aufgestellt, das in der Lage ist, Dienste im Kontext ihrer Diensttypen und zugehörigen Dienstangebote zu verwalten. Insbesondere bei heterogenen Diensten wird hier die Voraussetzung zur Realisierung von Offenheit erbracht.
* Eine formale Sprache wurde entwickelt, welche den Import von Diensten bei Unterscheidung von Dienstsuche und Dienstauswahl unter Einbeziehung von Tradingkontexten in einer Föderation ermöglicht. In diesem Zusammenhang ist auch das Handhaben von dynamischen Dienstattributen bei der Dienstvermittlung untersucht worden.
* Analyse und Bewertung von Tradingszenarien lassen sich mit bekannten Verfahren der Leistungsbewertung nicht beherrschen. Aus diesem Grund wurden eine Abbildung von Dienstvermittlungsarchitekturen auf sogenannte vermaschte Fork-Join-Netze abgebildet und eine Analysemethode entwickelt, welche eine Berechnung der mittleren Antwortzeit von Dienstanfragen in einem Tradingsystem gestattet. Eine Gegenüberstellung der Analyseergebnisse mit den Resultaten von Simulationen zeigte eine hinreichende Genauigkeit.

Für die Tradingszenarien folgt aus diesen Überlegungen die prinzipielle Möglichkeit der Erweiterung einer dienstvermittelnden Komponente durch einen Mehrwertdienst, welcher eine Verknüpfung von Diensten übernimmt. Zum einen ist dieser Sachverhalt aus Sicht der Grundlagenforschung von großer Bedeutung, da neben der Schalt- und Prozeßalgebra eine weitere Algebra modelliert wurde, welche eine Modularisierung von Komponenten, hier Diensten, ermöglicht. Das einzige Problem bei dieser Vorgehensweise ist die Einbeziehung der Semantik. Ein Ansatz aus der Literatur ermöglichte, alle Semantikbetrachtungen soweit 'herunterzubrechen', bis ein Namensvergleich von Begriffen sinnvoll erscheint. Inwiefern eine solche Vorgehensweise praktische Relevanz besitzt, ist schwer abzuschätzen. Einerseits ist es sicherlich nicht günstig, die Semantik eines Dienstes in dem ausführenden Programm selbst zu sehen, denn in diesem Fall würden die entstehenden Modelle so komplex werden, daß sie nicht mehr faßbar sind. Andererseits ist das vorgeschlagene Konzept der Dienstalgebra zwar sehr gut handhabbar, nimmt jedoch dem Nutzer nicht die Entscheidung ab, ob eine Verknüpfung der ausgewählten Dienste in der vorliegenden Form wirklich sinnvoll ist. Dies bleibt letztendlich die Entscheidung eines Anwenders, der mit der Dienstauswahl beschäftigt ist.

Zusammenfassend soll zu der vorgestellten Dienstalgebra angemerkt werden, daß das entstandene Konzept eine Bereicherung der Modellierungsmethoden auf diesem Gebiet darstellt. Auch im Falle einer Prozeßalgebra kann schließlich durch eine ungünstig gewählte Ereignisfolge zweier möglicherweise unabhängiger Ereignisse der Fall entstehen, daß auf das Ereignis 'es wird eine Zahl ausgegeben' das Ereignis 'der Schnee schmilzt' folgt, was keinen Sinn ergeben würde. Diese beiden Teilprozesse sollten aus dem o.g. Grund nicht zu einem Prozeß zusammengesetzt werden, da sie sich auf grundlegend verschiedene Szenarien beziehen und nicht den Sachverhalt wiedergeben, daß ein Ereignis die Wirkung auf ein vorangegangenes Ereignis ist. Eine sinnvolle Kombination von Prozessen - oder Diensten - führt jedoch zu einem sinnvollen Instrument, das die Handhabung der komplexeren Strukturen ermöglicht.

Die Ansätze für das *Interface Matching* unterliegen ähnlichen Schlußfolgerungen. Der vorgestellte Ansatz ist ein mathematisch korrektes Verfahren zur Abbildung von Datentypen. Diese Vorgehensweise ist jedoch nicht konstruktiv. Daraus folgt, daß eine Fallunterscheidung eine zu hohe Komplexität besitzt, um vollständig zu sein. Aus diesem Grund sind die interessanten Ausführungen fundamentaler Natur, praktisch realisierbare Lösungsalgorithmen werden sich jedoch nur für einige Spezialfälle erarbeiten lassen.

Anders sieht es mit den in Kapitel drei vorgestellten Ergebnissen aus. Unabhängig davon, daß in dem vorgestellten Ansatz des Dienstmanagements ein Begriff geprägt bzw. bereichert wird, der im Zentrum des Interesses von ODP-Systemen steht, wird in diesem Abschnitt vielmehr der konkrete Zusammenhang zwischen Diensttypen, Diensten und Dienstangeboten formal beschrieben. Diese Darstellung geht deutlich über die bislang bestehenden informellen Beschreibungen und Ansätze an eine Dienstvermittlung hinaus. Von besonderer Bedeutung ist auch die Einbeziehung von Tradingkontexten und anderen ODP-spezifischen Konstrukten, die in Beziehung zu den Standardisierungsarbeiten stehen. Diese sehr praxisrelevanten Betrachtungen legen den Grundstein für die Implementierung heterogener Dienstvermittlungen. Außerdem tritt der angenehme Nebeneffekt ein, daß gleichzeitig eine Verwaltung der dienstvermittelnden Ressourcen erfolgt. Dabei werden nicht nur statische, sondern insbesondere auch dynamische Diensteigenschaften mit in die Betrachtungen einbezogen. In der Auswertung der Dienstanforderungen wird davon ausgegangen, diese dynamischen Eigenschaften zum spätestmöglichen Zeitpunkt auszuwerten, so daß bis zur Rückgabe der Informationen an den Importer möglichst wenige Änderungen der dynamischen Werte erfolgen können.

Innerhalb der vierstufigen Semantik der *Service Request Description Language* wird diese Überlegung weitergeführt. Während sich die ersten Stufen mit einer Einschränkung des Suchraums und der Menge der auszuwählenden Dienstangebote beschäftigen, wird eine Untersuchung der dynamischen Diensteigenschaften in die letzte Stufe der semantischen Auswertung verschoben. Durch die Darstellung der Sprache in Form von Produktionsregeln ist eine Form vorhanden, die sich mit Werkzeugen wie LEX und YACC implementieren läßt. Eine erste Realisierung derartiger Benutzeroberflächen ist in [Wa 94] enthalten. Der ausführbare Code ist dann Grundlage einer Auswertung von Dienstanfragen. Damit ist die Entwicklung dieser Sprache ein für die Praxis relevantes Mittel, um die Funktionalität des Traders zu realisieren bzw. zu bereichern. Mit dieser Ergänzung ist sowohl der Dienstexport als auch der Dienstimport formal beschrieben.

Von analytisch grundlegender Bedeutung ist die Modellierung der Tradingarchitekturen, wie sie im fünften Kapitel angegangen wird. Nach Feststellung der Tatsache, daß ein dem Tradingszenario zugeordnetes Warteschlangenmodell sich mit Hilfe klassischer Verfahren für die Analyse von Netzen nicht lösen läßt, wird eine neue Art von Warteschlangensystemen definiert, die sogenannten vermaschten Fork-Join-Netze. In Anlehnung an den Begriff der vollvermaschten Rechnernetze bedeutet 'vermascht' bei Fork-Join-Netzen, daß jede Einheit an (maximal) jede andere Tradingeinheit Aufträge weiterreichen kann. Dies unterscheidet die Komplexität der Analyse wesentlich von den bekannten Lösungsverfahren, wie sie für einfache Fork-Join-Netze angewendet werden. Aus Sicht der vermaschten Fork-Join-Netze stellen die klassischen Fork-Join-Netze einen Spezialfall dar, nämlich den, daß nur ein Trader Aufträge an alle anderen Trader weiterreicht.

Während bei den klassischen Fork-Join-Netzen stets davon ausgegangen wird, daß ein Auftrag an alle Stationen weitergeleitet wird, ist das Modell der vollvermaschten Netze dadurch erweitert worden, daß auch Anfragen an Teilmengen der Traderföderation modellierbar sind. Ferner ist es möglich, mit einer bestimmten Wahrscheinlichkeit Aufträge an andere Stationen weiterzuleiten. Diese Art der Modellierung stellt innerhalb der Fork-Join-Netze eine neue Anforderung dar.

Die vorgestellte Analysemethode ist anhand von entwickelten Simulationsprogrammen getestet worden. Zahlreiche statistische Diagramme im fünften Kapitel zeigen, daß die Approximation einen hohen Genauigkeitsgrad besitzt. Welche Auswirkungen die Anwendung der Analysemethode für ein möglichst günstiges Design einer Traderföderation hat, ist im letzten Abschnitt des fünften Kapitels dargestellt.

Abschließend soll erwähnt werden, daß diese Analysemethode unabhängig von den Anwendungsmöglichkeiten beim Trading auch bei Datenbanksystemen und anderen Aufgabenstellungen Verwendung finden kann. Damit ist eine genügend große Allgemeingültigkeit gegeben, um eine breite Nutzung des Verfahrens zu ermöglichen.

Innerhalb des vorliegenden Buchs war es nicht möglich, auf alle sich ergebenden Probleme detailliert einzugehen. So sind einige Ansätze offen geblieben.

Zunächst soll das *Interface Matching* im Falle heterogener Dienste genannt werden. Hierbei war es nicht möglich, einen konstruktiven Algorithmus, der sich für eine Implementierung eignet, zu finden. Auch wenn die geleisteten Arbeiten eine fundamentale Voraussetzung für weitere Forschungen darstellen und auch konstruktive Verfahren sich wohl daran orientieren werden, so sind auf diesem Gebiet mehr Probleme offengeblieben, als bislang gelöst wurden. Wegen ihrer ähnlichen algebraischen Struktur kann diese Aussage auch auf das Konzept der Dienstkombination übertragen werden. Da die Anfrage nach einem kombinierten Dienst auf das Wortproblem der algebraischen Spezifikation abstrakter Datentypen zurückgeführt wird, ist auch hier keine konstruktive Methode vorhanden. Momentan bietet das vorgestellte Konzept lediglich ein Hilfsmittel, um das Prinzip der Dienstkombination zu handhaben, letztendlich muß jedoch noch der Kunde selbst entscheiden, ob er den ihm vorgeschlagenen Dienst als sinnvoll erachtet oder ob dies nicht der Fall ist.

Im Managementkapitel ist die Frage, inwiefern QoS-Konzepte die Dienstauswahl bereichern, nur angerissen worden. In diesem Zusammenhang wäre es notwendig, spezielle Methoden und Verfahren vorzustellen, mit deren Hilfe die Auswahl eines optimalen Dienstes möglich ist. Dabei ist nicht auszuschließen, daß gleichzeitig mehrere optimale Dienste existieren können; dies hängt davon ab, welches Gewicht der Kunde einer jeweiligen Diensteigenschaft beimißt.

Innerhalb der Bewertung von Tradingszenarien sind mit dem vorgestellten Verfahren ausgereifte Analysemöglichkeiten entstanden, so daß aufbauende Forschungsarbeiten nunmehr die einzelnen Szenarien durchgehen sollten. Dabei müssen der Analyse jedoch gemessene Werte für die Bedien- und Ankunftsrate zugrunde gelegt werden und die Eignung der Exponentialverteilungsannahmen geprüft werden. Auch wenn sich dadurch wahrscheinlich keine tendenziell neuen Aussagen ergeben, so kann die Analyse doch genauer auf die Bedingungen der speziellen Architektur abgestimmt werden.

Problematisch könnten einige weitere Punkte sein. Innerhalb des Managements wurde zwar auf die Bedeutung der dynamischen Diensteigenschaften hingewiesen, die Rückfrage nach den aktuellen Eigenschaftswerten ist jedoch bei der Berechnung der mittleren Antwortzeit der Traderanfragen nicht einbezogen worden. Erfolgt eine `select`-Anfrage, die beispielsweise das Kriterium FIRST beinhaltet, so ist keine Synchronisation der Traderantworten notwendig, sondern lediglich die erste Resonanz eines Traders abzuwarten.

Zunehmend an Bedeutung gewinnt auch die Problematik der sozialen und individuellen Optimierung, auf die im Rahmen des vorliegenden Buchs nicht eingegangen wurde. Darunter ist zu verstehen, ob die aus Sicht eines Importers optimale Auswahl eines Exporters erfolgt oder ob bei dieser Auswahl das Optimum hinsichtlich des Gesamtsystems betrachtet wird. Schließlich wurde nicht auf den Einfluß des Kommunikationsaufwands bei der Anfrage an andere Trader eingegangen. Hierzu existieren bereits Untersuchungen, die in [PoMS 94] enthalten sind.

Unabhängig von den in dem vorliegenden Buch untersuchten Themen soll der Ausblick noch etwas weiter gefaßt werden. Neben Hard- und Software gewinnt der Begriff der *Midware* zunehmend an Bedeutung. Unter Midware ist die Anhebung eines Abstraktionsniveaus durch sowohl die Schaffung einer einheitlichen Menge von Diensten als auch das Verbergen der Unterschiede untergeordneter, z.B. physikalischer, Schichten aus Sicht des Softwareentwicklers zu verstehen. Insbesondere bei der Wechselwirkung zwischen heterogenen Computersystemen erweist sich das Vorhandensein einer solchen *Midware* als sehr nützlich. Daraus resultiert die Notwendigkeit, mit Hilfe der *Midware* vorhandene verteilte Umgebungen unabhängig von deren unterliegenden Plattformen zu gestalten.

Dieser Gesichtspunkt ist zukünftig mit in die Betrachtungen einzubeziehen, da sich aus dieser Sichtweise einige neue Aspekte ergeben. Eine Tradingplattform erhält dadurch den Anspruch, einheitliche Schnittstellen zu definieren, die auf der Hardware aufbauen und die Anwendung von Software ermöglichen.

Abkürzungsverzeichnis

ADT	Abstract Data Type
ANSA	Advanced Network Systems Architecture
AS	Algebraische Spezifikation
ASN.1	Abstract Syntax Notation One
BER	Basic Encoding Rules
BNF	Backus-Naur Form
CCG	Computation Control Graph
CCS	Calculus of Communicating Systems
CDT	Concrete Data Type
CMIP	Common Management Information Protocol
CMIS	Common Management Information Service
CORBA	Common Object Request Broker Architecture
DAB	Dienstabhängigkeitsgraph
DAG	Directed Acyclic Graph
DCE	Distributed Computing Environment
DIB	Directory Information Base
DIS	Draft International Standard
DIT	Directory Information Tree
DN	Distinguished Name
DRYAD	Directory Adventure
DSMF	Domain Space Management Function
DSP	Dynamic Service Property
DUA	Directory User Agent
EId	Export Identifier
FC	Federation Control
FCC	Federation Contract Control
FDT	Formal Description Technique
FE	Federation Export
FIC	Federation Import Control
FJN	Fork-Join-Netz
FSC	Federation Service Control

GDMO	Guidelines for the Definition of Managed Objects
HTM	Heterogener Typmanager

IAP	Importer Access Port
IDL	Interface Definition Language
IDN	Interface Definition Notation
IN	Intelligentes Netz
IOG	Interface Offer Graph
IT	Interface Type

LOTOS	Language of Temporal Ordering Systems

MELODY	Management Environment for Large Open Distributed Systems
MIB	Management Information Base
MO	Managed Object
MOC	Managed Object Class

ODP	Open Distributed Processing
ODP-RM	ODP-Referenzmodell
OMG	Object Management Group
ROP	relativ optimaler Punkt
ORB	Object Request Broker
OSF	Open Software Foundation
OSI	Open Systems Interconnection

P^2AM	Parallel Performance Analysis Methodology
PFN	Produktformnetz
PhDM	Physical Domain Model
PrDM	Program Domain Model

QGS-P	Quasi-Geburts-Sterbe-Prozeß
QoS	Quality of Service
QTA	Quotient Term Algebra

R-DAB	Reduzierter DAB
RDN	Relative Distinguished Name
RM	Referenzmodell
RP	Reference Point
RPC	Remote Procedure Call

S/A/V-M	Struktur-/Ablauf-/Verarbeitungsmodell
SId	Service Identifier
SMAE	Systems Management Application Entity

SO	Service Offer
SOP	Service Offer Property
SOS	Service Offer Set
SRDL	Service Request Description Language
SSP	Static Service Property

TAP	Trader Access Port
TDB	Trader Data Base
TG	Tradinggemeinschaft
TMN	Telecommunications Management Network
TOD	Trading Offer Domain
TOG	Trading Offer Graph
TPG	Taskpräzedenzgraph
TRC	Trader Request Control
TSMF	Type Space Management Function
TSP	Trader Supplier Port

VAI	Value Added Interface
VAS	Value Added Service
VFJN	vermaschtes Fork-Join-Netz
VP	Viewpoint
VWT	Virtual Waiting Time

YACC	Yet Another Compiler Compiler

ZKBN	Zwei-Knoten-Blockiernetz
ZKN	Zwei-Knoten-Netz

Literatur

[ADB 93]   Adcock, P.; Davies, N.; Blair, G.S.: *Supporting Continuous Media in Open Distributed Systems Architectures*. In: IEEE-Magazine 0743-166X/93, 1993, 732-739

[Ai 90]   Aidarous, S.E.: *OAM requirements for network service management*. In: NOMS '90 IEEE 1990 Network Operations and Management Symposium 'Operations for the Information Age' (Cat. No. 90 CH 2758 - 1), 12.3/1-12

[AkBr 89]   Akyildiz, I.F.; von Brand, H.: *Exact Solutions for Open, Closed and Mixed Queuing Networks with Rejection Blocking*. Journal Theoretical Computer Science, North Holland, 1989

[Aky 87]   Akyildiz, I.: *Exact Product Form Solution for Queuing Networks with Blocking*. In: IEEE Transactions on Computers, 36 (1987), 122-125

[Aky 88a]   Akyildiz, I.: *On the Exact and Approximate Throughput Analysis of Closed Queuing Networks with Blocking*. IEEE Transactions on Software Engineering, 14 (1988)1, 62-70

[Aky 88b]   Akyildiz, I.F.: *Mean Value Analysis for Blocking Queuing Networks*. IEEE Transactions on Software Engineering, Vol. 14, No. 4, April 1988, 418-428

[Aky 89]   Akyildiz, I.F.: *Mean Value Analysis for Blocking Queuing Networks with Multiple Servers and Blocking*. IEEE Transactions on Computers, Vol. 38, No. 1, Jan. 1989, 99-114

[AlAn 91]   Almgren, G.; Anderson, M.: *Open System Trader using X.500*. Telia Research, Report Number Televerket/RC 02.01, 1st September, 1991

[AnAl 93]   Anderson, M.; Almgren, G.: *Trader support for multimedia conferencing*. Telia Research, Report Number Televerket/RC 04.01, 22 February, 1993.

[ANSA 1]   Architecture Projects Management Ltd.: *The ANSA Reference Manual*. Poseidon House, Castle Park, Cambridge, CB3 0RD, United Kingdom, 1989

[ANSA 2]   Architecture Projects Management Ltd.: *ANSA; An Engineer's Introduction to the Architecture*. Poseidon House, Castle Park, Cambridge, CB3 0RD, United Kingdom, 1989

[ANSA 3]   Architecture Projects Management Ltd.: *An Overview of ANSAware 4.1*. Document RM.099.02 February 1993

[AnVo 94]   Andrae, C.; Vogt, F.: *Estelle-Spezifikationen für ODP*. In: Neue Konzepte für die Offene Verteilte Verarbeitung, Aachener Beiträge zur Informatik, Bd. 7, S. 74-81, Aachen, 1994

[APD 90]   Aidarous, S.E.; Proudfoot, D.A.; Dam, X.-N: *Service management in intelligent networks*. In: IEEE Network, Vol. 4, Iss. 1, Jan. 1990, 18-24

[ASN.1]   ISO/IEC 8824 IS: *Information Technology - Open Systems Interconnection - Specification of Abstract Syntax Notation One (ASN.1)*. 1990

[BaDo90]   Balsamo, S.; Donatiello, L.: *Approximate Performance Analysis of Parallel Processing Systems*. In: Proceedings of IFIP WG 10.3 Working Conference on Decentralized Systems, Lyon 1989, North Holland 1990, 325-326

[BaIa 83]   Balsamo, S.; Iazeolla, G.: *An Extension of Norton's Theorem for Queuing Networks*. IEEE Transactions on Software Engineering, Vol. 8, No. 4, July 1982, 298-305

[BeBe 94]   Beitz, A.; Bearman, M.: *An ODP Trading Service for DCE*. Proceedings of the First International Workshop on Services in Distributed and Networked Environments (SDNE), June 1994, Prague, Czech Republic, IEEE Computer Society, Press, 42-49

[Bel 93]   Bellcore, INA Cycle 1: *Naming and Trading Specification*. Special Report, Report Number SR-TSV-002285, Issue 2, April, 1993

[BER]   ISO/IEC 8825 IS: *Information Technology - Open Systems Interconnection - Specification of Basic Encoding Rules for Abstract Syntax Notation One (ASN.1)*. 1990

[BeRa 91]   Bearman, M.; Raymond, K.: *Federating Traders: An ODP Adventure*. In: IFIP Workshop on Open Distributed Processing, Berlin 1991, North Holland, 125-141

[BeRa 94]   Bearman, M.; Raymond, K.: *Contexts, Views and Rules: An Integrated Approach to Trader Contexts*. In: Open Distributed Processing, II (1994), Elsevier Science Publishers B.V., North Holland, 1994, 181-191

[BiNe 84]   Birrell, A.; Nelson, B.: *Implementing Remote Procedure Calls*. In: ACM Transactions on Computer Systems, 2 (1984) 1, 39-59

[BKR 93]   Beitz, A.; King, P.; Raymond, K.: *Comparing two Distributed Environments: DCE and ANSAware*. In: Tagungsband International DCE Workshop, Springer 1993, 21-38

[BKS 91]   Barth, I.; Kovacs, E.; Sembach, F.: *Trading und Managementfunktionen in MELODY*. Tagungsband des Workshops "Trends in der Entwicklung von Rechnersystemen", SchloßGaußig, Nov. 1991, 25-34

[Bo 89]	Bolch, G.: *Leistungsbewertung von Rechensystemen*. B. G. Teubner Verlag, Stuttgart, 1989
[BoBr 89]	Bolognesi, T.; Brinksma, E.: *Introduction to the ISO Specification Language LOTOS*. In: Eijk, P. van et al (eds.): The Formal Description Technique LOTOS. North Holland 1989, 23-73
[BoCh 88]	Bondi, A.B.; Chuang, Y.M.: *A New MVA-Based Approximation for Closed Queueing Networks with a Preempty Priority Server*. Performance Evaluation, Vol. 8, No. 3, June 1988, 195-221
[BoKo 81]	Boxma, O.J.; Konheim, A.G.: *Approximate Analysis of Exponential Queuing Systems with Blocking*. Acta Informatica, Vol. 15, 1981, 19-66,
[Bow 91]	Bowen, D.: *Open Distributed Processing*. In: Computer Networks and ISDN Systems, Vol. 23, November 1991
[BSM+ 93]	Bever, M.; Schill, A.; Mühlhäuser, M. et al: *Distributed Systems, OSF DCE, and Beyond*. In: Tagungsband International DCE Workshop, Springer 1993, 1-20
[CCG+93]	Campbell, A.; Coulson, G.; Garcia, F.; Hutchison, D.; Leopold, H.: *Integrated Quality of Service for Multimedia Communications*. IEEE-Magazine, 1993
[ChJi 94]	Cheng, W.; Jia, X.: *A Reliable Trading Service in Open Distributed Systems*. Proceedings of the First International Workshop on Services in Distributed and Networked Environments (SDNE), June 1994, Prague, Czech Republic, IEEE Computer Society, Press, 122-129
[ChYu 83]	Chow, W.; Yu, P.S.: *An Approximation Technique for Central Server Queueing Models with a Priority Dispatching Rule*. Performance Evaluation, Vol. 3, 1983, 55-62
[CMIP]	ISO/IEC 9596 IS: *Information Technology - Open Systems Interconnection - Common Management Information Protocol Specification*. 1990
[CMIS]	ISO/IEC 9595 IS: *Information Technology - Open Systems Interconnection - Common Management Information Service Definition*. 1990
[DCE]	Open Software Foundation Cambridge Centre: *OSF-DCE: Distributed Computing Environment (DCE)*. Rationale, 1990
[DHL 92]	Dreo, G.; Heveragen U.; Leischner, M.: *Using the OSI management information model for ODP*. Open Distributed Processing, 1992 IFIP
[Di 93]	Dilley, J.: *Object-Oriented Distributed Computing With C++ and OSF DCE*. In: Tagungsband International DCE Workshop, LNCS 731, Springer 1993, 256-266

[DME 91]   *Distributed Management Environment - Rational.* Open Software Foundation September 1991

[DoDu 94] Dong, J.S.; Duke, R.: *An Object-Oriented Approach to the Formal Specification of ODP Trader.* In: Open Distributed Processing, II (1994), Elsevier Science Publishers B.V., North Holland, 1994, 341-352

[Du 87]   Duda, A.: *Approximate Performance Analysis of Parallel Systems.* In: Proceedings of 2nd International Workshop on Applied Mathematics, Computer Performance and Reliability, North Holland 1987, 189-202

[Du 90]   Dudet, M.: *X.500 Directory for those familiar with Trading Concepts.* SEPT, Report Number 358.90 SEPT/SCE/SPM/MD - V2, 14th December, 1990

[DuCz 87] Duda, A.; Czachorski, T.: *Performance Evaluation of Fork and Join Primitives.* In: Acta Informatica, 24 (1987), 525-553

[EGL 89] Ehrich, H.; Gogolla, M.; Lipeck, U.: *Algebraische Spezifikationen abstrakter Datentypen.* B. G. Teubner Verlag, Stuttgart, 1989

[EhMa 85] Ehrig, H.; Mahr, B.: *Fundamentals of Algebraic Specification 1 - Equations and Initial Semantics.* Springer-Verlag, Berlin Heidelberg New York, 1985

[ESW+ 92] Eversheim, W.; Spaniol, O.; Weck, M. et al: *The SUKITS Project: An Approach to an Aposteriori Integration of CIM Components.* In: Tagungsband der GI-Jahrestagung Kommunikation in Verteilten Systemen (KiVS), Springer 1992

[FaLo 94] Farooqui, K.; Logrippo, L.: *Viewpoint Transformation.* In: Open Distributed Processing, II (1994), Elsevier Science Publishers B.V., North Holland, 1994, 373-377

[FeWa 93] Fedaoui, L.; Wassim, T.: *Distributed Multimedia Quality of Service in ODP Framework of Abstraction: A Federating View.* In: Proceedings of the IFIP TC6/WG 6.1 International Conference on Open Distributed Processing (ODP'93), Berlin, September 1993, 13-16

[Fi 94]   Fischer, J.: *Computational Model des ODP-Traders in SDL.* In: Neue Konzepte für die Offene Verteilte Verarbeitung, Aachener Beiträge zur Informatik, Bd. 7, Aachen, 1994, 45-46.

[FPV 93] Fischer, J.; Prinz, A.; Vogel, A.: *Different FDTs Confronted with Different ODP-Viewpoints of the Trader.* FME'93: Industrial Strength, Formal Methods, ed. J.C.P. Woodcock and P.G. Larsen, Springer Verlag, LNCS 670, (1993), 332-350

[FTH 94] Fedaoui, L.; Tawbi, W.; Horlait, E.: *Distributed Multimedia Systems Quality of Service in ODP Framework of Abstraction: A First Study.* In: Tagungsband 2nd IFIP TC6/WG 6.1 I International Conference on Open Distributed Processing (ODP´93), North Holland 1994, 169-180

[GDMO]   ISO/IEC 10165-4 IS: *Information Technology - Open Systems Interconnection - Structureof Management Information: Guidelines for the Definition of Managed Objects.* 1992

[Gei 91]   Geihs, K.: *The Road to Open Distributed Processing (ODP).* In: Tagungsband Kommunikation in Verteilten Systemen(KiVS) '91, IFB 267, Springer 1991

[Gei 92a]   Geihs, K.: *Trader Interaction Models and Infrastructure Implications.* In: Proceedings of IFIP TC6 International Conference on Information Networks and Data Communication IV, Espoo SF, North Holland, 1992

[Gei 92b]   Geihs, K.: *OMG Request Broker.* In: Praxis der Informationsverarbeitung und Kommunikation (PIK), Bd. 15 (1992), 244-245

[Gei 93]   Geihs, K.: *Infrastrukturen für heterogene verteilte Systeme.* In: Informatik Spektrum, Bd. 16 (1993), 11-23

[GeMa 87]   Geihs, K., Mann, A.: *ODP Viewpoints of IBCN Service Management.* Technical Report No. 43.9104 IBM ENC (European Networking Center)

[GeMa 93]   Geihs, K., Mann, A.: *ODP Viewpoints of IBCN Service Management.* In: Computer Communications, Vol. 16, Iss. 11, Nov. 1993, 695-705

[GhYa 93]   Ghafoor, A.; Yang, J.: *A Distributed Heterogeneous Supercomputing Management System.* IEEE Transactions on Computer. June 1993, 78-86

[Gib 87]   Gibbons, P.: *A Stub Generator for Multilanguage RPC in Heterogeneous Environments.* IEEE Transactions on Software Engineering, Vol.13, No.1, January 1987, 77-87

[Go 91]   Goscinski, A.: *Distributed Operating Systems - The Logical Design.* Addison Wesley 1991

[GoNi 94a] Goscinski, A.; Ni, Y.: *Object Trading in Open Systems.* In: Tagungsband 2nd IFIP International Conference on Open Distributed Processing, North Holland 1994, 145-156

[GoNi 94b] Goscinski, A.; Ni, Y.: *Trader Cooperation to Enable Object Sharing Among Users of Homogeneous Distributed Systems.* In: Computer Communications, Bd. 17 (1994), 218-229

[Gotz 89]   Gotzhein, R.: *The Formal Definition of Architectural Concepts: 'Interaction Points'.* FORTE´89, 1989

[Gotz 92]   Gotzhein, R.: *Formal Definition and Representation of Interaction Points.* Computer Networks and ISDN Systems 25 (1992) 3-22

[Gotz 94a] Gotzhein, R.: *Towards a Basic Reference Model of Open Distributed Processing.* Interner Bericht des Fachbereich Informatik der Universität Kaiserslautern, Nr. 247/94, Kaiserslautern, 1994

[Gotz 94b]   Gotzhein, R.: *Überlegungen zu einem formalen ODP Referenzmodell.* In: Neue Konzepte für die Offene Verteilte Verarbeitung, Aachener Beiträge zur Informatik, Bd. 7, S. 69-73, Aachen, 1994

[Gri 90]   Griethuysen, J. van: *Open Distributed Processing.* In: Proceedings of PSTV IX, Enschede 1990, North Holland

[Gri 91]   Griethuysen, J.J.van: *Enterprise Modelling, a necessary basis for modern information systems.* IFIP Workshop on ODP, Berlin, October 1991

[HaAn 93]   Hakansson, P.; Anderson, M.: *X.500 Trader - Implementation report.* Telia Research, Report Number Televerket/RC 03.01, 22nd January, 1993

[HaKu 94]   Hansen, H.; Kutsche, R.-D.: *Medical Applications of ODP.* In: Tagungsband 2nd IFIP TC6/WG 6.1 I International Conference on Open Distributed Processing (ODP´93), North Holland Publ. 1994, 67-99

[He 91]   Herbert, A.: *The Challenge of ODP.* IFIP Workshop on Open Distributed Processing, Berlin, October 1991

[He 93]   Hermanns, O.: *Eine Kommunikationsarchitektur für die Integration von CIM-Anwendungssystemen und Groupware.* In: Tagungsband GI-Jahrestagung 1992, Springer-Verlag Berlin Heidelberg New York, 1992

[HeAb 93]   Hegering, H.; Abeck, S.: *Integriertes Netz- und Systemmanagement.* Addision Wesley 1993

[HeEb 93]   Heite, R.; Eberle, H.: *Extending DCE RPC by Dynamic Objects and Dynamic Types.* In: Tagungsband International Distributed Computing Environment (DCE) Workshop, Springer-Verlag Berlin Heidelberg New York 1993, 214-228

[HePo 93]   Hermanns, O.; Popien, C.: *Modelling Heterogeneous CIM-Interfaces with ODP.* In: Journal of Information Science and Technology, Vol. 3, No. 1, Oct. 1993. ISSN 0971-1988 © 1993, ICCPI. Published by McGraw-Hill, 35-48

[HeTr 82]   Heidelberger, P.; Trivedi, S.: *Queuing Network Modells for Parallel Processing of Asynchroneous Tasks.* In: IEEE Transactions on Computers, 31 (1982) 1099 - 1109

[HeTr 83]   Heidelberger, P.; Trivedi, S.: *Queuing Network Modells for Programs with Internal Concurrency.* In: IEEE Transactions on Computers, 32 (1983) 1, 73-82

[HKV+ 94]   Henze, G.; Koch, T.; Völker, N.; Krämer, B.: *Formale Beschreibung von ANSA-Applikationen in LOTOS.* In: Neue Konzepte für die Offene Verteilte Verarbeitung, Aachener Beiträge zur Informatik, Bd. 7, S. 92-100, Aachen, 1994

[HMR+ 93] Hall, J.; Meinkohn, J.; Roth, R.; Patel, P.: *VPN service management-perspectives from current RACE projects*. In: Proceedings of RACE IS&N Conference, Paris/France, Nov. 1993, 591-598

[HoDi 81] Hordijk, A.; van Dijk, N.: *Networks of Queues with Blocking*. Performance '81, F.J. Kylstra (ed.), North-Holland, 1981, 51-65

[IBR 94] Indulska, J.; Bearman, M.; Raymond, K.: *A Type Management System for an ODP Trader*. In: Tagungsband 2nd IFIP International Conference on Open Distributed Processing, North Holland 1994, 169-180

[IDV 94] Iggulden, D.; Dobson, J.; Veryard, R.: *Enterprise Computing: ODP as an Instrument of Hegemony*. In: Open Distributed Processing, II (1994), Elsevier Science Publishers B.V., North Holland, 1994, 371-373

[Ka 84] Kaufman, J.S.: *Approximation Methods for Networks of Queues with Priorities*. Performance Evaluation, Vol. 4, 1984, 183-198

[Ka 87] Kapelnikov, A.: *Analytic Modeling Methodology for Evaluating Performance of Distributed Multi-Computer Systems*. UCLA, PhD Dissertation CSD-870061, November 1987

[Ke 93] Keller, L.: *Vom Name-Server zum Trader - Ein Überblick über Trading in verteilten Systemen*. In : Praxis der Informationsverarbeitung und Kommunikation PIK 16(1993)3, 122 - 133

[Ker 93] Kerner, H.: *Rechnernetze nach OSI*. Addison Wesley Publishing Company, 1993

[Ki 90] King, P.: *Computer and Communication System Performance Modelling*. Prentice Hall 1990

[KiAg 89] Kim, C.; Agrawala, A.: *Analysis of the Fork-Join Queue*. In: IEEE Transactions on Computers, 38 (1989) 2, 250-255

[Kl 75] Kleinrock, L.: *Queueing Systems - Volume 1: Theory*. Wiley 1975

[Kl 83] Klaeren, H.: *Algebraische Spezifikation, eine Einführung*. Springer-Verlag, Berlin Heidelberg New York, 1983

[Kl 84] Kleinrock, L.: *On the Theory of Distributed Processing*. In: Proceedings of the 22th Annual Allerton Conference on Communcation, Control and Computers, University of Illinois, Monticello 1984, 60-70

[KME 87] Kapelnikov, A.; Muntz, R.; Ercegovac, M.: *A Modelling Methodology for the Analysis of Concurrent Systems and Computations*. UCLA, Technical Report CSD-870038, July 1987

[Ko 94] Kovacs, E.: *Trading und Management verteilter Anwendungen: zentrale Aufgaben für zukünftige verteilte Systeme*. In: Neue Konzepte für die Offene Verteilte Verarbeitung, Aachner Beiträge zur Informatik, Bd. 7, S. 57-66, Aachen, 1994

[KoRe 78]   Konheim, A.G.; Reiser, M.: *FiniteCapacity Queuing Systems with Applications in Computer Modeling*. SIAM Journal on Computing, Vol. 7, No. 2, May 1978, 210-229

[KPS+ 93]   Khokhar, A.; Prasanna V.; Shaaban, M.; Wang, C.: *Heterogeneous Computing Challenges and Opportunities*. IEEE Transactions on Computer. June 1993, 18-27

[KrGo 90]   Krupp, M.; Gotz, B.: *Service management for intelligent networks*. In: NOMS '90 IEEE 1990 Network Operations and Management Symposium 'Operations for the Information Age' (Cat. No.90CH 2758 - 1), 8.3/1-12

[KrSp 90]   Krückeberg, F.; Spaniol, O.: *Informatik und Kommunikationstechnik.*. VDI Verlag, 1990

[Kü 93]   Küpper, A.: *Unterstützung von ODP-Mangementkonzepten durch OSI*. Seminararbeit des Lehrstuhls für Informatik IV der RWTH Aachen, 39 S., Oktober 1993

[Kü 94]   Küpper, A.: *Ein Managementszenario für eine ODP-Umgebung*. Seminararbeit des Lehrstuhls für Informatik IV der RWTH Aachen, 48 S., April 1994

[KüPo 95]   Küpper, A.; Popien, C.: *Ein Managementszenario für die Dienstvermittlung in Verteilten Systemen*. Angenommen für: ITG/GI-Fachtagung "Kommunikation in Verteilten Systemen" (KiVS'95), 22.-24.2. 1995, S. 460-474

[KuKu 94]   Kutvonen, L.; Kutvonen, P.: *Broadening the User Environment with Implicit Trading*. In: Tagungsband 2nd IFIP International Conference on Open Distributed Processing (ODP´93), North Holland 1994, 157-168

[Lin 92]   Linington, P.: *Introduction to the Open Distributed Processing Basic Reference Model*. In: Proceedings of the IFIP Workshop on Open Distributed Processing, North Holland, 1992, 3-14

[Litt 61]   Little, J.D.C.: *A Proof of the Queuing Formula L=λW*. Operations Research, Vol. 9, No. 3, May 1961, 383-387

[Lj 90]   Ljungblom, F.: *A service management system for the intelligent network*. Ericcson Review, Vol. 67, Iss. 1, 32-41

[LMV+ 94]   Lützebäck, D.; Mahr, B.; Venters, G.; Williams, H.: *An ODP-Oriented Framework for European Services in Telemedicine*. In: Tagungsband 2nd IFIP International Conference on Open Distributed Processing (ODP´93), North Holland 1994, 15-33

[LOTOS]   ISO/IEC: *Information Processing Systems - Open Systems Interconnection - LOTOS - A formal description technique based on the temporal ordering of observational behaviour*. International Standard ISO 8807, 1987

[Ma 91]   Mann, A.: *Quality of Service Management in IBC: an OSI management based prototype*. In: Proceedings of the 5th RACE TMN Conference. International Conference on Communications Management for Broadband Services and Networks, London, Nov. 1991, 10-21

[MaBl 92] Macartney, A. J.; Blair, G.S.: *Flexible Trading in distributed multimedia systems.* In: Computer Networks and ISDN Systems 25 (1992), Elsevier Science Publishers B.V., North Holland, 1992, 145-157

[Me 90] Meyer, B.: *Objektorientierte Sortwareentwicklung.* Prentice Hall International Inc., 1990

[Me 94] Meyer, B.: *Entwurf und Vergleich von Modellen einer ODP-Traderfederation.* Diplomarbeit der RWTH Aachen, Lehrstuhl für Informatik IV, Januar 1994

[MeLa 94] Merz, M.; Lamersdorf, W.: *Cooperation Support for an Open Service Market.* In: Open Distributed Processing, II (1994), Elsevier Science Publishers B.V., North Holland, 1994, 329-340

[MePo 93a] Meyer, B.; Popien, C.: *On the Role of an Administrator in a Federation of ODP Traders.* In: Proceedings of International Workshop on Distributed and Parallel Processing (WP&DP'93), Sofia/Bulgarien, 1993, 292-302

[MePo 93b] Meyer, B.; Popien, C.: *Modellierungs- und Bewertungskonzepte für ODP-Architekturen.* In: Tagungsband der 7. ITG/GI-Fachtagung "Messung, Modellierung und Bewertung (MMB´93)", Informatik aktuell, Springer-Verlag Berlin, Heidelberg, New York, 1993, 77-89

[Mi 80] Milner, R.: *A Calculus of Communicating Systems.* Lecture Notes of Computer Sciences 92, Springer-Verlag, 1980

[Mi 89] Milner, R.: *Communication and Concurrency.* Prentice Hall, 1989

[MLB 94] Milosevicz, Z.; Lister, A.; Bearman, M.: *New Economic-Driven Aspects of the ODP Enterprise Specification and Related Quality of Service Issues.* In: Tagungsband 2nd IFIP International Conference on Open Distributed Processing (ODP'93) North Holland 1994, 317-328

[MML 94] Merz, M.; Mueller, K.; Lamersdorf, W: *Service Trading and Mediation in Distributed Computing Systems.* Proceedings of the 14th International Conference on Distributed Computing Systems, Poznan, Poland, June 21-24, 1994, IEEE Computer Society Press, 450-457

[Mo 93] Mock, M.: *DCE++: Distributing C++-Objects using OSF DCE.* In: Tagungsband International DCE Workshop, LNCS 731, Springer 1993, 242-255

[MPS+ 93] Muftic, S.; Patel, A.; Sanders, S. et al: *Security Architecture in Open Distributed Systems.* Wiley, 1993

[MTW 93] Meyer zu Natrup, U.; Tschichholz, M.; Wasserroth, S.: *A service for administering management information-VPN inter-domain manage-*

ment support using X.500 and X.700. In: IFIP Transactions on Communication Systems, Vol. C-12, April 1994, 137-148

[MüML 94] Müller, K.; Merz, M.; Lamersdorf, W.: *Der TRADE-Trader: Ein Basisdienst offener verteilter Systeme.* In: Neue Konzepte für die Offene Verteilte Verarbeitung, Aachner Beiträge zur Informatik, Bd. 7, Aachen, 1994

[MuSc 92] Mühlhäuser, M.; Schill, A.: *Software Engineering für Verteilte Anwendungen.* Springer-Verlag, 1992

[Na 90] Nagl, M.: *Softwaretechnik: Methodisches Programmieren im Großen.* Springer-Verlag, 1990

[NaSl 92] Natarajan, N. ; Slawasky, G.: *A Framework Architecture for Information Networks.* IEEE Communications Magazine, April 1992

[NBL+ 88] Notkin, D.; Black, A.; Lazowski, E. et al: *Interconnecting Heterogeneous Computer Systems.* In: Communications of the ACM, 31 (1988) 6, 258-273

[Ne 81] Nelson, B.J.: *Remote Procedure Call.* CSL-81-9, Xerox Palo Alto Research Center, 1981

[NeTa 88] Nelson, R.; Tantawi, A.: *Approximate Analysis of Fork/Join Synchronisation in Parallel Queues.* In: IEEE Transactions on Computers, 37 (1988) 6, 739-743

[NiGo 93a] Ni, Y.; Goscinski, A.: *Trading of Objects in a Heterogeneous Large Distributed System.* Technical Report, TR C93/10, School of Computing and Mathematics, Deakin University, May 6, 1993

[NiGo 93b] Ni, Y.; Goscinski, A.: *Resource and Service Trading in a Heterogeneous Large Distributed System.* Proceedings of the IEEE Worshop on Advances in Parallel and Distributed Systems, Princeton, New Jersey, October 6, 1993

[NTT 88] Nelson, R.; Towsley, D.; Tantawi, A.: *Performance Analysis of Parallel Processing Systems.* In: IEEE Transactions on Software Engineering, 14 (1988) 4, 523-540

[NWM 93] Nicol, J.; Wilkes, T.; Manola, F.: *Object Orientation in Heterogeneous Distributed Computing Systems.* In: IEEE Computer Vol. 26 (1993) 6, 57-67

[ODP P1] ISO/IEC JTC1/SC21/WG 7 N885: *Basic Reference Model of Open Distributed Processing - Part 1: Overview and User Model*, Nov. 1993

[ODP P2] ISO/IEC JTC1/SC21 Nxxxx: *WG7 DIS Basic Reference Model of Open Distributed Processing - Part 2: Descriptive Model*, Feb. 1994

[ODP P3] ISO/IEC JTC1/SC21 Nxxxx: *WG7 DIS Basic Reference Model of Open Distributed Processing - Part 3: Prescriptive Model*, Feb. 1994

[ODP P4] ISO/IEC JTC1/SC21 N7056: *Working Draft for the Basic Reference Model of Open Distributed Processing - Part 4: Architectural Semantics*, Aug. 1994

[ODP Tr] ISO/IEC JTC1/SC21 N8409: *Working Document - ODP Trading Function* Jan. 1994

[OlSc 91a] Olsowsky-Klein, G.; Schröder, K: *ISO-Standards für die Offene Verteilte Verarbeitung (ODP) Teil 1.* DATACOM 7/91, S.104-110

[OlSc 91b] Olsowsky-Klein, G.; Schröder, K: *ISO-Standards für die Offene Verteilte Verarbeitung (ODP) Teil 2.* DATACOM 9/91, S.130-1134

[OMG 1] OMG: *Object Management Architecture Guide.* 1990

[OMG 2] OMG: *Common Object Request Broker Architecture.* 1992

[OnPe 86] Onvural, R.O.; Perros, H.G.: *On Equivalencies of Blocking Mechanisms in Queuing Networks with Blocking.* Operations Research Letters, Vol. 5, No. 6, Dec. 1986, 293-298

[OSF 91a] Open Software Foundation: *The OSF Distributed Management Environment - A White Paper.* Januar 1991

[OSF 91b] Open Software Foundation: *Distributed Management Environment - Rational.* September 1991

[OSI MF] ISO/IEC 7498-4: *Information Processing Systems - Open Systems Interconnection - Basic Reference Model - Part 4: Management Framework,* 1989

[OSI MI] ISO/IEC JTC1/SC21 DIS 10165-1: *Information Technology - Open Systems Interconnection - Structure of Management Information - Part 1: Management Information Model,* Nov. 1991

[OSI SM] ISO/IEC JTC 1/SC 21 DIS 10164-2: *Information Technology - Open Systems Interconnection - Systems Management - Part 2: State Management Function,* Oct. 1991

[Pa 91] Park, H. J. et al: *Configuration management of object groups.* In: The Australian Computer Journal, Vol. 23, No. 4, Dezember 1991

[PiLi 94] Pinto, P.; Linigton, P.: *A Language for the Specification of Interactive and Distributed Multimedia Applications.* In: Tagungsband 2nd IFIP International Conference on Open Distributed Processing (ODP'93), North Holland 1994, 247-264

[Pl 93] Plagemann, S.: *A service management architecture of IBC enterprises.* In: Second International Conference on 'Broadband Services, Systems and Networks' (Conf. Publ. No.383), IEE, Brighton, UK, Nov. 1993, 96-107

[Po 92] Popien, C.: *System Design Trajectory based on Open Distributed Processing.* In: Proceedings of the 1992 International Zurich Seminar on Digital Communications, Zurich, March 1992, IEEE Catalog No.92 TH 0439-0, 315-332

[Po 93]   Popien, C.: *ODP-Trader und Management Verteilter Systeme: Symbiose oder Konkurrenz*. In: Jahresbericht des Graduiertenkollegs Informatik und Technik, Aachener Informatik-Berichte 93-7, ISSN 0935-3232, RWTH Aachen 1993, S. 273-286

[PoHa 93]   Popien, C.; Hager, R.: *The ODP Trader Functionality Applied to the Integrated Road Transport Environment*. In: Proceedings of the IEEE Conference Globecom´93, Houston/ Texas, Nov./Dez. 1993, 1202-1206

[PoHe 94]   Popien, C.; Heineken, M.: *Trading Enhancement by Service Combination in ODP*. In: Proceedings of the IFIP International Conference on Open Distributed Processing. North Holland Amsterdam London New York 1994, 384-387

[PoKM 93]   Popien, C.; Kuepper, A.; Meyer, B.: *Service Management - The Answer of new ODP Requirement.s* In: 2nd International IFIP Conference on Open Distributed Processing (ICODP) 1993, North Holland 1994, S. 408-410

[PoKM 94]   Popien, C.; Kuepper, A.; Meyer, B.: *A Formal Description of ODP Trading based on GDMO*. In: Journal of Network and Systems Management (JNSM), Vol. 2, No. 4, 1994, Plenum Press, New York and London, 383-400

[PoKue 94]   Popien, C.; Kuepper, A.: *A Concept for an ODP Service Management*. In: Proceedings of IEEE/IFIP 1994 Network Operations and Management Symposium, Hyatt Orlando, Kissimmee, Florida, Febr. 14-17, 1994, 888-897

[PoMe 93]   Popien, C.; Meyer, B.: *Federating ODP Traders: An X.500 Approach*. In: Proceedings of the IEEE International Conference on Communications ICC'93, May 1993, Geneva, Switzerland, 313-318

[PoMe 94]   Popien, C.; Meyer, B.: *A Service Request Description Language*. In: Formal Description Techniques for Distributed Systems and Communication Protocols (FORTE '94), Berne, Switzerland, Chapman & Hall 1995, 37-52

[PoMS 94]   Popien, C.; Meyer, B.; Sassenscheidt, F.: *Effiziente Modellierung von ODP-Traderfederationen mittels P^2AM*. In: B. Wolfinger (Hrsg.): Innovation bei Rechen- und Kommunikationssystemen - Eine Herausforderung für die Informatik. 24. GI-Jahrestagung im Rahmen des 13 IFIP World Computer Congress 1994, Springer-Verlag Berlin, Heidelberg, New York, 211-218

[PSM 93]   Popien, C.; Spaniol, O.; Meer, J. d.: *Systementwurf mit Open Distributed Processing*. In: W. Effelsberg: Datenkommunikation - Aspekte und Entwicklungen. K. G. Saur Verlag München London New York Paris 1993, 76-95

[PSW 95]   Popien, C.; Schürmann, G.; Weiß, K.H.: *Verteilte Verarbeitung in Offenen Systemen: Das ODP-Referenzmodell*. B. G. Teubner Verlag Stuttgart, 1995

[PTT 91]   Popescu-Zeletin, R.; Tschammer, V.; Tschicholz, M.: *'Y' Distributed Application Platform*. In: Computer Communication, Bd. 14 (1991), 366-374

[PuRo 92]   Putter, P.; Roos, D.: *From Policy to Specification. IFIP Transactions C Vol.* C-1, North Holland 1992.

[QoS 93]   ISO/IEC JTC 1/SC21 WG1 N7993: *Basic Referenzmodel of Open Distributed Processing - Quality of Service Framework - 2nd Working Draft*. August, 1993

[ReLa 80]   Reiser, M.; Lavenberg, S.S.: *Mean-Value Analysis of Closed Multichain Queuing Networks*. Journal of the ACM, Vol. 27, No. 2, April 1980, 313-322

[Ro 89]   Rose, O.: *Ein Überblick über die ISO / OSI-Management-Architektur*. In: Praxis der Informationsverarbeitung und Kommunikation 12 (1989) 3, Carl Hanser Verlag, München 1989

[Ro 90a]   Rose, O.: *OSI-Mangement-Funktionen*. In: Praxis der Informationsverarbeitung und Kommunikation 13 (1990) 4, Carl Hanser Verlag, München 1990

[Ro 90b]   Rose, O.: *Ein Überblick über OSI Netzwerk-Management*. In: DATACOM 4/90; pp. 107-116

[Rob 91]   Robinson, D.: *Remote Procesure Call: a stepping stone towards ODP*. Computer Networks and ISDN Systems 23, North Holland 1991

[RPB 93]   Roos, J.; Putter, P.; Bekker, C.: *Modelling Management Policy using Enriched Managed Objects*. Proceedings of IFIP International Symposium on Integrated Network Management. North Holland 1993, 207 - 215

[Sa 94]   Sassenscheidt, F.: *Leistungsbewertung verteilter Systeme mittels vermaschter Fork-Join-Netze*. Diplomarbeit des Lehrstuhls für Informatik IV der RWTH Aachen, 1994

[Sch 84]   Schmitt, W.: *On Decompositions of Markovian Priority Queues and their Application to the Analysis of Closed Priority Queueing Networks*. Performance '84, E. Gelenbe (ed.), North-Holland, 1984, 393-407

[Sch 91]   Schill, A.: *Verteilte objektorientierte Systeme: Grundlagen und Erweiterungen*. In: Informatik Forschung und Entwicklung (1991) 4, 14-27

[Sch 92a]   Schill, A.: *Das OSF Distributed Computing Environment*. In: Informatik Spektrum, 15 (1992) 6, 333-334

[Sch 92b]   Schill, A.: *Namensverwaltung in verteilten Systemen*. In: Praxis der Informationsverarbeitung und Kommunikation (PIK), Bd. 15 (1992), Heft 1, 11-21

[Sch 92c]   Schill, A.: *Migration, Caching and Replication in Distributed Object-Oriented Systems: An Integrated Framework*. In: Proceedings of

IFIP Information Networks and Data Communication IV, North Holland 1992

[Sch 92d] Schill, A.: *Remote Procedure Call: Fortgeschrittene Konzepte und Systeme - ein Überblick*. In: Informatik Spektrum, Bd. 15 (1992), 79-87 + 145-155

[Sch 92e] Schill, A.: *Application Management in Open Distributed Processing Environments*. In: Open Distributed Processing, J.d.Meer, V. Heymer and R. Roth (Editors) Elsevier Science Publishers B.V. (North Holland), 1992, 281-289

[Sch 93] Schill, A.: *DCE - Das OSF Distributed Computing Environment - Einführung und Grundlagen*. Springer 1993

[Schu 93] Schultz, K.-J.: *Service management of a satellite ground station network in support of spacecraft operation*. In: IFIP Transactions on Communication Systems, Vol. C-12, April 1993, 493-504

[ScZi 93] Schill, A.; Zitterbart, M.: *A System Framework for Open Distributed Processing*. Journal of Network and Systems Management, Vol. 1, No. 1, 1993, 71-93

[SDL92] CCITT *Specification and Description Language*. Recommendation Z.100, 1992

[Se 77] Sevcik, K.C.: *Priority Scheduling Disciplined in Queuing Network Models of Computer Systems*. Proceedings IFIP Congress, North-Holland, 1977, 565-570

[SeMi 81] Sevcik, K.C.; Mitrani, I.: *The Distribution of Queuing Network States at Input and Output Instants*. Journal of the ACM, Vol. 28, No. 2, April 1981, 358-371

[Sh 91] Schneeweiß, C.: *Planung 1 - Systemanalytische und entscheidungstheoretische Grundlagen*. Springer 1991

[SHF+ 94] Slonim, J.; Hong, J.; Finnigan, P. et al: *Does Midware Provide an Adequate Distributed Application Environment*. In: Tagungsband 2nd IFIP International Conference on Open Distributed Processing (ODP'93), North Holland 1994, 53-65

[SiEb 93] Silberman, G.; Ebcioglu, K.: *An Architectural Framework for Supporting Heterogeneous Instruction-Set Architectures*. IEEE Transactions on Computer. June 1993, 39-56

[SiMo 91] Sinnadurai, F.N.; Morrow, G.: *Service management systems*. In: Journal of British Telecommunications Engineering, Vol. 10, Iss. 3, Oct. 1991, 180-186

[Sk 90] Skubic, J.: *Service Management Architecture*. In: Proceedings of the IFIP TC6 International Conference Information Network and Data Communication III. Khakhar, D.; Eliassen, F. (Edts.), Lillehammer, Norway, March 1990, 105-117

[Sk 94]   Skibka, G.: *QoS-Analysemethoden für die Dienstvermittlung in Ver-teilten Systemen*. Seminararbeit des Lehrstuhls für Informatik IV der RWTH Aachen, 44 S., April 1994

[Sl 90]   Sloman, M.: *Management for Open Distributed Processing*. Second IEEE Workshop on Future Trends of Distributed Computing Systems, IEEE Comp. Soc. Press, New York 1990

[Sp 88]   Spivey, M.: *Understanding Z - A Specification Language and its Formal Semantics*. Cambridge University Press, 1988

[Sp 89]   Spivey, M.: *The Z Notation - A Reference Manual*. Prentice Hall, 1989

[SPG 91]   Silberschatz, A.; Peterson, D.; Galvin, P.: *Operating System Concepts*. 3rd Edition. Addison Wesley 1991

[SPM 94]   Spaniol, O.; Popien, C.; Meyer, B.: *Dienste und Dienstvermittlung in Client/Server-Systemen*. International Thomson Publishing, 1994, ISBN 3-929821-74-5

[SPV 94]   Sinderen, M. v.; Pires, L.F.; Vissers, C.A.: *Design Concepts for Open Distributed Systems*. In: Open Distributed Processing, II (1994), Elsevier Science Publishers B.V., North Holland, 1994, 369-371

[St 93]   Stransky, B.: *Distributed Objects Based on CORBA and OSF/DCE*. In: Tagungsband des Industrieteils International Distributed Computing Environment (DCE) Workshop, Universität Karlsruhe, Interner Bericht 19/93, 26-33

[St 94]   Stainov, R.: *Verteilte Betriebssysteme. Grundlagen - Netzwerkdienste - Beispiele*. VDI-Verlag, 1994

[Ste 90]   Stefani, J.: *Open Distributed Processing - The next Target for the Application of Formal Description Techniques*. In: Proceedings of FORTE III, Madrid 1990, North Holland

[Stew 93]   Stewart, T.: *Fundamentals on service management*. In: Proceedings of Networks '93. Birmingham, UK, June/July 1993, 532-538

[Su 92]   Subramanian, H.R.: *Service management for intelligent networking*. In: Telecommunication Journal of Australia, Vol. 42, Iss. 1, 1992, 39-43

[Ta 92]   Tanenbaum, A.: *Modern Operating Systems*. Prentice Hall 1992

[TINA 1]   TINA: *An Overview of the TINA Consortium Work*. Document No. TB_G1.HR.001_1.0_93, TINA-C, 12-93

[TINA 2]   TINA: *TINA Architecture Roadmap*. Document No. TP_G2.003 1.0_93, TINA-C, 12-93

[ThBa 86]   Thomasian, A.; Bay, P.: *Analytic Queueing Network Models of Parallel Processing of Task Systems*. In: IEEE Transactions on Computers, 35 (1986) 12, 1045-1054

[Ts 94]   Tschammer, V.: *Integration Koopereierender Systeme: Architektur und Dienstplattform für offene verteilte Anwendungen*. Zugel.:

Berlin, Techn. Univ., Diss, 1993; R. Oldenbourg Verlag, München/Wien/Oldenburg, 1994

[Vis 90]   Vissers, C.: *FDTs for Open Distributed Systems - A Retrospective and Prospective View.* Memoranda Informatica 90-33, University of Twente, The Netherlands, 1990

[VoAn 94]   Vogt, F.; Andrae, C.: *Middleware for Distributed Applications Support: ODP and / or CORBA.* In: Tagungsband 2nd IFIP International Conference on Open Distributed Processing (ODP´93), North Holland 1994, 395-397

[Vog 92]   Vogel, A.: *The Formal Specification of the ODP Trader in LOTOS..* DIN Reg.-No: NI - 21.1.1 / 20-92

[Wa 94]   Wagner, A.: *Modellierung von Dienstanfragen in Offenen Verteilten Systemen.* Diplomarbeit des Lehrstuhls für Informatik IV an der RWTH Aachen, Aachen 1994

[WoTs 93]   Wolisz, A.; Tschammer, V.: *Performance aspects of trading in open distributed systems.* Computer Communications, Vol. 16, No. 5, (1993), 277-287.

[X.500]   *IT-OSI - The Directory,* CCITT X.500, ISO/IEC 9594, 1992

[ZhSe 92]   Zhang, X.; Seret, D.: *Applying OSI Directory Naming Architecture to Integrated Network Management.* In: IFIP International Conference on Upper Layer Protocols, Architectures and Applications (Vancouver), North Holland 1992, 284-294

Index

TEUBNER-TASCHENBUCH der Mathematik Teil II

Mit dem „TEUBNER-TASCHENBUCH der Mathematik, Teil II" liegt eine vollständig überarbeitete und wesentlich erweiterte Neufassung der bisherigen "Ergänzenden Kapitel zum Taschenbuch der Mathematik von I. N. Bronstein und K. A. Semendjajew" vor, die 1990 in 6. Auflage im Verlag B. G. Teubner in Leipzig erschienen sind. Dieses Buch vermittelt dem Leser ein lebendiges, modernes Bild von den vielfältigen Anwendungen der Mathematik in Informatik, Operations Research und mathematischer Physik.

Aus dem Inhalt

Mathematik und Informatik – Operations Research – Höhere Analysis – Lineare Funktionalanalysis und ihre Anwendungen – Nichtlineare Funktionalanalysis und ihre Anwendungen – Dynamische Systeme, Mathematik der Zeit – Nichtlineare partielle Differentialgleichungen in den Naturwissenschaften – Mannigfaltigkeiten – Riemannsche Geometrie und allgemeine Relativitätstheorie – Liegruppen, Liealgebren und Elementarteilchen, Mathematik der Symmetrie – Topologie – Krümmung, Topologie und Analysis

Herausgegeben von
Doz. Dr.
Günter Grosche
Leipzig
Dr. **Viktor Ziegler**
Dorothea Ziegler
Frauwalde
und Prof. Dr.
Eberhard Zeidler
Leipzig

7. Auflage. 1995.
Vollständig überarbeitete und wesentlich erweiterte Neufassung der 6. Auflage der „Ergänzenden Kapitel zum Taschenbuch der Mathematik von I. N. Bronstein und K. A. Semendjajew".
XVI, 830 Seiten mit 259 Bildern.
14,5 x 20 cm.
Geb. DM 48,–
ÖS 375,– / SFr 48,–
ISBN 3-8154-2100-4

Teubner Leipzig

Preisänderungen vorbehalten

B. G. Teubner Verlagsgesellschaft
Stuttgart · Leipzig

Popien/Schürmann/
Weiß
Verteilte
Verarbeitung
in Offenen
Systemen

Das ODP-Referenzmodell

Die enorme Entwicklung der Verteilten
Verarbeitung hat zu Arbeiten an einem
Referenzmodell Open Distributed Processing (ODP) geführt. Es stellt Konzepte bereit, welche die Verteilung von
Rechneranwendungen unterstützen
und die Zusammenarbeit und Wechselwirkung von Komponenten betrachten.
Dabei besteht eine Zielsetzung des
Modells darin, völlig verschiedene
Systemkomponenten zu einer Gesamt-
lösung zu integrieren.
Dieses Buch gibt Designern und An-
wendern Verteilter Systeme sowie Studenten, die sich mit Rechnernetzen
beschäftigen, eine Einführung in die
Grundbegriffe Offener Verteilter Systeme. Es beschreibt ein Rahmenwerk,
innerhalb dessen eine Einordnung Verteilter Umgebungen wie zum Beispiel
DCE, ANSAware und CORBA möglich
ist.

Aus dem Inhalt

Verteilte Verarbeitung – Offenheit –
ODP-Referenzmodell – Modellierungs-
konzepte – Architekturkonzepte –
Konformität in ODP – Sichtweisen und
Beschreibungssprachen – ODP-Funk-
tionen – Sicherheit und Management
in ODP – Dienstvermittlung – ODP-
Trader – Diensttyp, Dienst & Dienstangebot – Traderfunktionen – Traderföderation – DCE, CORBA & ANSAware

Von Dipl.-Math.
Claudia Popien
Rheinisch-Westfälische
Technische Hochschule
Aachen,
Gerd Schürmann und
Karl-Heinz Weiß
Berlin

1995. ca. 250 Seiten.
16,2 x 22,9 cm.
Kart. ca. DM 40,–
ÖS 312,– / SFr 40,–
ISBN 3-519-02142-0

(Leitfäden der Informatik)

B. G. Teubner Verlagsgesellschaft
Stuttgart · Leipzig

TEUBNER-TEXTE zur Informatik

Preisänderungen vorbehalten.

B. G. Teubner Verlagsgesellschaft
Stuttgart · Leipzig